JN256079

ファーストステップ

力学

物理的な見方・考え方を
身に付ける

河辺哲次 著

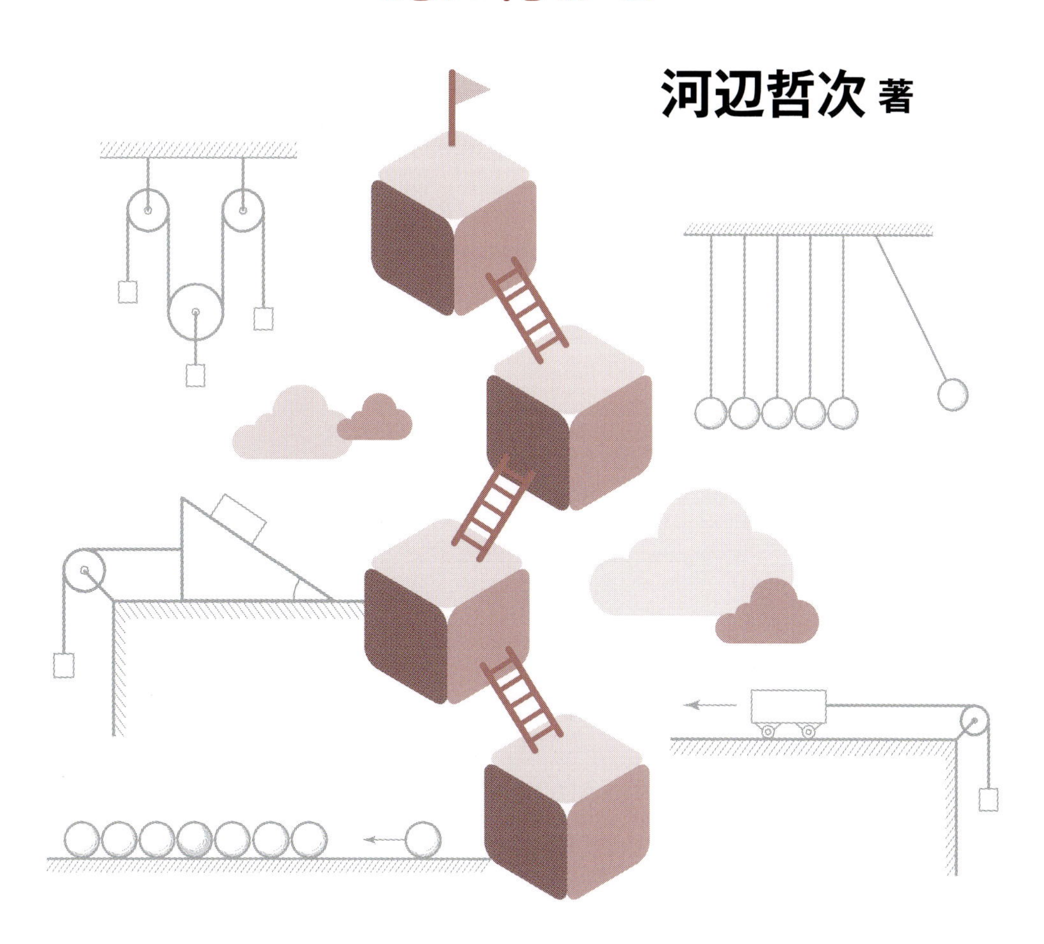

裳 華 房

FIRST STEP MECHANICS

for

ACQUIRING A PHYSICAL PERSPECTIVE

by

Tetsuji KAWABE, DR. SC.

SHOKABO

TOKYO

JCOPY 〈(社)出版者著作権管理機構　委託出版物〉

はじめに

本書は，大学の理工系学部における基礎教育レベルの力学のテキストである．

力学を学ぶことは，身の回りのいろいろな自然現象に対する物理的な見方と，それらを数学的に正しく評価する力を養える，絶好のチャンスである．とはいえ，この折角のチャンスも，物理が“嫌い”な人にはなかなか活かすことが難しいように思える．

もちろん，物理が“嫌い”といっても，人によってその程度の差はあるだろう．力学の扱う問題が多岐にわたり，それらの解法も多種多様で，細々とした法則や定理を覚えるのが大変だ，という思い（でも，その多くは誤解）から“嫌い”になった人も多いだろう．しかし，物理が“好き”な人でも，そのような思いを一度や二度は（実際にはもっと）もったことはあるはずだ．同じような思いをもちながら，“好き”と“嫌い”に分かれるのはなぜだろうか．

この問いに正面から答えるのは難しいと思うので，ちょっと視点を変えて，「物理を学ぶ愉しさは何だろう？」と考えてみると，それはおそらく，日常生活における諸現象の背後に潜んだ物理法則やそれらのメカニズムが，明快かつシンプルにわかることではないだろうか．そして，この愉しさをどれだけ実感できたかということが，物理が“好き”か“嫌い”かに分かれる大きな要因の1つになっているのではないかと思う．

物理を学ぶことは愉しいという実感を得るには，もちろん，力学の様々な問題を解く力を養わなければならないが，単に数多くの問題を解くだけのトレーニングでは，あまり効果は期待できない．本書の読者の方は，問題ごとにそれぞれの解法があるように思っているかもしれないが，実は，「如何にして問題を解くか」という視点で諸問題を眺めれば，**解法のストラテジー**というものが透けて見えてくる．そして，ほとんどの力学の問題は，**いくつかの解法と数個の方程式を（暗記ではなく）理解するだけで解ける**ことがわかる．

そこで本書では，上に述べた観点に立って，次のような方針をとった．

- 代表的な問題に対して，“解法のストラテジー”を解説する．
- 各章に，20題程度の豊富な演習問題（基礎と標準レベル）を置き，解法のストラテジーを理解すれば多くの問題が解けるようになることを実感してもらう．
- 得られた解や数式の妥当性をチェックする方法を解説する．
- 力学の全体像が把握しやすく，またスモール・ステップでテンポ良く学習を進められるように，各章はすべて10頁程度におさめる．

本書の学習を通して，力学の問題が自分の力で解けるようになれば，きっと読者にも物理の愉しさを実感していただけることと思う．そして，物理が“嫌い”だった（と思っていた）人が，物理的なモノの見方や物理的直観，そして，数学のスキルを修得し，

「実際に使えなくちゃ，なんにもわかっていないのと同じだよ」

と諭したR.P.ファインマン（ノーベル物理学賞受賞者）の言葉をかみしめながら，物理が“好き”になって，力学が“愉しく使える”ようになっていただければ幸いである．

最後に，従来のテキストとは異なる新しい理念に基づいた本書の構想から完成に至るまで，本文が読みやすく，わかりやすくなるように，いろいろと細部にわたり懇切丁寧なコメントやアドバイスを頂いた，裳華房 企画・編集部の小野達也氏に厚くお礼を申し上げます．

2017年10月

河辺哲次

目　　次

第０章　いかにして力学の問題を解くか

第１章　力学で使うベクトル

第２章　運動を表現する　－ 理想化 －

第３章　運動の法則　－ すべて経験則 －

第４章　重力場での運動　－ 身近な現象 －

第5章 エネルギーの保存 ― 力と仕事 ―

第6章 中心力場での運動 ― 角運動量の保存 ―

第7章 運動量と力積 ― 衝撃を扱う ―

第8章 質点系と剛体 ― 大きさを考える ―

第9章 剛体の回転運動 ― 慣性モーメント ―

第 10 章　剛体の様々な運動

第 11 章　運動座標系 ― 非慣性系での運動 ―

第 0 章
いかにして力学の問題を解くか

少しだけ想像してみてほしい．あなたがキャンパスで初めて誰かと会話する場面を．もし，あなたが「私は物理が苦手なんです」と話すと，多くの場合，相手は「私もそうなんですよ」と相づちを打って，すぐに打ちとけるだろう．しかし，初対面の人に「私は物理が大好きなんです」といえば，相手はちょっと引くかもしれない．

『物理』という言葉を耳にしただけで，おそらく多くの人は，「物理は難しい」，「いろいろな公式を覚えなければならないから面倒だ」，「問題が解けないから嫌いだ」などと思うだろう．

物理の愉しさは（もしあるとすれば），私たちの身近な現象を簡潔に，そして明解に説明してくれることだろう．もしそうであるならば，物理の問題を実際に解けなければ，その愉しさは実感できないことになる．

いい換えれば，物理の問題が解けるようになれば，物理がわかり，愉しさが実感できることになる．そのためには，物理—特に力学—の問題を解くスキルを身に付けるのが肝要になるだろう．

0.1 問題を解いてみよう

まず，次のような情景を思い浮かべてみよう．広いグランドでキャッチボールをしている2人の少年がいる．少年たちは，交互にボールをキャッチできるようにうまく投げている．それを遠くから眺めているあなたには，ボールの軌道が放物線のようにみえる．しばらく眺めた後に，「本当に，ボールの軌道は放物線なのだろうか」と，あなたは疑問をもったとしよう．

ボールの軌道の形を表す関数は何か？

この問題は，これから力学を初めて学ぶ人にはまだ解けないが（解けなくても気にせず，まずは読み進めて下さい），高等学校で物理を学んだ人なら，「あ，あの法則を使えば解ける」と思ったかもしれない．そして，次のような考えや方針を立てて問題を解くだろう．

問題をよく理解する　手を離れる瞬間のボールの速さを，水平方向は v_x，垂直方向は v_y とする．ボールを投げた後，ボールにはたらく力は（鉛直下向きの地球からの）重力だけだから，水平方向は等速運動，鉛直方向は等加速度運動をする．そして，この2つの運動を組み合わせれば，軌道の形が決まることに気づくだろう．

図を描いて式を立てる　次に，問題をわかりやすくするために，ボールにはたらく重力や速さなどを図 0.1 のように描くだろう．座標の原点は少年の位置にとり，y 軸の正方向を鉛直上向き，水平方向を x 軸にとる．ボールを投げた瞬間を時刻 $t=0$ とすれば，時刻 t でのボール

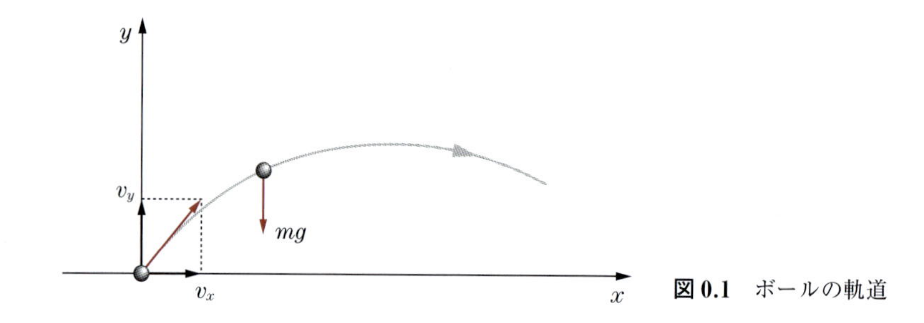

図 0.1　ボールの軌道

の位置 x, y は次のように表される（ただし，簡単のため，ボールを手放す高さを $y = 0$ とする）．

$$x \text{ 軸方向}：x = v_x t, \qquad y \text{ 軸方向}：y = v_y t - \frac{1}{2} g t^2 \tag{0.1}$$

解を求める　ボールの軌道は x と y の関係を表すものだから，(0.1) から t を消去すれば求まるはずだ．そこで，$t = x/v_x$ と変形して y の右辺を書き換える．

$$y = -\frac{g}{2{v_x}^2} x \left(x - \frac{2 v_x v_y}{g} \right) \tag{0.2}$$

この式は，$x = 0$ と $x = 2 v_x v_y / g$ の 2ヶ所で $y = 0$ となる x の 2 次関数で，上に凸の放物線を表す．このことから，確かにボールの軌道は放物線であることがわかった．

解をチェックする　(0.2) を

$$y = -\frac{g}{2{v_x}^2} \left(x - \frac{v_x v_y}{g} \right)^2 + \frac{{v_y}^2}{2g} \tag{0.3}$$

のように書き換えると，ボールは中点 $x = v_x v_y / g$ で頂点 $y = {v_y}^2 / 2g$ を通ることがわかる．具体的な数値はわからないので，定量的な計算はできないが，(0.2) や (0.3) のような代数式で表すと定性的な特徴がつかめて，物理的な意味も明瞭になる．そのため，公式や物理法則を代数式で表すことは重要なのである．

気づき　ボールの初速度の大きさ v_0 や投げる角度 θ を測定するのは難しいだろうが，キャッチボールする 2 人の少年の間の距離 L とボールの飛行時間 T は容易に測定できる．そこで，v_0, θ を T, L で表す式をつくれば，v_0, θ の簡単な測定法ができる．これは実用性のある面白い気づきである（演習問題 [4A.9] を参照）．また，なぜ T と L の 2 つの情報だけで v_0, θ が決まるのか？という疑問をもてば，それは自由度という概念や 2 階微分方程式で表される運動方程式の解の理解に繋がる本質的な気づきになる（4.1 節，4.2 節を参照）．

0.2 解法のストラテジー

前節では，ある特定の力学の問題を具体的に解く方法や，求めた解のチェック方法などを述べた．この具体的な解法の中には，問題固有のものがあるとしても，どのような問題に対しても適用できるような一般的な考え方や**解法のストラテジー**（戦略）があるようにも思われる．それらを敢えて列記すれば，次のようなものであろう．

(S1)　作図と座標軸：　問題をよく読み，座標系を設定し，題意に適した図や**自由物体図**などを描く．自由物体図（free-body diagram）とは，1つの物体に作用するすべての力を周囲の物体と分離して示した図（力の作用図，例えば図3.1）のことである．

(S2)　データの整理：　既知量と未知量のデータを整理する．

(S3)　法則・公式を利用して代数式をつくる：　基礎的な関係式や運動方程式を立てる．そして，未知量を与える代数式を導く．ただし，未知量の数と式の数は一致していなければならない．

(S4)　数値の計算：　その代数式に正しい単位を付けた既知量の値を代入して数値計算し，未知量の数値（つまり，解）を求める．

(S5)　解のチェック：　求めた解は，単位や次元，正負の符号に関して誤りはないか，物理的に意味のある解であるかなどをチェックする．

(S6)　気づき：　問題から派生する新たな課題や応用に気づく可能性もある．

この（S1)～(S6）のステップを踏めば，次のような処理が着実に進むはずである．

まず，(S1）に従って，自由物体図を描けば，必要な物理法則に気づいたり，符号の誤りを正すことができる．図に単位を含ませることは大切である．

次に，(S2）に従って，既知量と未知量とを注意深く選別すれば，ケアレスミスを予防できる．

さらに，(S3）に従って，既知量の記号を用いて未知量を求める代数式をつくれば，設問に正しく答えられる式が完成する．また，記号で表した未知量（解）は，与えられた問題を様々な角度から検証したり，考察するとき（(S5）のとき）に威力を発揮する．

具体的な数値を入れて解を求める（S4）のプロセスでは，単位が合っているかがポイントになる．また，数値の大きさが妥当であるかを考えることも大切である．

最後に（S5）に従って，単位と次元のチェックをすれば，(S3）の代数式の妥当性がわかる．また，(S3）の代数式の既知量に極端な数値を代入して得られる結果が，物理的に納得できるか吟味することも重要である．これによって，合理的な解釈ができれば，その問題に対する解は正解であることが確信でき，きっと腑に落ちるはずである．そして，このようなチェックや考察を通して，新たな課題や応用などに気づき，物理に対する興味が深まるだろう（S6）．

力学の問題は多岐にわたるので，すべての問題に対して効く解法の万能薬のようなものは存在しないだろうが，どのような問題であっても，考える糸口や解法に導く論理，そして，解を吟味する方法などはあるはずだ．そのような一つのアイデアとして提示したのが，図0.2の解法のストラテジーである．本書では，力学の基礎的な問題をこのストラテジーに沿って解いていこうと考えている．日頃から，このようなストラテジーで問題を解く習慣を身に付けておけば，より高度な問題にチャレンジするときに大いに役立つはずである．

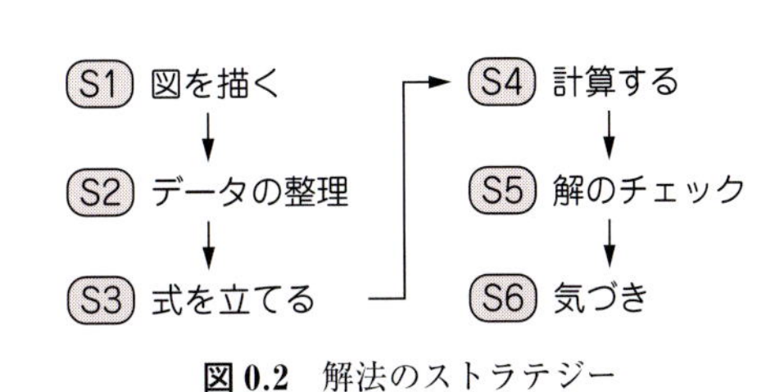

図 0.2　解法のストラテジー

なお，解法のストラテジーの立て方はいくつか具体的にやってみれば，だいたいのコツがつかめるので，本書ではいくつかの例題にのみ解法のストラテジーを付けてある．しかし，「解のチェック」は問題ごとに違うので，ほぼ全部の例題に付けることにした．

0.3 ミスを避けるコツ

問題を解いたり，その解をチェックするときに最も有効な助けになる方法の1つは，計算式の中に一貫して「単位」を含ませ，「次元」に注意することである．それがなぜ有効かを，次に解説しよう．

0.3.1　物理量と単位

いま誰かに，「私は5つもっている」といったとしよう．これを聞いても，鉛筆が5本なのか，ノートが5冊なのか，アメ玉が5個なのか，さっぱりわからない．もし人に，ある量に関する情報を伝えたいならば，数値だけでは不十分で，数値の意味を定義する（本や冊や個のような）単位を付けなければならない．以上の話は日常生活を例にとったものだが，物理では**物理量**という，数値と単位をもった量が前提である．

力学では，**長さ**，**質量**，**時間**が最も基本的な物理量であるが，例えば「長さは3である」といわれても，3メートル（m）か3フィート（ft）なのかがわからない．つまり，3という数値がどの単位（m か ft）で測られたものであるかを指定しない限り，無意味である．そのため，物理量を正確に表すには**数値**と**単位**の両方が必要であり，一般に物理量は，次のような数値と単位のペアで表す．

$$物理量 = 数値\,[単位] \tag{0.4}$$

国際単位系（SI）

国際的に決められた**単位系**（SI 単位系）で，長さをメートル（m），質量をキログラム（kg），時間を秒（s）の単位で測る．この単位系は，メートル（meter），キログラム（kilogram），秒（second）の頭文字をとって **MKS 単位系**とよばれる．なお，これらの単位は，これ以上は分解できない単位という意味で**基本単位**ともいわれる．

0.3.2　次元と次元解析

次　元

物理量は固有の性質をもっている．例えば，距離という量はどのような単位（m や ft）で測っても，それが距離であることに変わりはない．それは，距離が「長さ」という固有の**次元**をもっているためである．同様に，物体の重さをキログラム（kg）やポンド（lb）などの単位で測定できるのも，物体が「質量」という固有の次元をもっているためである．

慣習として，長さ，質量，時間の単位を

$$長さ (length) = \mathrm{L}, \quad 質量 (mass) = \mathrm{M}, \quad 時間 (time) = \mathrm{T} \tag{0.5}$$

で表し，それらの次元をカッコ［ ］を使って次のように書く．

$$長さの次元 = [\mathrm{L}], \quad 質量の次元 = [\mathrm{M}], \quad 時間の次元 = [\mathrm{T}] \tag{0.6}$$

なお，基本単位 (L, M, T) を組み合わせてできる単位を**組立単位**(くみたて)という．

例 0.1 速さの単位と次元 速さ v の単位は「長さの単位 ÷ 時間の単位」であるから，次元は $[v] = [\mathrm{L/T}] = [\mathrm{LT^{-1}}]$ である．長さの単位には m, ft, 時間の単位には時 (h)，分 (min)，秒 (s) などがあるので，速さの単位は m/s，ft/s などがある．SI 単位系での単位は m/s である． ◢

例 0.1 のように，「速さ」を表す単位は，1 秒間に何 m 進むかを示すときには m/s の組立単位になる．一般的な物理量 A の場合，その組立単位の次元 $[A]$ は(0.6)を用いて

$$[A] = [\mathrm{L}^x \mathrm{M}^y \mathrm{T}^z] \qquad (x, y, z \text{ は無次元の定数}) \tag{0.7}$$

のように表せる．組立単位の次元は，次に述べる「次元解析」でカギになる概念なのでよく理解してほしい（例題 0.1 を参照）．

次元解析

物理的な関係や物理法則を表す方程式が正しければ，その方程式の左辺と右辺の数値と単位が等しいのは当然である．このことについて次元という観点から方程式をみれば，方程式の左辺と右辺の次元は同じでなければならないことになる．そして，これを利用すれば，物理量の間の関係を予測したり，物理現象の解析ができる．この方法を**次元解析**という．

[例題 0.1 アインシュタインの有名な式]

E をエネルギー，m を質量，c を光速度とするとき，

$$E = mc^2 \quad (正しい式) \tag{0.8}$$

は，質量とエネルギーの等価性を述べたアインシュタインの有名な式である．しかし，この式をうろ覚えだったあなたは，これを次のように書いたとしよう．

$$E = mc \quad (間違った式) \tag{0.9}$$

この式が正しいのか自信のないあなたが利用すべきチェック手段が，次元解析である．(0.9)の正否を，次元解析を使って判定せよ．

[解] エネルギー E の次元は $[E] = [\mathrm{ML^2T^{-2}}]$ である（この説明は第 5 章を参照）．一方，光速度 c の次元は $[c] = [\mathrm{LT^{-1}}]$ だから，右辺の次元は $[\mathrm{MLT^{-1}}]$ である．したがって，両辺の次元が一致しないから，(0.9)は誤りであることがわかる． ■

エネルギーの次元に一致させるためには，(0.9)の右辺に $[\mathrm{LT^{-1}}]$ の次元をもった量，つまり速度を掛ければよい．光速度 c を掛け算すれば，(0.8)を得る．ただし，次元解析でわかることは，速度の次元をもった量の掛け算をしなければならない，というところまでであり，それが光速度であるかどうかは，物理法則を直接に扱わなければわからない．

物理の計算を行うときには，必ず次元解析で検算するのがよい．この検算により，計算ミスを防ぐことができる．次元解析を学ぶにはそれなりの時間が必要になるが，長い目でみれば，決して時間を無駄にしたことにはならない．

1 2 3 **0.4**

3つの関数に慣れよう

前もって書いておくと（だから，いまはわからなくても大丈夫だが），これから学ぶ力学で利用される関数は主に次の3つだけで，後はこれらのマイナーチェンジか組み合わせでほとんどすべて理解できる．そのため，まずこれらの式に慣れておくのが得策だろう．

1.　2次関数（非周期的で一過性の運動を記述）

$$x = \frac{1}{2}at^2 + bt + c \qquad (a, b, c \text{ は定数}) \qquad (0.10)$$

(0.10)を t で微分すると

$$\frac{dx}{dt} = at + b, \qquad \frac{d^2x}{dt^2} = a \qquad (0.11)$$

となり，x が物体の位置を表す場合，dx/dt はその速さ，d^2x/dt^2 は加速度を表すので，(0.10)は等加速度運動を表す．もし，$a = 0$ であれば等速度運動を表す（第2章，4.1節を参照）．図0.3は(0.10)の概形を表している．

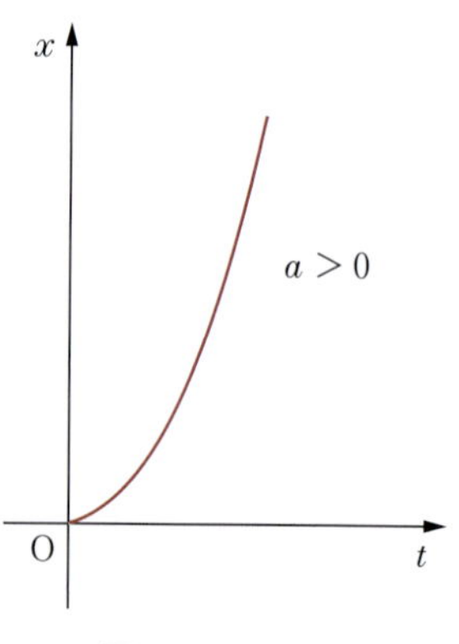

図0.3　2次関数

2.　サイン（正弦）・コサイン（余弦）関数（周期的な運動を記述）

$$x = a\sin(\omega t + \phi) \qquad (a, \omega, \phi \text{ は定数}) \qquad (0.12)$$

(0.12)を t で2度微分すると，元の x を $-\omega^2$ 倍したものと同じになる．

$$\frac{dx}{dt} = a\omega\cos(\omega t + \phi), \qquad \frac{d^2x}{dt^2} = -a\omega^2\sin(\omega t + \phi) = -\omega^2 x \qquad (0.13)$$

x が物体の位置や変位を表す場合，(0.12)は単振動を表し，その運動方程式は $d^2x/dt^2 = -\omega^2 x$ である（4.4.2項，5.4節を参照）．図0.4は(0.12)を表している．

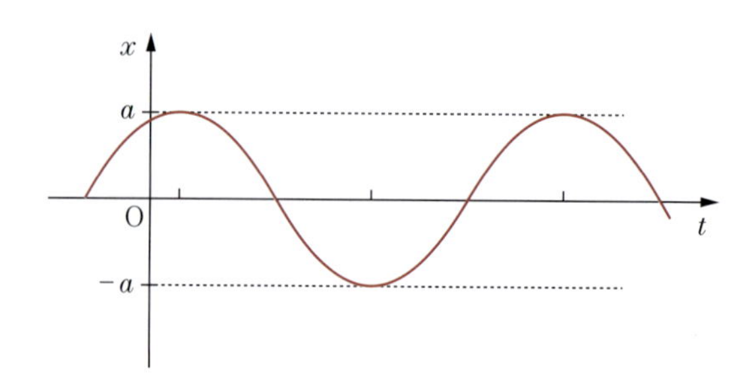

図0.4　単振動

3.　負の指数をもった指数関数（単調に減衰する運動を記述）

$$x = ae^{-\gamma t} \qquad (a, \gamma \text{ は定数}) \qquad (0.14)$$

(0.14)を t で1度微分すると，元の x を $-\gamma$ 倍したものと同じになる．

$$\frac{dx}{dt} = -\gamma ae^{-\gamma t} = -\gamma x \qquad (0.15)$$

x が物体の速さを表す場合，(0.14)は粘性抵抗を受ける物体の運動を表し，その運動方程式は $dx/dt = -\gamma x$ である（4.3.1項を参照）．図0.5は(0.14)を表している．振動現象を記述す

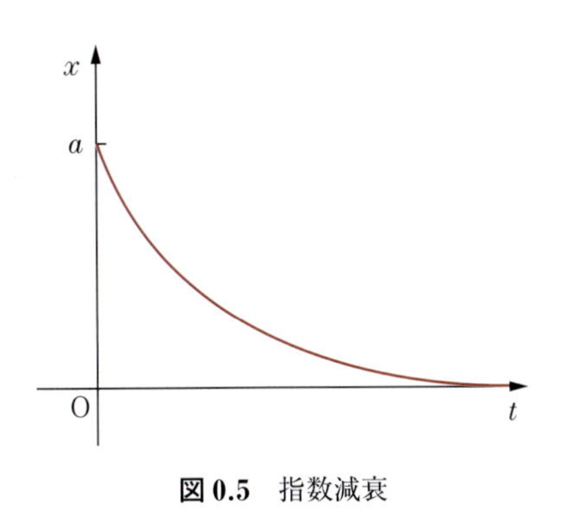

図 0.5　指数減衰

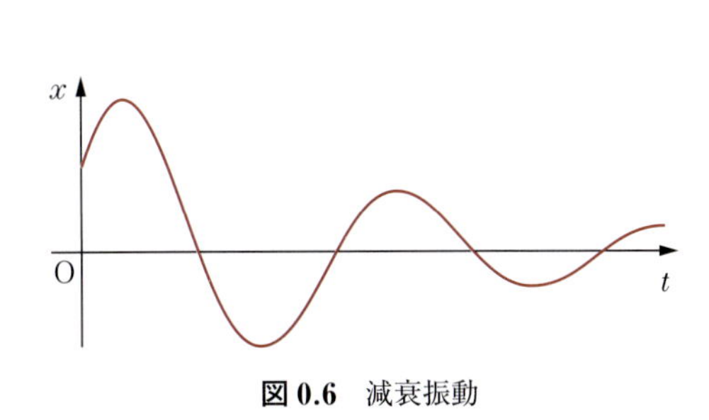

図 0.6　減衰振動

るのは(0.12)の関数だから，振動が徐々に弱まっていくような減衰振動は，(0.12)に(0.14)を掛けた次式で表され（5.4.1 項を参照），図 0.6 のように振る舞う．

$$x = ae^{-\gamma t}\sin(\omega t + \phi) \qquad (a, \omega, \phi \text{ は定数}) \tag{0.16}$$

ところで，(0.11)の $d^2x/dt^2 = a$ や(0.13)の $d^2x/dt^2 = -\omega^2 x$，(0.15)の $dx/dt = -rx$ は，数学で学ぶ微分方程式の仲間である．実は，力学の問題はこれら 3 つの微分方程式だけでほとんど解ける（力学だけでなく，電磁気学や量子力学も解ける）．このため，これらの微分方程式になるべく早く馴染んでおけば，物理の問題を解くときに見通しがきいて，式を立てやすくなり，物理的な考察もより深くできるようになるだろう．

［例題 0.2　微分方程式は語る］

高等学校の数学で習ったように，「関数 x の時間 t による 2 階微分が $d^2x/dt^2 < 0$ ならば，x は上に凸の形（図 0.7(a)），$d^2x/dt^2 > 0$ ならば，x は下に凸の形（図 0.7(b)）になる」という性質がある．これを使って，微分方程式

$$\frac{d^2x}{dt^2} = -\omega^2 x \tag{0.17}$$

の解 x がサイン関数やコサイン関数のような波形になることを，「式の形から定性的に」示せ．

解法のストラテジー　(S1)　縦軸に x，横軸に時間 t をとる．解 x が正の値のときは(0.17)の右辺 $-\omega^2 x$ が負になるから，$d^2x/dt^2 < 0$ である（図 0.7(a)）．解 x が負の値のときは $-\omega^2 x$ が正になるから，$d^2x/dt^2 > 0$ である（図 0.7(b)）．

(S5)　解のチェックをする．

［解］　図 0.7(a)から出発して x の時間発展を考えると，x はやがて負の領域に入っていく（図 0.7(c)）．この領域で x は図 0.7(b)のような形をもたなければならないから，x はやがて正の領域に入る（図 0.7(d)）．これをさらに時間発展させると図 0.7(a)に戻り，後は同じプロセスを繰り返すことになる．したがって，図 0.7(c)と図 0.7(d)を右にずらしながらつないでいくと，図 0.7(e)のようになる．

解のチェック　図 0.7(e)は，単振動の図 0.4 と基本的に同じものである．

気づき　微分方程式(0.17)を

$$x = -\frac{1}{\omega^2}\frac{d^2x}{dt^2}$$

と書き換え，（2 階導関数が正か負か）右辺の情報を読んで左辺の x の形を決める方法は，微分方程式で表された物理現象の定性的な性質を調べる有力な手法として使えるだろう．例えば，指数減衰の(0.15)を

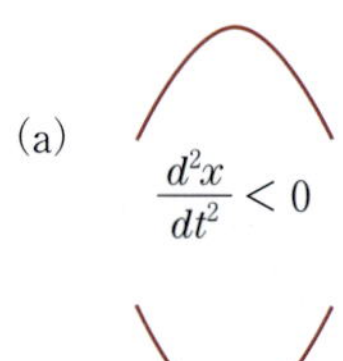

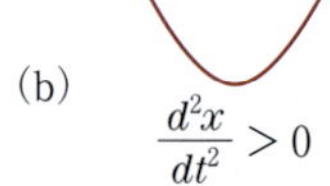

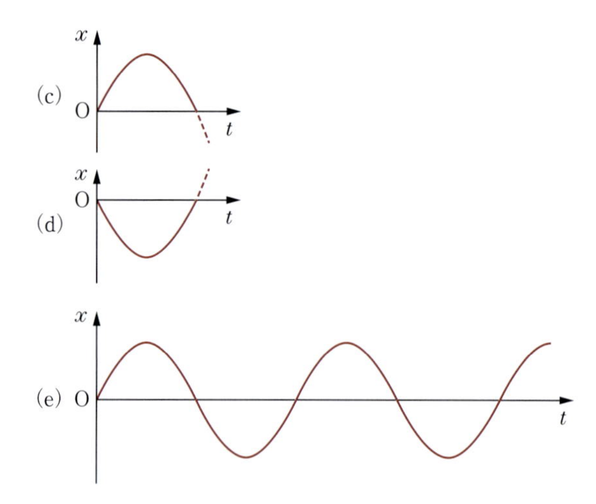

図 0.7　式の形をみて解を予測

$$x = -\frac{1}{\gamma}\frac{dx}{dt}$$

と書いて $x > 0$ の領域での x の時間発展を考えると，常に $dx/dt < 0$ だから単調に x が減少していくのが予想できる．これは図 0.5 の形になるはずである．

微分方程式の解が，計算せずに式の形をみるだけで予測できるのは非常に面白い．■

このテキストを学び終える頃に

もう一つだけ，指摘しておきたいことがある．このテキストを学び終える頃には，力学の様々な問題やそれらの解法に慣れていることだろう．そして，解法に必要な数式のほとんどが 1 ～ 3 の 3 つの関数から導かれることにも気づくかもしれない．

実は，力学（一般物理といってもよい）の学習で重要なのは，「物理的な考え方や見方」を学ぶことである．ところが，この考え方や見方が問題ごとに多種多様であるために，つい目先の数式の多さや計算量に惑わされ，ともすれば嫌気がさし，物理が嫌いになるきっかけにもなる．しかし，繰り返すが，理解すべき基本的な関数はたったの 3 つである．このことに気づけば，物理のシンプルさと奥深さがわかり，物理の愉しさが実感できるようになるだろう．

第 1 章
力学で使うベクトル

もう一度，想像してほしい，あなたが友人とキャンパスで何か議論をしている場面を．もし，あなたが「君とは思考のベクトルが合うね」といえば，友人はあなたに，より親近感をもつだろう．本来は数学の専門用語であるベクトルが，日常会話に使われるほどポピュラーなのは，ベクトルが直観的に把握しやすい概念だからであろう．

ベクトルは大きさと向きをもつ量である．そのため力学では，例えば，力・速度・加速度などの物理量を簡潔に記述し，かつ，視覚化するために欠かせないツールである．本章では，力学で必要になるベクトルのいくつかの性質や公式について解説する．

1.1 スカラーとベクトル

2 3 4 5

スカラーは「普通の数値」

物理量は，例えば5 m，10 kg，20 秒，−7° のように，数値と単位のペアで表される．このように，ただ1つの数値の**大きさ**で表される物理量を**スカラー**（あるいはスカラー量）という．「質量」，「速さ」，「エネルギー」などは，すべてスカラーである．

ベクトルは「大きさと向きをもつ量」

スカラーと異なり，**大きさと向き**の両方をもつ量を**ベクトル**（あるいはベクトル量）という．「力」，「変位」，「速度」，「加速度」などは，すべてベクトルである．

ベクトルは，図 1.1 のように，点 O から点 P に向かった1つの**矢印**で表す（**有向線分**（ゆうこうせんぶん）ともいう）．このとき，点 O を**始点**，点 P を**終点**とよび，矢印を $\overrightarrow{\mathrm{OP}}$ あるいは $\boldsymbol{A}$ のようにアルファベットの太文字で表す．矢印の長さがベクトル $\boldsymbol{A}$ の大きさであり，大きさを $|\boldsymbol{A}|$ または A で表す．そして，矢印を含む直線（図 1.1 の点線）がベクトルの方向を示し，矢印の先がベクトルの向きを表す．

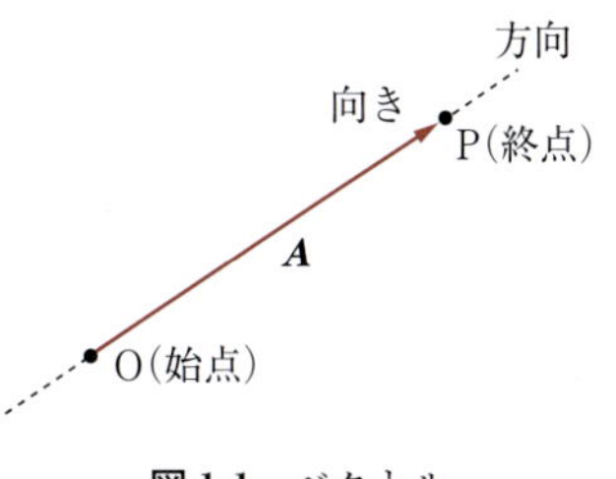

図 1.1 ベクトル

なお，厳密にいえば，ベクトルは「大きさ（magnitude）」と「方向（direction）」と「向き（sense）」をもつ量である．しかし，いつもむきになって「方向」と「向き」の違いを説明するのは面倒なので，「向き」という言葉で「方向と向き」の両方を表す場合も多い．しかし，両者の違いを区別するセンスは大切である．

1　**1.2**　3　4　5

ベクトルの算術

等しいベクトル

2つのベクトル $\boldsymbol{A}$ と $\boldsymbol{B}$ が同じ大きさと向きをもっているとき，それらは**等しい**という．そして，このことを次のように表す．

$$\boldsymbol{A} = \boldsymbol{B} \tag{1.1}$$

ベクトルの和

2つの異なるベクトル $\boldsymbol{A}$ と $\boldsymbol{B}$ の和 $\boldsymbol{A}+\boldsymbol{B}$ から，1つのベクトル（これを $\boldsymbol{C}$ とする）がつくられるとき，これを次のように書く．

$$\boldsymbol{C} = \boldsymbol{A} + \boldsymbol{B} \tag{1.2}$$

この $\boldsymbol{C}$ を**合成ベクトル**とよび，これは図1.2のように，$\boldsymbol{C}$ は $\boldsymbol{A}$ の終点Pに $\boldsymbol{B}$ の始点を置いてから，$\boldsymbol{A}$ の始点Oと $\boldsymbol{B}$ の終点Qをつないだものである．

例えば，$\boldsymbol{A}, \boldsymbol{B}$ を1個の質点に作用する2つの力 $\boldsymbol{F}_1, \boldsymbol{F}_2$ とすれば，その**合力**（ごうりょく） $\boldsymbol{F}$ はベクトル和 $\boldsymbol{F} = \boldsymbol{F}_1 + \boldsymbol{F}_2$ である．ベクトルが3つ以上あっても，同じように考えることができる（例1.1を参照）．

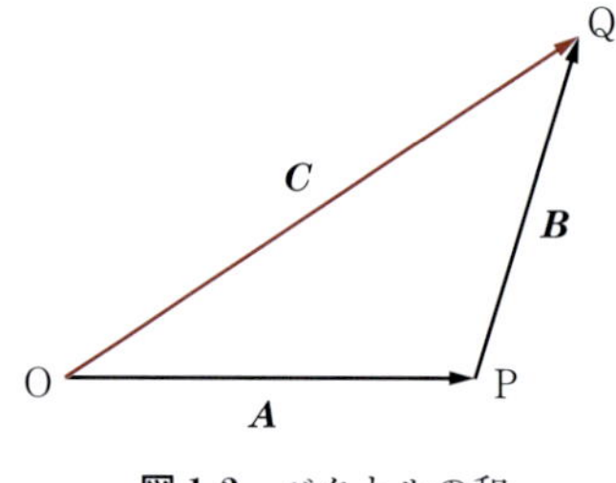

図1.2　ベクトルの和

例1.1　力のつり合い　図1.3(a)のように，質点Pにはたらく n 個の力 $\boldsymbol{F}_1, \boldsymbol{F}_2, \cdots, \boldsymbol{F}_n$ の合力 $\boldsymbol{F}$ は，次のベクトル和で与えられる．

$$\boldsymbol{F} = \boldsymbol{F}_1 + \boldsymbol{F}_2 + \cdots + \boldsymbol{F}_n \tag{1.3}$$

なお，合力 $\boldsymbol{F}$ に対して，$\boldsymbol{F}_1, \boldsymbol{F}_2, \cdots, \boldsymbol{F}_n$ を**分力**（ぶんりょく）とよぶ．

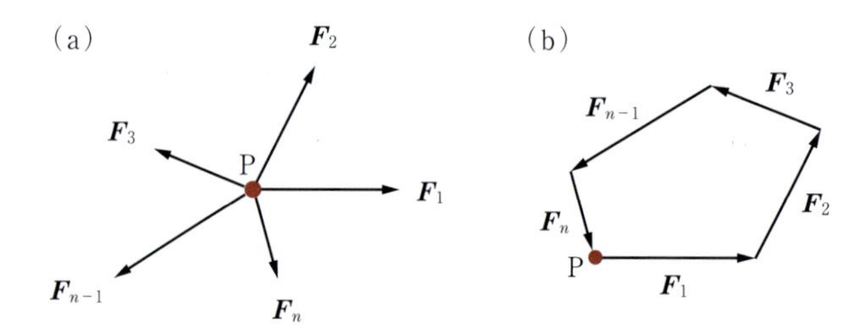

図1.3　合力と分力

もし，合力 $\boldsymbol{F}$ が $\boldsymbol{0}$（**ゼロベクトル**，$\boldsymbol{F} = \boldsymbol{0}$）であれば，(1.3)は $\boldsymbol{F}_1 + \boldsymbol{F}_2 + \cdots + \boldsymbol{F}_n = \boldsymbol{0}$ となり，分力がつり合っていることを意味する．このとき，図1.3(b)のように $\boldsymbol{F}_1, \boldsymbol{F}_2, \cdots, \boldsymbol{F}_n$ を辺とする多角形をつくれば，$\boldsymbol{F}_n$ の終点はPに一致する．例えば，(1.2)を $\boldsymbol{A} + \boldsymbol{B} + (-\boldsymbol{C}) = \boldsymbol{0}$ と書き換えると三角形になる．

ベクトルとスカラーとの積

例えば，2つのベクトル $\boldsymbol{A}$ の和は $\boldsymbol{A} + \boldsymbol{A} = 2\boldsymbol{A}$ である．この $2\boldsymbol{A}$ は $\boldsymbol{A}$ と同じ向きで，大きさは $\boldsymbol{A}$ の2倍である．そこで，ベクトル $\boldsymbol{A}$ に数値 a を掛けたベクトル $\boldsymbol{C}$ を次のように表す．

$$\boldsymbol{C} = a\boldsymbol{A} \qquad (a \text{ は任意定数}) \tag{1.4}$$

なお，$\boldsymbol{C}$ の向きは，$a > 0$ ならば $\boldsymbol{A}$ と同じ向き，$a < 0$ ならば $\boldsymbol{A}$ と逆向きになる．$a = 0$ のとき $\boldsymbol{C} = \boldsymbol{0}$ で，向きは定義されない．

単位ベクトル

大きさが 1 のベクトルのことを**単位ベクトル**という．(1.4) で $a = 1/A$ とおけば，$\boldsymbol{A}$ と同じ向きの単位ベクトルになる．これを $\boldsymbol{e}_A$ または $\hat{\boldsymbol{A}}$（エー・ハットと読む）で表すと，単位ベクトルは次式で与えられる．

$$\boldsymbol{e}_A = \hat{\boldsymbol{A}} = \frac{\boldsymbol{A}}{A} \tag{1.5}$$

単位ベクトルは力学の問題を扱うときに使われる重要なベクトルで，x 軸，y 軸，z 軸の正方向を向いた単位ベクトル（これらを特に**基本単位**ともいう）を $\boldsymbol{i}, \boldsymbol{j}, \boldsymbol{k}$ と書くのが一般的である．また，面に垂直な (normal) 単位ベクトルを**単位法線ベクトル**（$\boldsymbol{e}_{\mathrm{n}}$ または $\hat{\boldsymbol{n}}$ と書く），曲線や曲面に接する (tangential) 単位ベクトルを**単位接線ベクトル**（$\boldsymbol{e}_{\mathrm{t}}$ または $\hat{\boldsymbol{t}}$ と書く）という．

1 2 **1.3** 4 5

ベクトルの成分と正射影

図 1.4 のような x 軸と y 軸が直交した座標系（これを 2 次元直交座標系あるいは 2 次元デカルト座標系という）でベクトル $\boldsymbol{A}$ を表す方法を考えよう．

ベクトル $\boldsymbol{A}$ の終点 P の**座標**（つまり，点 P の位置を決める独立な変数の組）を (A_x, A_y) とすると，x 軸と y 軸の単位ベクトル $\boldsymbol{i}, \boldsymbol{j}$ を使って，$\boldsymbol{A}$ は 2 つのベクトル $A_x\boldsymbol{i}$ と $A_y\boldsymbol{j}$ の和で表せる．したがって，(1.2) より次式が成り立つ．

$$\boldsymbol{A} = A_x\boldsymbol{i} + A_y\boldsymbol{j} \tag{1.6}$$

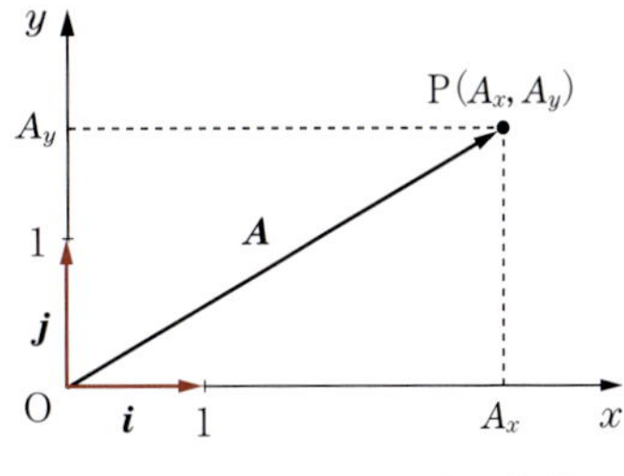

図 1.4 ベクトルの 2 次元表現

この A_x と A_y を，それぞれベクトル $\boldsymbol{A}$ の **x 成分**，**y 成分**という．

正射影（せいしゃえい）

ベクトルの成分 A_x, A_y は，ベクトル $\boldsymbol{A}$ を座標軸に投影したものである．これを直観的に理解するには，図 1.5 のようにベクトル $\boldsymbol{A}$ を鉛筆に見立てて，これに光を当てたときにできる影が**正射影**であると考えればよい．

図 1.5(a) は x 軸上の正射影，図 1.5(b) は y 軸上の正射影である．正射影の長さ A_x, A_y がベクトル $\boldsymbol{A}$ の x, y 成分に相当するから，ベクトル $\boldsymbol{A}$ を x 軸の正方向から反時計回りに測った角度を θ とすれば（これが θ の定義）次式が成り立つ（$|\boldsymbol{A}| = A$）．

$$A_x = A\cos\theta, \qquad A_y = A\sin\theta \tag{1.7}$$

A はピタゴラスの定理 $A^2 = |\boldsymbol{A}|^2 = |A_x\boldsymbol{i}|^2 + |A_y\boldsymbol{j}|^2 = A_x^2 + A_y^2$ より

$$A = |\boldsymbol{A}| = \sqrt{A_x^2 + A_y^2} \tag{1.8}$$

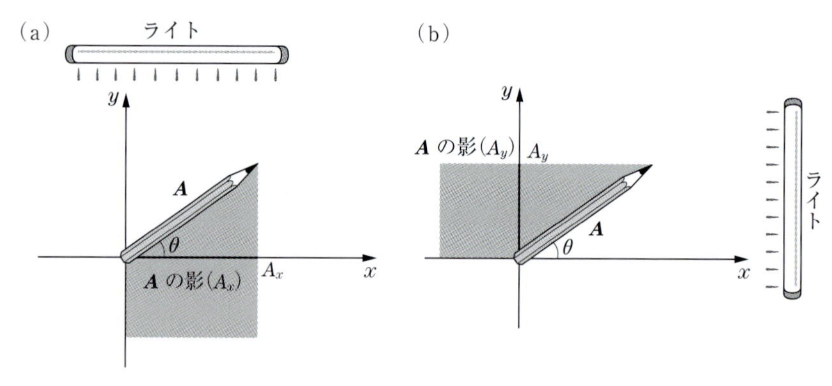

図 1.5　正射影

である．また，θ は(1.7)より次式で与えられる．

$$\theta = \arctan \frac{A_y}{A_x} \tag{1.9}$$

[例題 1.1　ベクトルの算術]

2つのベクトル $\boldsymbol{A} = 4\boldsymbol{i} + \boldsymbol{j}$, $\boldsymbol{B} = -2\boldsymbol{j}$ の和 $\boldsymbol{C} = \boldsymbol{A} + \boldsymbol{B}$ の大きさ C と，$+x$ 方向から測った角度 θ を求めよ．

[解]　2つのベクトルの各成分を座標軸ごとに足す．x 軸については $\boldsymbol{A}, \boldsymbol{B}$ の x 成分を足すと，$\boldsymbol{C}$ の x 成分 $C_x = A_x + B_x = 4 + 0 = 4$ を得る．同様に，y 成分は $C_y = A_y + B_y = 1 + (-2) = -1$ となる．したがって，$\boldsymbol{C} = 4\boldsymbol{i} - \boldsymbol{j}$ である．よって，大きさ C は(1.8)から

$$C = |\boldsymbol{C}| = \sqrt{4^2 + (-1)^2} = \sqrt{17} \approx 4.12$$

となる．また，$+x$ 方向から測った角度 θ は(1.9)から

$$\theta = \arctan \frac{C_y}{C_x} = \arctan \frac{-1}{4} = \arctan(-0.25) = -14.04° \tag{1.10}$$

となる．

角度が負になるのは，$+x$ 方向から時計回りに測ったためである．θ の定義どおりの（反時計回りに測る）値にしたければ，arctan の分子が負であることに注意して，$-14.04°$ に $360°$ を加えればよい．そうすれば，反時計回りで測った値 $\theta = -14.04° + 360° = 345.96°$ になる．この値は $-14.04°$ と同じ値である．■

3次元直交座標系の場合

2次元平面上のベクトル $\boldsymbol{A}$ について導いた結果（(1.6)と(1.8)）は，3次元空間内のベクトルにも拡張できる．いま図1.6のように，3次元直交座標系の単位ベクトルを $\boldsymbol{i}, \boldsymbol{j}, \boldsymbol{k}$，ベクトル $\boldsymbol{A}$ の z 成分を A_z として，ベクトル和 $\overrightarrow{\mathrm{OP}} + \overrightarrow{\mathrm{PQ}} = \overrightarrow{\mathrm{OQ}}$ をつくると，ベクトル $\boldsymbol{A}$ は

$$\boldsymbol{A} = A_x\boldsymbol{i} + A_y\boldsymbol{j} + A_z\boldsymbol{k} \tag{1.11}$$

となる．そして，$\boldsymbol{A}$ の大きさは次式で与えられる．

$$A = |\boldsymbol{A}| = \sqrt{A_x^2 + A_y^2 + A_z^2} \tag{1.12}$$

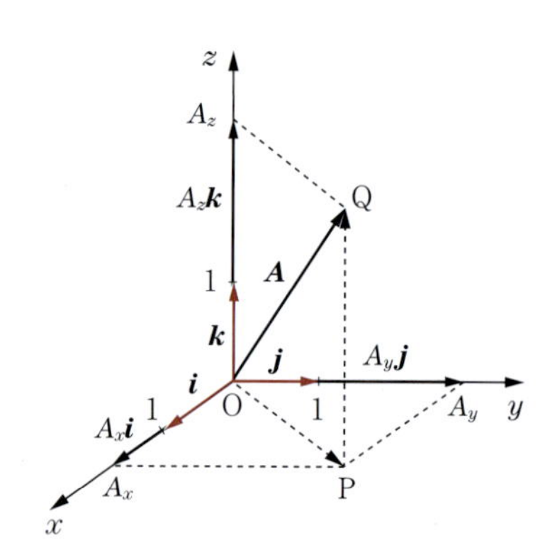

図 1.6　ベクトルの3次元表現

[例題 1.2　単位ベクトルのつくり方]

次の結果を導け.

(1)　$\boldsymbol{A} = (A_x, A_y, A_z)$ の単位ベクトル $\widehat{\boldsymbol{A}}$ は次のようになる.

$$\widehat{\boldsymbol{A}} = \left(\frac{A_x}{\sqrt{A_x^2 + A_y^2 + A_z^2}}, \frac{A_y}{\sqrt{A_x^2 + A_y^2 + A_z^2}}, \frac{A_z}{\sqrt{A_x^2 + A_y^2 + A_z^2}}\right) \tag{1.13}$$

(2)　3次元直交座標系の単位ベクトル $\boldsymbol{i}, \boldsymbol{j}, \boldsymbol{k}$ の x, y, z 成分は次のようになる.

$$\boldsymbol{i} = (1, 0, 0), \qquad \boldsymbol{j} = (0, 1, 0), \qquad \boldsymbol{k} = (0, 0, 1) \tag{1.14}$$

[解]　(1)　$A = \sqrt{A_x^2 + A_y^2 + A_z^2}$ だから, (1.5)より(1.13)を得る.

(2)　例えば, (1.13)で $(A_x, A_y, A_z) = (1, 0, 0)$ とおけば $\widehat{\boldsymbol{A}} = (1, 0, 0) = \boldsymbol{i}$ になり, 他の2つも同様に示せる. ■

1.4 ベクトル同士の積

一般に, 2つの異なるベクトル $\boldsymbol{A}, \boldsymbol{B}$ があれば, 図1.7のように, $\boldsymbol{A}, \boldsymbol{B}$ で張る平面Sと平面Sの単位法線ベクトル $\hat{\boldsymbol{n}}$ を考えることができる. この場合, 2種類のベクトル演算 $\boldsymbol{A} \cdot \boldsymbol{B}$ と $\boldsymbol{A} \times \boldsymbol{B}$ が定義できる. $\boldsymbol{A} \cdot \boldsymbol{B}$ は平面S内で定義されるスカラー量で, $\boldsymbol{A} \times \boldsymbol{B}$ は平面Sに垂直で $\hat{\boldsymbol{n}}$ の向きをもつベクトルである.

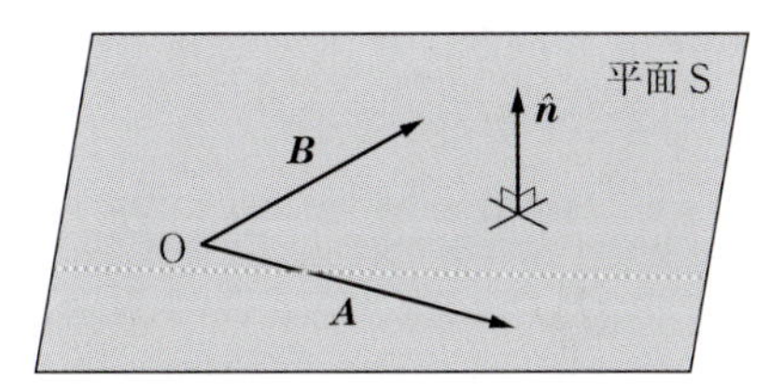

図1.7　2つのベクトルがつくる平面

1.4.1 スカラー積（内積）

図1.8のように, 2つのベクトル $\boldsymbol{A}, \boldsymbol{B}$ のなす角を θ とするとき,

$$\boldsymbol{A} \cdot \boldsymbol{B} = AB\cos\theta \tag{1.15}$$

で定義される量を, $\boldsymbol{A}$ と $\boldsymbol{B}$ の**スカラー積**または**内積**という. スカラー積とよばれる理由は, (1.15)の右辺がスカラー $(A, B, \cos\theta)$ だからである.

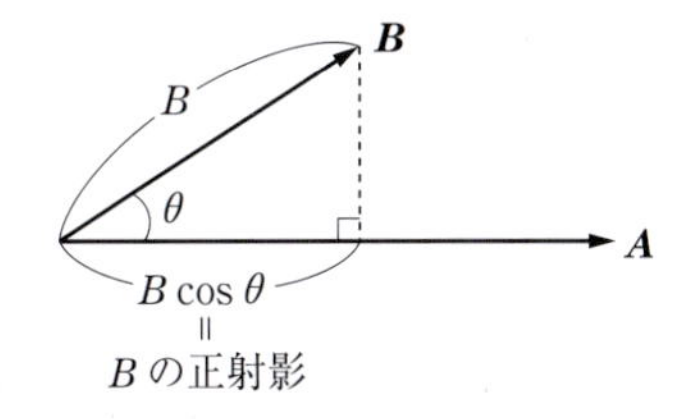

図1.8　スカラー積

スカラー積 $\boldsymbol{A} \cdot \boldsymbol{B}$（エー・ドット・ビーと読む）は, (1.15)の右辺を $A(B\cos\theta)$ とみれば, $\boldsymbol{B}$ の $\boldsymbol{A}$ 上への正射影 $B\cos\theta$ と A との積と解釈できる. 特に, 単位ベクトル同士のスカラー積は次のようになる.

$$\boldsymbol{i} \cdot \boldsymbol{i} = \boldsymbol{j} \cdot \boldsymbol{j} = \boldsymbol{k} \cdot \boldsymbol{k} = 1, \quad \boldsymbol{i} \cdot \boldsymbol{j} = \boldsymbol{j} \cdot \boldsymbol{k} = \boldsymbol{k} \cdot \boldsymbol{i} = 0 \tag{1.16}$$

スカラー積の成分表示

ベクトル $\boldsymbol{A}, \boldsymbol{B}$ のスカラー積は $\boldsymbol{A} = (A_x, A_y, A_z) = A_x\boldsymbol{i} + A_y\boldsymbol{j} + A_z\boldsymbol{k}$, $\boldsymbol{B} = (B_x, B_y, B_z) = B_x\boldsymbol{i} + B_y\boldsymbol{j} + B_z\boldsymbol{k}$ と書いて, (1.16)を使えば次のようになる.

$$\boldsymbol{A} \cdot \boldsymbol{B} = A_xB_x + A_yB_y + A_zB_z \tag{1.17}$$

1.4.2　ベクトル積（外積）

2つのベクトル $\boldsymbol{A}$ と $\boldsymbol{B}$ の演算 $\boldsymbol{A}\times\boldsymbol{B}$（エー・クロス・ビーと読む）が**ベクトル積**または**外積**(がいせき)とよばれるベクトルで，次式で定義される（図1.9）．

$$\boldsymbol{A}\times\boldsymbol{B}=(AB\sin\theta)\hat{\boldsymbol{n}}=S\hat{\boldsymbol{n}}\qquad(S=AB\sin\theta)\tag{1.18}$$

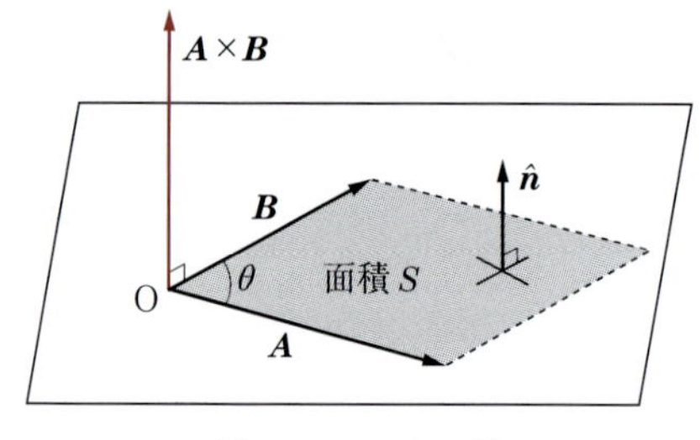

図1.9　ベクトル積

ベクトル積の大きさは $AB\sin\theta$ で，これは A と B を2辺とする平行四辺形の面積 S である．一方，ベクトル積の向きは，平面に立てた単位法線ベクトル $\hat{\boldsymbol{n}}$ の向きとする．

$\hat{\boldsymbol{n}}$ の正の向き

$\boldsymbol{A}$ から $\boldsymbol{B}$ へ θ だけ右ネジを回したときに，右ネジの進む方向で正の向きを定義する．この定義の仕方を**右ネジの規則**という（図1.10）．この規則からわかるように，ベクトル積 $\boldsymbol{B}\times\boldsymbol{A}$ の向きは $\boldsymbol{A}\times\boldsymbol{B}$ と逆（図1.10の点線で示した向き）になるので次式が成り立つ．

$$\boldsymbol{B}\times\boldsymbol{A}=-\boldsymbol{A}\times\boldsymbol{B}\qquad(\textbf{非可換性})\tag{1.19}$$

（非可換性：ひかかんせい）

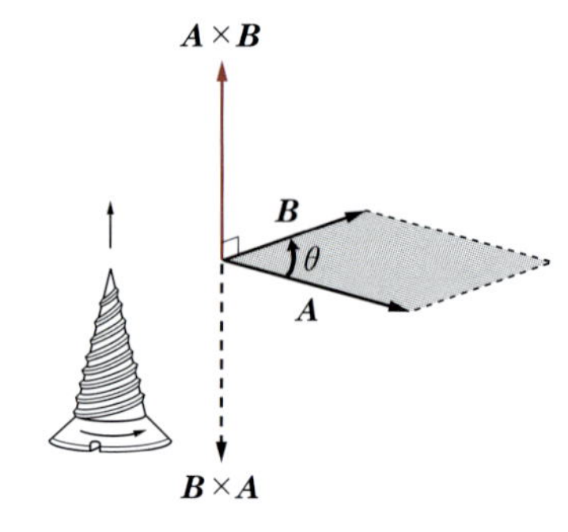

図1.10　右ネジの規則

したがって，(1.19)で $\boldsymbol{A}=\boldsymbol{B}$ とおくと，次式が成り立つ．

$$\boldsymbol{A}\times\boldsymbol{A}=\boldsymbol{0}\tag{1.20}$$

これは(1.18)から $\theta=0$ の場合に当たるので，平行四辺形の面積が0になることを意味する．

単位ベクトルのベクトル積

(1.20)より $\boldsymbol{i}\times\boldsymbol{i}=\boldsymbol{0}$，(1.18)より $\boldsymbol{i}\times\boldsymbol{j}=\boldsymbol{k}$ である（$\boldsymbol{A}=\boldsymbol{i}$, $\boldsymbol{B}=\boldsymbol{j}$ とおけば $S=1$, $\hat{\boldsymbol{n}}=\boldsymbol{k}$）．また，(1.19)より $\boldsymbol{j}\times\boldsymbol{i}=-\boldsymbol{k}$ である．このように，単位ベクトル $(\boldsymbol{i},\boldsymbol{j},\boldsymbol{k})$ の間には次の関係が成り立つ．

$$\boldsymbol{i}\times\boldsymbol{i}=\boldsymbol{0},\qquad\boldsymbol{i}\times\boldsymbol{j}=\boldsymbol{k},\qquad\boldsymbol{j}\times\boldsymbol{i}=-\boldsymbol{k}\tag{1.21}$$

他の組み合わせでも同様の関係を得ることができるが，それらはすべて文字の**サイクリック**（循環的）な置き換えで得られる．例えば，(1.21)で $\boldsymbol{i}\to\boldsymbol{j}$，$\boldsymbol{j}\to\boldsymbol{k}$，$\boldsymbol{k}\to\boldsymbol{i}$ と置き換えれば，$\boldsymbol{j}\times\boldsymbol{j}=\boldsymbol{0}$，$\boldsymbol{j}\times\boldsymbol{k}=\boldsymbol{i}$，$\boldsymbol{k}\times\boldsymbol{j}=-\boldsymbol{i}$ が成り立つ．

ベクトル積の成分表示

ベクトル積 $\boldsymbol{A}\times\boldsymbol{B}$ を簡潔に表すために，これをベクトル $\boldsymbol{C}$ とする（$\boldsymbol{C}=\boldsymbol{A}\times\boldsymbol{B}$）．ベクトル $\boldsymbol{C}$ の成分 (C_x,C_y,C_z) は $\boldsymbol{A}=(A_x,A_y,A_z)$，$\boldsymbol{B}=(B_x,B_y,B_z)$ のとき，次式で与えられる（演習問題［1B.5］を参照）．

$$C_x=A_yB_z-A_zB_y,\quad C_y=A_zB_x-A_xB_z,\quad C_z=A_xB_y-A_yB_x\tag{1.22}$$

このように，各成分は文字のサイクリックな置き換え（$x\to y$，$y\to z$，$z\to x$）になっていることがわかる．そのため，C_z だけを覚えておくとよい．

1 2 3 4 **1.5**

位置ベクトルと変位ベクトル

位置ベクトル

物体の位置を指定するためのベクトルを**位置ベクトル**という．位置ベクトルでは，まず基準点を決めなければならない．図 1.11 のように原点 O を基準点にとれば，点 P (x, y, z) にある物体の位置は O から P へ引いたベクトル $\boldsymbol{r}$ で指定できる．

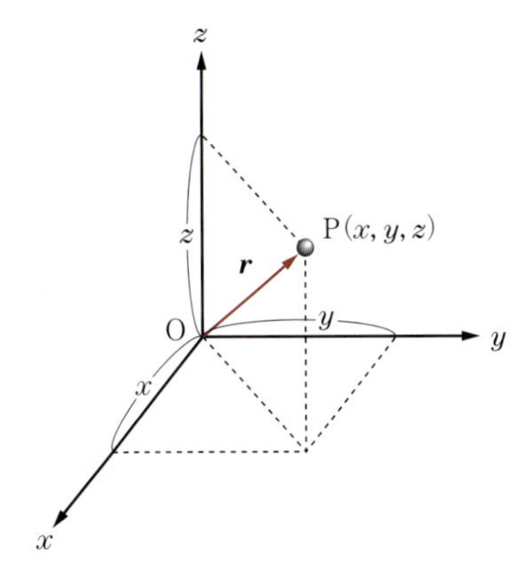

図 1.11　位置ベクトル

(1.11) で $A_x = x$，$A_y = y$，$A_z = z$ とおくと，位置ベクトル $\boldsymbol{r}$ は次式で与えられる．

$$\boldsymbol{r} = x\boldsymbol{i} + y\boldsymbol{j} + z\boldsymbol{k} \qquad (1.23)$$

この位置ベクトル $\boldsymbol{r}$ の成分表示は $\boldsymbol{r} = (x, y, z)$ である．なお，$\boldsymbol{r}$ は原点 O を基準にして決めたから，原点を勝手に動かしてはいけないし，ベクトル $\boldsymbol{r}$ も自由に動かせない．このようなベクトルを**束縛**（そくばく）**ベクトル**という．

位置や位置ベクトルの物理的な意味がわかったので，次に「運動」について考えよう．物体が運動すれば，当然，その位置は変化するので，素朴に考えれば，「位置の変化」で運動が記述できるだろう．実は，「位置の変化」が，次に述べる変位ベクトルというものである．

変位ベクトル

図 1.12 のように 2 点 P と Q の位置ベクトルを，それぞれ $\boldsymbol{r}_{\mathrm{P}}$，$\boldsymbol{r}_{\mathrm{Q}}$ とする．質点が点 P から点 Q まで移動したときに

$$\overrightarrow{\mathrm{PQ}} = \boldsymbol{r}_{\mathrm{PQ}} = \boldsymbol{r}_{\mathrm{Q}} - \boldsymbol{r}_{\mathrm{P}} \qquad (1.24)$$

で定義される位置ベクトルの差を**変位ベクトル**という．そして，この 2 点 P と Q を結ぶ最短距離を**変位の大きさ**という．

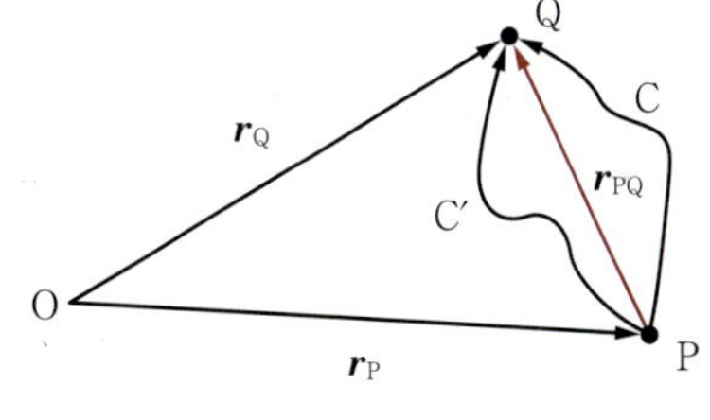

図 1.12　変位ベクトル

変位ベクトルとは，質点の移動距離を表すものであり，質点の軌道（質点が実際に動いた道筋）である**経路**を表すものではない．変位ベクトルは，物体が P から Q へどれだけ動いたかを表すベクトルなので，P と Q をどこから測ったかという原点の位置は意味がない．したがって，変位ベクトルは長さと向きを変えなければ空間内を自由に動かしてよい．

このようなベクトルを**自由ベクトル**という．位置ベクトルは束縛ベクトルであるが，これから扱うベクトルの大半は自由ベクトルなので，単にベクトルといえば，自由ベクトルを指していると考えてよい．

変位というのは移動距離とは全く別物なので，再度，注意しておきたい．極端な例でいえば，25 m プールでスタート台から飛び込んで往復して戻ってくれば，変位は 0 である．実際には

50 m 泳いでいるが，出発点と終点が同じだから，変位は0になる（図1.13(a)）．もし，40 m 泳いだとすれば，変位は10 m である（図1.13(b)）．要するに，最初の位置からの正味の変化量が変位である，ということをしっかり理解してほしい．

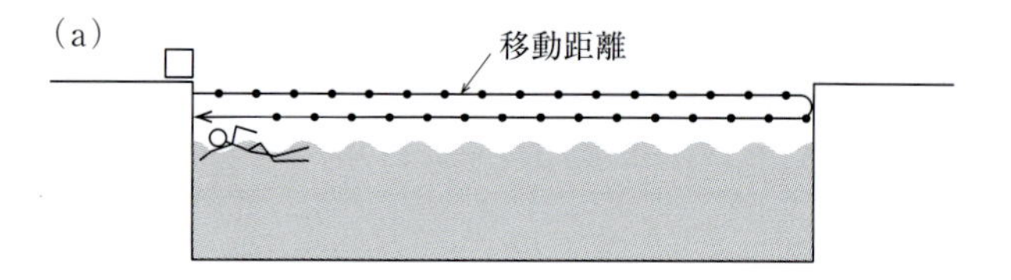

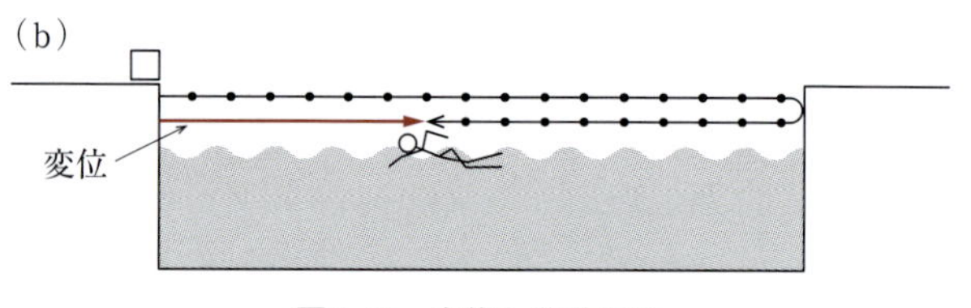

図1.13　変位と移動距離

[例題1.3　合成変位]

粒子が順に $\boldsymbol{d}_1 = (\boldsymbol{i} + 3\boldsymbol{j})$ m，$\boldsymbol{d}_2 = (2\boldsymbol{i} - \boldsymbol{j})$ m，$\boldsymbol{d}_3 = (-\boldsymbol{i} + \boldsymbol{j})$ m の変位をしたとき，この粒子の合成変位 $\boldsymbol{R}$ を求めよ．

[解]　$\boldsymbol{R} = \boldsymbol{d}_1 + \boldsymbol{d}_2 + \boldsymbol{d}_3$ だから，

$$\boldsymbol{R} = (1 + 2 - 1)\boldsymbol{i} + (3 - 1 + 1)\boldsymbol{j} = 2\boldsymbol{i} + 3\boldsymbol{j} \tag{1.25}$$

となる．なお，合成変位 $\boldsymbol{R}$ の成分は $R_x = 2$ m，$R_y = 3$ m であり，大きさ R は $R = \sqrt{R_x^2 + R_y^2} = \sqrt{2^2 + 3^2} = \sqrt{13} = 3.6$ m である．■

変位ベクトルは，経路のとり方によらず一意的に決まるから，質点の運動や速度などを定義するのに不可欠な物理量である．また，振動現象を理解するためにも重要である．

演習問題

[A：基礎的な問題]

[1A.1]　ベクトル　同じ大きさのベクトル $\boldsymbol{A}, \boldsymbol{B}$ がある．$\boldsymbol{A}$ は真東を向き，$\boldsymbol{B}$ は真北を向いているとき，ベクトル $\boldsymbol{A} + \boldsymbol{B}$ と $\boldsymbol{A} - \boldsymbol{B}$ の向きと大きさを求めよ．[☞ 1.2節]

[1A.2]　ベクトル　ベクトル $\boldsymbol{A} = (\sqrt{5}, 2), \boldsymbol{B} = (-3, 4)$ を使って，次の量を求めよ．

(1)　$|\boldsymbol{A}|, |\boldsymbol{B}|$　　(2)　$3\boldsymbol{A} + 2\boldsymbol{B}$　[☞ 1.2節]

[1A.3]　スカラー積　2つのベクトル $\boldsymbol{A} = (5, 4, 3)$，$\boldsymbol{B} = (-3, -4, s)$ が互いに垂直となるような s を求めよ．[☞ 1.4.1項]

[1A.4]　ブロック　図1.14のように，正方格子状の街路を3ブロック東へ，2ブロック北へ，ついで2ブロック東へ歩くとき，次の問いに答えよ．

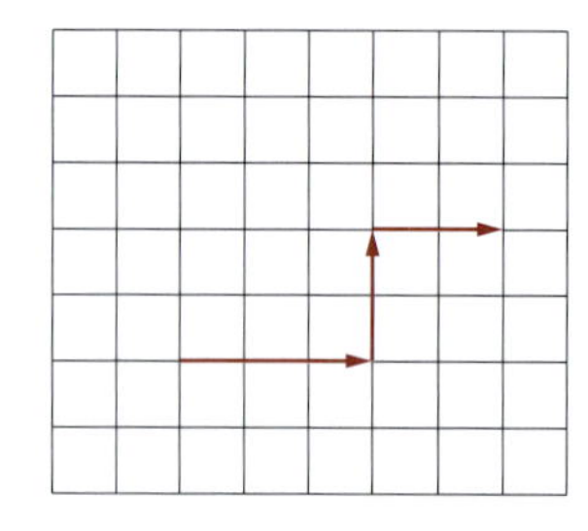

図1.14　ブロック

(1)　歩いた全距離（ブロック数）を求めよ．

(2)　出発点からの正味の変位（大きさ s と向き θ）を求めよ．[☞ 1.5節]

[1A.5] 変位 変位ベクトル $\boldsymbol{r}$ の x, y 方向の成分がそれぞれ $-4\,\mathrm{m}$, $3\,\mathrm{m}$ のとき，$\boldsymbol{r}$ の大きさ r と向き θ を求めよ．［☞ 1.5 節］

[B：標準的な問題]

[1B.1] ベクトル 3 つのベクトル $\boldsymbol{a} = 3\boldsymbol{i} + 2\boldsymbol{j} - \boldsymbol{k}$, $\boldsymbol{b} = 2\boldsymbol{i} - \boldsymbol{j} + \boldsymbol{k}$, $\boldsymbol{c} = \boldsymbol{i} + 3\boldsymbol{j}$ を使って，次の量を求めよ．

(1) $\boldsymbol{a} + \boldsymbol{b}$　(2) $\boldsymbol{a} - \boldsymbol{b}$　(3) $\boldsymbol{a}\cdot\boldsymbol{i}$　(4) $\boldsymbol{a}\cdot\boldsymbol{b}$　(5) $\boldsymbol{a}\cdot\boldsymbol{c}$　(6) $\boldsymbol{b}\times\boldsymbol{c}$

(7) $\boldsymbol{a}\times(\boldsymbol{b}\times\boldsymbol{c})$　(8) $\boldsymbol{b}(\boldsymbol{a}\cdot\boldsymbol{c}) - \boldsymbol{c}(\boldsymbol{a}\cdot\boldsymbol{b})$　［☞ 1.2 節と 1.4 節］

[1B.2] 円形通路 図 1.15 のような半径 $R = 5\,\mathrm{m}$ の円形通路がある．次の問いに答えよ．

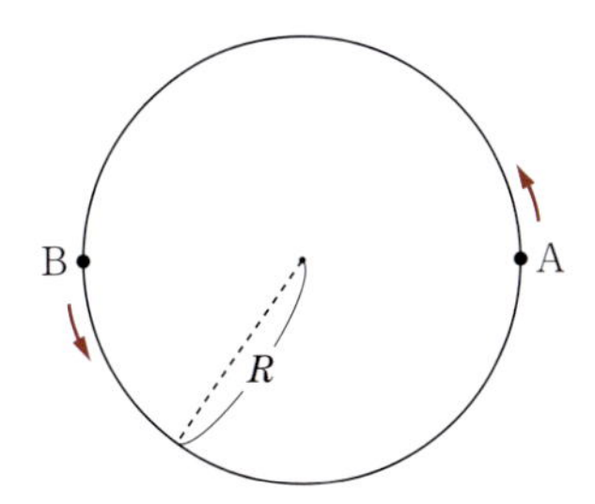

図 1.15 円形通路

(1) A から B まで半周だけ歩いたときの変位の大きさ l と歩いた距離 s を求めよ．

(2) B を越えて元の A まで 1 周したときの変位の大きさ l' と歩いた距離 s' を求めよ．［☞ 1.5 節］

[1B.3] ベクトルの成分 屋上からボールを水平方向に対して $\theta = -30°$ の向きに $s = 100\,\mathrm{m}$ まっすぐに投げた．ボールの変位の水平方向の成分 H と鉛直方向の成分 V を求めよ．ただし，屋上から上向きを鉛直方向の正の向きとする．［☞ 1.3 節］

[1B.4] 速度の合成 真東（x 軸の正方向とする）に時速 $v = 500\,\mathrm{km/h}$ で移動しているジェット機が，東から北（y 軸の正方向とする）30° に時速 $u = 120\,\mathrm{km/h}$ の風が吹く領域に入った．そのときのジェット機の速さ V と x 軸からの角度 θ を求めよ．［☞ 1.2 節と 1.3 節］

[1B.5] ベクトル積 (1.22) の $C_z = A_xB_y - A_yB_x$ を導け．［☞ 1.4.2 項］

第 2 章

運動を表現する －理想化－

これから「物体」の様々な運動を考えていきたい．普段の生活において「物体」という言葉を使うとき，私たちは「大きさ」，「広がり」，「重さ」をもったモノをイメージしている．そして，そのようなモノを投げたり蹴ったりすれば，「変形」，「振動」，「回転」などの複雑な動きが生じる．このような複雑さを取り除いて，物体の運動をシンプル，かつ，本質的に考察するためには，ある種の理想化が必要になる．その中で質点は最も重要な概念で力学の土台になるものだから，しっかり理解しよう．

2.1 質 点

2 3 4

例えば，ボールを蹴り上げると，図 2.1 のように空間を飛んでいくが，ボールは回転したり振動したり変形したりする．ボールの運動を調べるときに，そのような運動まで考慮すると問題が難しくなる．また，ボールには大きさがあるので，ボールの位置（座標）を一意的に決めることも難しい．

そこで，図 2.2 のようにボールの中心にボールの**全質量**が集まっている仮想的な「点」を考え，この点でボールを表せれば，位置の指定にあいまいさがなくなり，大きさもないので，回転，振動，変形も存在しないことになる．このような仮想的な点のことを**質点**という．

大きさをもった物体を質点と見なし，その運動を調べるのが**質点の力学**である．一方，物体の大きさを無視せずに，多数の質点で構成された系 －**質点系**－ を考え，その運動を調べるのが**質点系の力学**である．なお，「質点の力学」では質点は仮想的な点であるが，「質点系の力学」では重心が質点として登場する（8.1 節を参照）．このため，「質点の力学」の学習は，質点系の力学を理解する上で不可欠なプロセスであることを強調しておきたい．

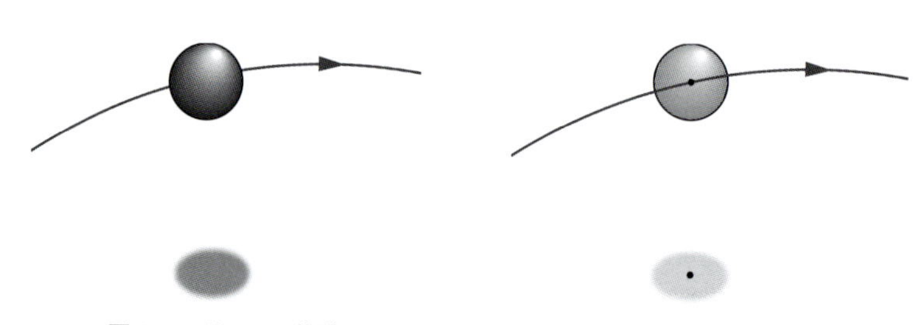

図 2.1 ボールの軌道　　**図 2.2** 質点の軌道

1 **2.2** 3 4

座標系と自由度

すでに1.3節で「座標」と「直交座標系」の用語を使ったが，「座標」とは点の位置を明確にするために与える実数の組のことであり，その座標を定義する基準となる枠（フレーム）が「座標系」である．

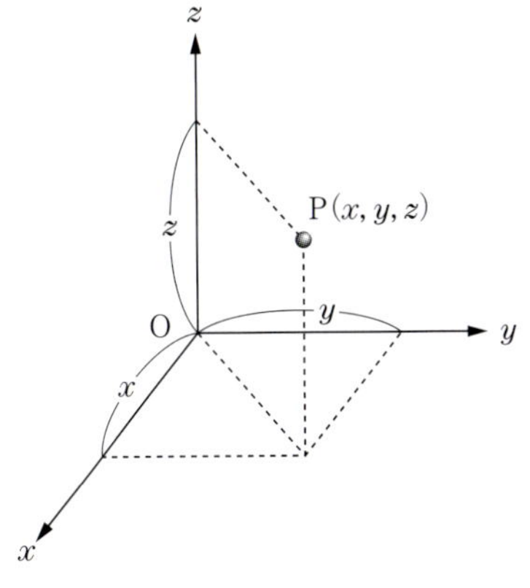

図 2.3　3 次元直交座標系

うまく座標系を選ぼう

質点の位置を表すために用いられる座標系はたくさんある．質点が空間の特定の位置にあれば，その位置はどのような座標系をとっても変わらない．そう考えると，図2.3のような素朴な3次元直交座標系だけで十分のように思える．

しかし，世の中には実にたくさんの座標系が存在するのはなぜだろうか．その理由は，問題が解けるような座標系をうまく選ぶ必要があるからだ．座標系の選び方を誤ると，問題が解けなくなることもある．ここでは，力学の問題でよく使われる座標系 ―2次元直交座標系，2次元極座標系，円筒座標系― について解説しよう．

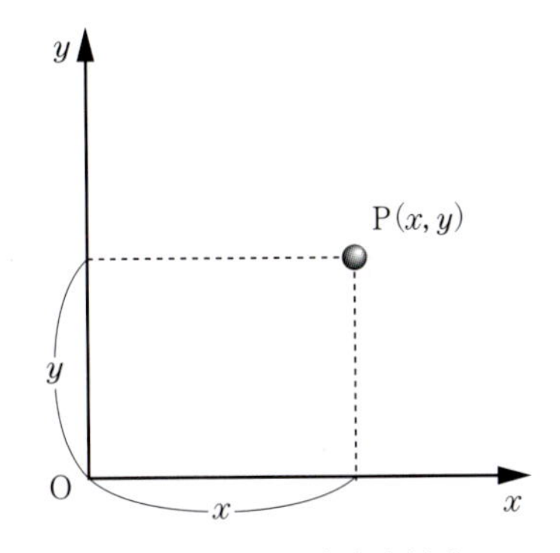

図 2.4　2 次元直交座標系

2次元直交座標系（xy 系）

3次元直交座標系で $z=0$ として定義される座標系が2次元直交座標系で，(x, y) 平面を表す（図2.4）．点Pの位置は座標 (x, y) で決まり，この座標系は，放物運動や回転運動を扱うときに使う．

2次元極座標系（$r\theta$ 系）

点Pの座標 (x, y) は，図2.5のように原点Oからの距離 r と x 軸の正の方向からの角 θ（この測り方が θ の正の向きの定義でもある）で定義される極座標 (r, θ) を使って次のように表せる．

$$x = r\cos\theta, \qquad y = r\sin\theta \qquad (2.1)$$

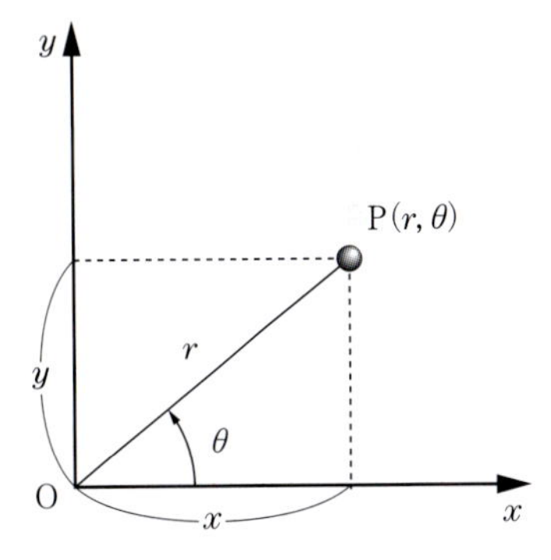

図 2.5　2 次元極座標系

ピタゴラスの定理 $(r^2 = x^2 + y^2)$ から，(x, y) と極座標 (r, θ) の間には

$$r = \sqrt{x^2 + y^2}, \qquad \theta = \arctan\frac{y}{x} \qquad (2.2)$$

の対応関係がある．2次元極座標系は，中心力の問題を扱うときに便利である．

弧度法（こどほう）で定義される角度 θ は，円弧 s と円の半径 l との比 $\theta = s/l$ である．θ は無次元（$[\theta] = [\mathrm{L/L}] = 1$）だが，**ラジアン**（rad）という特別な単位をもっている．角度を表す **360 度法**

とは次式で関係付けられている（$180^\circ = \pi$ rad）．

$$\theta\,\mathrm{rad} = \frac{\pi}{180}\theta \approx 0.02\theta^\circ \quad \text{または} \quad \theta^\circ = \frac{180}{\pi}\theta \approx 60\theta\,\mathrm{rad} \tag{2.3}$$

［例題 2.1　2次元極座標系の単位ベクトル］

2次元直交座標系での位置ベクトル

$$\boldsymbol{r} = x\boldsymbol{i} + y\boldsymbol{j} \tag{2.4}$$

を極座標(2.1)で書き換えると，r, θ 方向の単位ベクトル $\boldsymbol{e}_r, \boldsymbol{e}_\theta$ は

$$\boldsymbol{e}_r(\theta) = \cos\theta\,\boldsymbol{i} + \sin\theta\,\boldsymbol{j}, \qquad \boldsymbol{e}_\theta(\theta) = -\sin\theta\,\boldsymbol{i} + \cos\theta\,\boldsymbol{j} \tag{2.5}$$

であることを示せ（図2.6）．

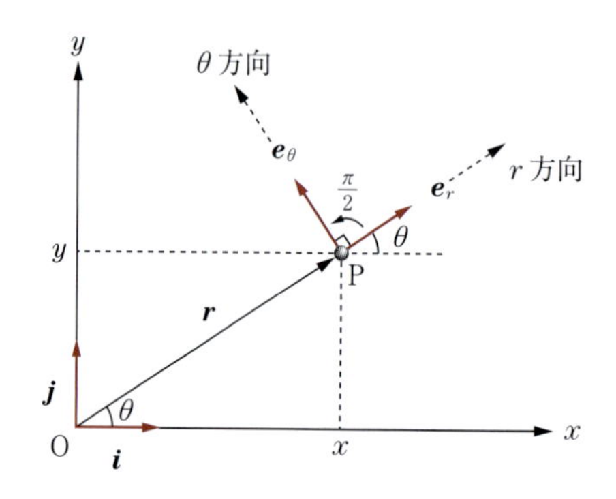

図2.6　2次元極座標系の単位ベクトル

［解］　$\boldsymbol{r}$ を(2.1)の極座標で書き換えると

$$\boldsymbol{r} = r\cos\theta\,\boldsymbol{i} + r\sin\theta\,\boldsymbol{j} = r(\cos\theta\,\boldsymbol{i} + \sin\theta\,\boldsymbol{j})$$

となる．これを単位ベクトル $\boldsymbol{e}_r$ の定義 $\boldsymbol{r} = r\boldsymbol{e}_r$ と比べれば $\boldsymbol{e}_r = \cos\theta\,\boldsymbol{i} + \sin\theta\,\boldsymbol{j}$ を得る．

一方，単位ベクトル $\boldsymbol{e}_\theta$ は，図2.6からわかるように $\boldsymbol{e}_r$ を反時計回りに $\pi/2$ だけ回転させた向きだから，$\boldsymbol{e}_r(\theta)$ の θ を $\theta + \pi/2$ に変えれば $\boldsymbol{e}_\theta$ になる．したがって，

$$\boldsymbol{e}_\theta(\theta) = \boldsymbol{e}_r\left(\theta + \frac{\pi}{2}\right) = \cos\left(\theta + \frac{\pi}{2}\right)\boldsymbol{i} + \sin\left(\theta + \frac{\pi}{2}\right)\boldsymbol{j} = -\sin\theta\,\boldsymbol{i} + \cos\theta\,\boldsymbol{j}$$

である．■

円筒座標系（$r\theta z$ 系）

3次元空間での質点の問題を扱う場合，2次元極座標系の r, θ に高さ z を加えた座標系（図2.7）を考えると，3次元直交座標系での点Pの座標 (x, y, z) と

$$x = r\cos\theta, \qquad y = r\sin\theta, \qquad z = z \tag{2.6}$$

のように結び付くから，点Pの座標を (r, θ, z) で表せる．

質点にはたらく力が x, y 座標の成分によらず z 軸からの距離 r だけに依存する場合，つまり，解こうとする問題が z 軸の周りの回転に対して対称性（これを**軸対称性**という）をもっている場合に，この座標系は便利である．

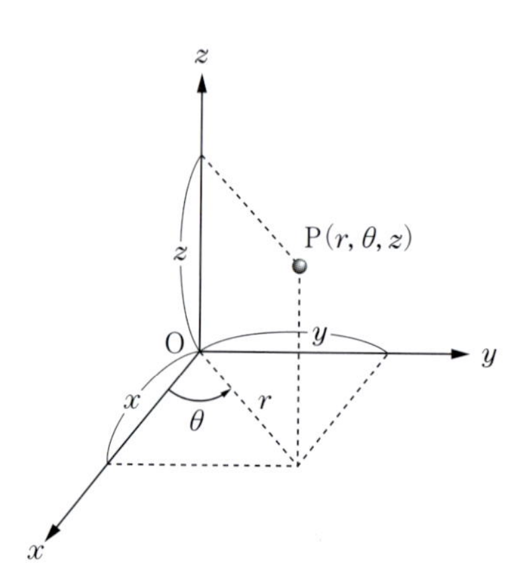

図2.7　円筒座標系

自 由 度

質点の運動を決める独立な変数や座標の数を，運動の**自由度**という．質点が3次元空間を自由に運動している場合（これを**自由運動**という）の自由度は3である．なぜなら，質点を記述するのに3つの座標成分（例えば，(x, y, z) や (r, θ, z)）だけで十分だからである．そして，2次元平面や曲面上を運動している質点の自由度は2である．また，質点が曲線上を運動する場合は，1つの座標で運動が決まるから自由度は1である．

自由度の数だけの座標成分が時間 t の関数として求まれば，質点が時間とともにどのように運動するかが決まる．なお，運動に何らかの制限がつく（これを**束縛運動**という）と，束縛条件の数だけ自由度の数が減少する（4.4節を参照）．

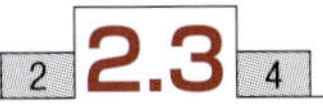

2.3 速さと速度

質点の運動は変位ベクトルの時間的な変化で記述され，この時間変化率で，速さや速度が定義される．

2.3.1 速　さ

一般に，質点が距離 s だけ移動するのに要する時間を t とすると，その間の**平均の速さ** $\bar{v}$（ブイ・バーと読む）は次式で定義される．

$$\bar{v} = \frac{s}{t} \tag{2.7}$$

いま，図2.8のように運動している質点の位置ベクトル $\boldsymbol{r}$ が時間とともに動くと，1つの軌道Cを描く．時刻 t での質点の位置Pを $\boldsymbol{r}(t)$，それから時間 Δt だけ経った後の時刻 $t' = t + \Delta t$ での位置Qを $\boldsymbol{r}(t') = \boldsymbol{r}(t + \Delta t)$ とする．2点PとQを結ぶ変位ベクトルの距離 $|\overrightarrow{\mathrm{PQ}}| = |\Delta \boldsymbol{r}| = |\boldsymbol{r}(t') - r(t)|$ は，Δt を十分に小さくとれば，質点が実際に動いた軌道（曲線）の長さとみなせる．したがって，Δt 間における質点の平均の速さ(2.7)は次式になる．

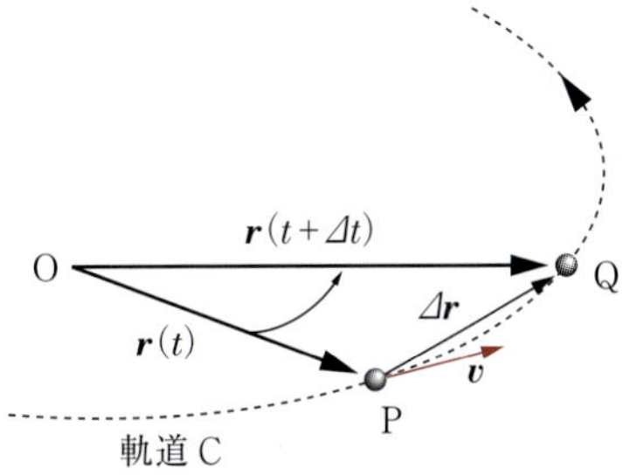

図2.8 速度ベクトル

$$\bar{v} = \frac{|\Delta \boldsymbol{r}|}{\Delta t} = \frac{|\boldsymbol{r}(t + \Delta t) - \boldsymbol{r}(t)|}{\Delta t} = \frac{|\overrightarrow{\mathrm{PQ}}|}{\Delta t} \tag{2.8}$$

[例題2.2　平均の速さと単位]

車が5秒間に100 mだけ進むとして，平均の速さ $\bar{v}$ を2つの単位，m/sとkm/hで求めよ．

[解]　(2.8)から

$$\bar{v} = \frac{100\ \mathrm{m}}{5\ \mathrm{s}} = 20\ \mathrm{m/s}$$

になる．これを時速に直すには

$$1\,\frac{\mathrm{m}}{\mathrm{s}} = \frac{1\times 10^{-3}}{1/3600}\,\frac{\mathrm{km}}{\mathrm{h}} = \frac{3600}{1000}\,\frac{\mathrm{km}}{\mathrm{h}} = 3.6\,\frac{\mathrm{km}}{\mathrm{h}} \tag{2.9}$$

だから，

$$\bar{v} = 20\,\mathrm{m/s} = 20\times 3.6\,\mathrm{km/h} = 72\,\mathrm{km/h}$$

となる．■

2.3.2　速　度

質点の時刻 t での**速度**（**瞬間速度**）は，(2.8)の絶対値をはずして $\Delta t\to 0$ の極限をとった値であるから，速度 $\boldsymbol{v}$ は次式で与えられる．

$$\boldsymbol{v} = \lim_{\Delta t\to 0}\frac{\Delta\boldsymbol{r}}{\Delta t} = \frac{d\boldsymbol{r}}{dt} \tag{2.10}$$

つまり，速度 $\boldsymbol{v}$ は位置ベクトル $\boldsymbol{r}$ の**導関数**（**瞬間変化率**）である．速度の大きさは時刻 t に質点が点 P を通過する（瞬間の）速さ $v=|\boldsymbol{v}|$ で，速度の向きは点 P での軌道の接線の向きである．なぜなら，図 2.8 からわかるように，$\Delta t\to 0$ では点 Q が点 P に限りなく近づく状態になるからである．

ベクトル関数の微分

いま，ベクトル $\boldsymbol{A}$ が変数 t の関数 $\boldsymbol{A}(t)$ であるとき，この $\boldsymbol{A}(t)$ を t の**ベクトル関数**という．例えば，$\boldsymbol{r}(t)$ や $\boldsymbol{v}(t)$ は t のベクトル関数である．t の増分 Δt に対するベクトル関数の差を $\Delta\boldsymbol{A} = \boldsymbol{A}(t+\Delta t) - \boldsymbol{A}(t)$ とすれば

$$\frac{d\boldsymbol{A}}{dt} = \lim_{\Delta t\to 0}\frac{\Delta\boldsymbol{A}}{\Delta t} \tag{2.11}$$

で，ベクトル $\boldsymbol{A}(t)$ の t に関する導関数（微分係数）が定義される．

なお，スカラー関数 $q(t)$ とベクトル関数 $\boldsymbol{A}(t)$ の積 $q\boldsymbol{A}$ の微分は次のようになる．

$$\frac{d}{dt}(q\boldsymbol{A}) = \frac{dq}{dt}\boldsymbol{A} + q\frac{d\boldsymbol{A}}{dt} \tag{2.12}$$

これはスカラー関数 $f(x)$ と $g(x)$ の積 fg に対する微分 $(fg)' = f'g + fg'$ と同じ形であることに注意しよう．

例 2.1　直交座標系の $x\boldsymbol{i}$ と極座標系の $r\boldsymbol{e}_r$ の微分

単位ベクトル $\boldsymbol{i}$ が時間 t によらない（定ベクトル）場合

$$\frac{d}{dt}(x\boldsymbol{i}) = \frac{dx}{dt}\boldsymbol{i} + x\frac{d\boldsymbol{i}}{dt} = \frac{dx}{dt}\boldsymbol{i} \qquad (\boldsymbol{i}\text{ は定ベクトル}) \tag{2.13}$$

単位ベクトル $\boldsymbol{e}_r$ が時間 t に依存する（動ベクトル）場合

$$\frac{d}{dt}(r\boldsymbol{e}_r) = \frac{dr}{dt}\boldsymbol{e}_r + r\frac{d\boldsymbol{e}_r}{dt} \qquad (\boldsymbol{e}_r\text{ は動ベクトル}) \tag{2.14}$$

このような計算は中心力の問題（6.4 節）や運動座標系（11.3 節）で重要になる．◢

3 次元直交座標系での速度

(1.23)の位置ベクトル $\boldsymbol{r} = x\boldsymbol{i} + y\boldsymbol{j} + z\boldsymbol{k}$ を速度の(2.10)に代入し，単位ベクトル $\boldsymbol{i}, \boldsymbol{j}, \boldsymbol{k}$ が

一定であることを考慮（例 2.1）すれば次式を得る.

$$\boldsymbol{v} = \frac{d(x\boldsymbol{i})}{dt} + \frac{d(y\boldsymbol{j})}{dt} + \frac{d(z\boldsymbol{k})}{dt} = \frac{dx}{dt}\boldsymbol{i} + \frac{dy}{dt}\boldsymbol{j} + \frac{dz}{dt}\boldsymbol{k} \tag{2.15}$$

速度の成分表示 $\boldsymbol{v} = (v_x, v_y, v_z) = v_x\boldsymbol{i} + v_y\boldsymbol{j} + v_z\boldsymbol{k}$ と(2.15)を比較すれば

$$v_x = \frac{dx}{dt}, \qquad v_y = \frac{dy}{dt}, \qquad v_z = \frac{dz}{dt} \tag{2.16}$$

となり，速さ v（速度 $\boldsymbol{v}$ の大きさ）は次式で与えられる.

$$v = |\boldsymbol{v}| = \sqrt{{v_x}^2 + {v_y}^2 + {v_z}^2} \tag{2.17}$$

1 | 2 | 3

2.4 加 速 度

質点が速度を変化させながら運動していれば，質点には加速度が生じる．つまり，速度の変化を表す量が加速度である.

平均加速度の大きさ

平均加速度，すなわち加速度の平均的な値 $\bar{a}$ は，「速さの変化量 Δv」を「変化の生じた時間 Δt」で割った次式で定義される.

$$\bar{a} = \frac{\Delta v}{\Delta t} \tag{2.18}$$

この Δt を 0 に近づけると，瞬間的な加速度の大きさが定義される.

［例題 2.3　平均加速度］

ゴルフボールをクラブで打ったら 30 m/s の速さになった．ボールとクラブの接触時間を 2.0 ms（ミリ秒）として，ボールの平均加速度の大きさ $\bar{a}$ を求めよ.

［解］ $\Delta v = 30\ \mathrm{m/s}$ と $\Delta t = 2.0 \times 10^{-3}\ \mathrm{s}$ より，

$$\bar{a} = \frac{30\ \mathrm{m/s}}{2.0 \times 10^{-3}\ \mathrm{s}} \fallingdotseq 15 \times 10^3\ \mathrm{m/s^2}$$

となる. ■

加速度（瞬間加速度）

時刻 t での質点の速度を $\boldsymbol{v}(t)$，時刻 $t'(= t + \Delta t)$ での速度を $\boldsymbol{v}(t')$ とする．速度の変化 $\Delta\boldsymbol{v}(= \boldsymbol{v}(t') - \boldsymbol{v}(t))$ と Δt を使って(2.18)を書き換えると，平均加速度 $\bar{\boldsymbol{a}} = \Delta\boldsymbol{v}/\Delta t$ となる. $\Delta t \to 0$ の極限から，時刻 t での質点の**加速度 $\boldsymbol{a}$**（**瞬間加速度**）が次式で定義される.

$$\boldsymbol{a} = \lim_{\Delta t \to 0} \frac{\Delta\boldsymbol{v}}{\Delta t} = \frac{d\boldsymbol{v}}{dt} \tag{2.19}$$

つまり，加速度は速度の瞬間変化率（導関数）であり，速度 $\boldsymbol{v}$ を(2.10)で書き換えれば，加速度 $\boldsymbol{a}$ は次式で与えられる.

$$\boldsymbol{a} = \frac{d}{dt}\left(\frac{d\boldsymbol{r}}{dt}\right) = \frac{d^2\boldsymbol{r}}{dt^2} \tag{2.20}$$

なお，(2.19)の定義から推測できるように，速度 $\boldsymbol{v}$ とは異なり，加速度 $\boldsymbol{a}$ の向きは軌道の接線方向に無関係であることに注意してほしい（図2.10の $\boldsymbol{a}$ と $\boldsymbol{v}$ を参照）.

3次元直交座標系での加速度

加速度の成分表示 $\boldsymbol{a} = (a_x, a_y, a_z) = a_x\boldsymbol{i} + a_y\boldsymbol{j} + a_z\boldsymbol{k}$ と $\boldsymbol{r}$ と $\boldsymbol{v}$ の間には次式が成り立つ.

$$\boldsymbol{a} = \dot{\boldsymbol{v}} = \ddot{\boldsymbol{r}} \qquad (a_x = \dot{v}_x = \ddot{x},\ a_y = \dot{v}_y = \ddot{y},\ a_z = \dot{v}_z = \ddot{z}) \tag{2.21}$$

また，加速度の大きさ a（$\boldsymbol{a}$ の絶対値 $|\boldsymbol{a}|$）は次式で与えられる.

$$a = |\boldsymbol{a}| = \sqrt{a_x{}^2 + a_y{}^2 + a_z{}^2} \tag{2.22}$$

［例題 2.4　質点の円運動］

質点Pの位置ベクトル $\boldsymbol{r} = (x, y)$ は，単位ベクトル $\boldsymbol{i}$，$\boldsymbol{j}$ を用いて次のように表せる（図2.9）.

$$\boldsymbol{r} = x\boldsymbol{i} + y\boldsymbol{j} = (r\cos\omega t)\boldsymbol{i} + (r\sin\omega t)\boldsymbol{j} \tag{2.23}$$

このときの質点Pの速度 $\boldsymbol{v}$，加速度 $\boldsymbol{a}$，それらの大きさ，および $\boldsymbol{v}$ と $\boldsymbol{a}$ のなす角度を求めよ．ただし，r と ω は定数である.

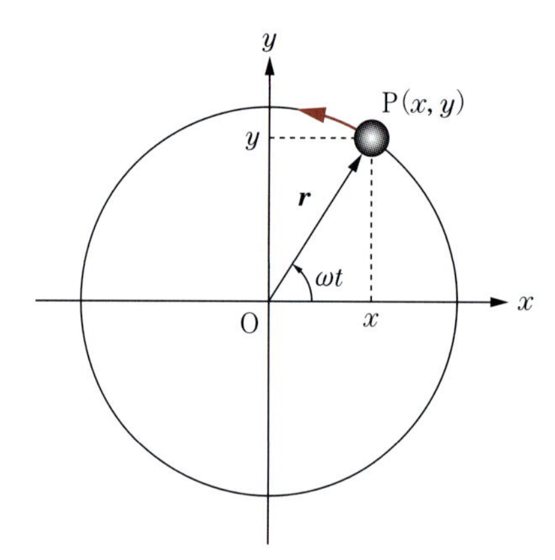

図 2.9　円運動する質点の座標

［解］　速度 $\boldsymbol{v} = v_x\boldsymbol{i} + v_y\boldsymbol{j}$ と加速度 $\boldsymbol{a} = a_x\boldsymbol{i} + a_y\boldsymbol{j}$ は，$\boldsymbol{r}$ の時間微分より

$$\boldsymbol{v} = \dot{\boldsymbol{r}} = -(\omega r\sin\omega t)\boldsymbol{i} + (\omega r\cos\omega t)\boldsymbol{j} \tag{2.24}$$

$$\boldsymbol{a} = \ddot{\boldsymbol{r}} = -(\omega^2 r\cos\omega t)\boldsymbol{i} - (\omega^2 r\sin\omega t)\boldsymbol{j} = -\omega^2\boldsymbol{r} \tag{2.25}$$

これから，加速度 $\boldsymbol{a}$ は $-\boldsymbol{r}$ 方向（円の中心方向）を向いている（この加速度を**向心加速度**といい，11.3節で述べる）.

一方，速度 $\boldsymbol{v}$ は円の接線方向を向くから，加速度 $\boldsymbol{a}$ と直交する（$\boldsymbol{v}\cdot\boldsymbol{a} = 0$）．図2.10は時刻0と任

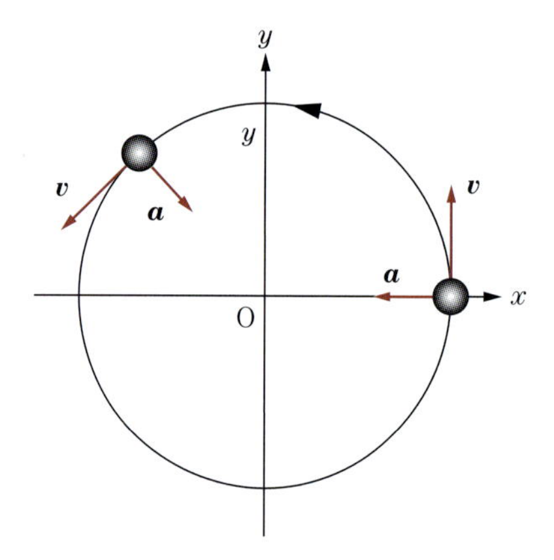

図 2.10　円運動での速度と加速度

意の時刻 t での $\boldsymbol{v}$ と $\boldsymbol{a}$ である．なお，$\boldsymbol{v}$ の大きさ（速さ）は $v = \sqrt{v_x^2 + v_y^2} = r\omega$，加速度の大きさは $a = \sqrt{a_x^2 + a_y^2} = \omega^2 r = v^2/r$ で，ともに一定の値である．■

(2.23)の ω は，三角関数の引数に ωt の形で現れるから，t の単位を秒 (s) とすれば，（ωt は無次元だから）ω の単位は 1/s である．この ω は質点Pが単位時間当たりに円を回る角度を表すので**角速度**とよばれるもので，後の章で何度も登場する重要な量である．

演　習　問　題

[A：基礎的な問題]

[2A.1]　単位変換　警官が，制限速度 40 km/h の道路において距離 $L = 200$ m の 2 点間の車の通過時間を測定し，速度オーバーの車を摘発している．通過時間が $T = 30$ s の車は速度制限違反か．

[☞ 例題 2.2]

[2A.2]　デカルト座標と極座標の値　xy 平面上のある点の直交座標が $(-3.0, 4.0)$ m のとき，この点の極座標 (r, θ) を求めよ．　[☞ 2.2 節]

[2A.3]　極座標とデカルト座標の値　ある点の極座標が $r = 2.0$ m，$\theta = 30°$ のとき，この点の直交座標 (x, y) を求めよ．　[☞ 2.2 節]

[2A.4]　位置ベクトル　次の極座標 (r, θ) をもつ位置ベクトル $\boldsymbol{r} = x\boldsymbol{i} + y\boldsymbol{j}$ を求めよ．

(1)　12.0 m，140°　　(2)　3.0 cm，60°　　(3)　1 km，100°　　[☞ 2.2 節]

[2A.5]　平均速度　ある物体が半径 $R = 10$ m の円の上を，一定の速さ v で運動している．1 周するのにかかる時間は $T = 12$ s である．次の値を求めよ．

(1)　6 秒間の平均の速さ $\bar{v}$　　(2)　12 秒間の平均の速さ $\bar{v}$　　[☞ 2.3.1 項と 1.5 節]

[2A.6]　車の加速度　図 2.11 のような水平な道路を一定の速さで走っている車がある．1 → 2，2 → 3，3 → 4，4 → 1 の 4 つの区間について，次の問いに答えよ．

(1)　加速度の大きさが最大の区間　　(2)　加速度の大きさが最小の区間　　[☞ 2.4 節]

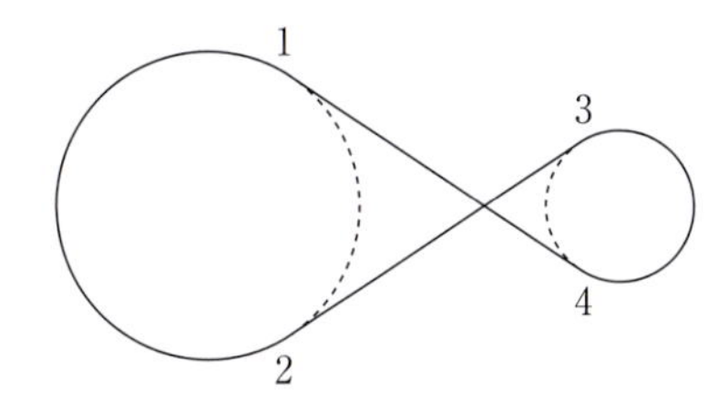

図 2.11　車の加速度

[2A.7]　次元解析　式 $v = v_0 + at$ の両辺が次元的に正しいことを示せ．ただし，v と v_0 は速さ，a は加速度，t は時間を表す．　[☞ 2.3 節と 0.3.2 項]

[2A.8]　平均加速度　停車していた車が $t = 0$ でスタートし，$t = 30$ s で速さは $v_f = 30$ m/s となった．このときの平均加速度の大きさ $\bar{a}$ を求めよ．　[☞ 例題 2.3]

[2A.9]　変位と平均速度　ジョギングランナーが直線コースを平均の速さ $\bar{v}_1 = 5$ m/s で $t_1 = 4$ 分間走り，それから平均の速さ $\bar{v}_2 = 4$ m/s で $t_2 = 3$ 分間走る．このとき，次の値を求めよ．

(1)　ランナーの全変位 s　　(2)　この区間の平均の速さ $\bar{v}$　　[☞ 例題 2.2]

[2A.10]　スカラー積の利用　原点からの距離 r が一定の運動では速度 $\boldsymbol{v}$ と $\boldsymbol{r}$ が直交することを，「$r^2 = \boldsymbol{r}\cdot\boldsymbol{r} = $ 一定」を利用して示せ．　[☞ 2.3.2 項と 1.4.1 項]

[2A.11]　運動の自由度　遊園地にあるジェットコースターの運動の自由度を答えよ．［☞ 2.2節］

[B：標準的な問題]

[2B.1]　相対速度　図2.12の自動車2（時速 $\boldsymbol{v}_2 = (0, 50)\,\mathrm{km/h}$）に対する自動車1（時速 $\boldsymbol{v}_1 = (-50, 0)\,\mathrm{km/h}$）の相対速度 $\boldsymbol{u} = \boldsymbol{v}_1 - \boldsymbol{v}_2$ を求めよ．［☞ 2.3.2項と1.5節］

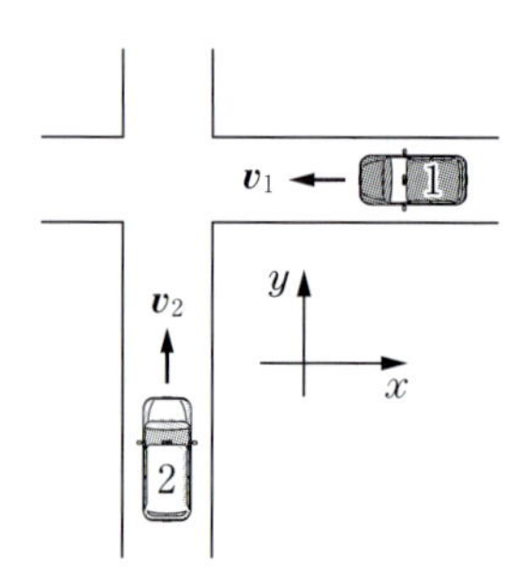

図2.12　相対速度

[2B.2]　加速度と距離　スポーツカーが $t = 8\,\mathrm{s}$ に静止状態（$v_i = 0$）から速さ $v_\mathrm{f} = 140\,\mathrm{km/h}$ まで一様に加速した．次の値を求めよ．

(1)　車の加速度 a　　(2)　最初の8秒間に車が走った距離 x［☞ 2.4節］

[2B.3]　平均加速度　時速 $v_\mathrm{i} = 324\,\mathrm{km/h}$ のジェット機が $t = 60\,\mathrm{s}$ で静止した．このときの平均加速度の大きさ $\bar{a}$ を求めよ．［☞ 例題2.3］

[2B.4]　瞬間速度と瞬間加速度　x 軸上を，ある質点が式 $x(t) = 2t + 0.1t^2$ に従って運動する（x の単位は m，t の単位は s）とき，この質点の速さ $v(t)$ を求め，$t = 3\,\mathrm{s}$ における速さ $v(3)$ と加速度の大きさ $a(3)$ を求めよ．［☞ 2.3節と2.4節］

[2B.5]　運動を表す諸量　質点が xy 平面上を $x(t) = 10t$，$y(t) = 50t - 10t^2$ で動いている．**軌道**の式（つまり，y と x の関係式），および，質点の速度成分 v_x, v_y と加速度成分 a_x, a_y を求めよ．

［☞ 2.3節と2.4節］

[2B.6]　スカラー積の利用　速さ v が一定の運動では加速度 $\boldsymbol{a}$ と $\boldsymbol{v}$ が直交することを，「$v^2 = \boldsymbol{v}\cdot\boldsymbol{v} =$ 一定」を利用して示せ．［☞ 2.3.2項と1.4.1項］

[2B.7]　例題2.4をもっと簡単に解こう　(2.5)の $\boldsymbol{e}_r$ と $\boldsymbol{e}_\theta$ を使って $\boldsymbol{r}, \boldsymbol{v}, \boldsymbol{a}$ を書き換えると，$\boldsymbol{r} = r\boldsymbol{e}_r(\omega t)$，$\boldsymbol{v} = r\omega\boldsymbol{e}_\theta(\omega t)$，$\boldsymbol{a} = -r\omega^2\boldsymbol{e}_r(\omega t)$ となることを示せ．また，これらの式を利用すれば，例題2.4の結果がもっと簡単にわかることを説明せよ．［☞ 例題2.4］

第 3 章

運動の法則 ― すべて経験則 ―

力学の基礎は1600〜1700年頃の間にイタリアのガリレオ・ガリレイ（1564 - 1642）とイギリスのアイザック・ニュートン（1642 - 1727）によって完成した．そして，アリストテレス的な宇宙観や自然観が崩壊した．その頃，日本は江戸時代．松尾芭蕉（1644 - 1694）は「夏草や 兵どもが 夢の跡」（なつくさや つわものどもが ゆめのあと）と詠い，俳句を芸術の域にまで高めた．本章で学ぶ，この五七五よりも短い「エム・エイ・イコール・エフ」（$m\boldsymbol{a} = \boldsymbol{F}$）の数式が，無限に広がる宇宙や自然現象を表現できるのは驚嘆に値するだろう．

3.1 法則の存在

2 3 4

3.1.1 ガリレオに学ぼう

いまあなたは，体育館でバスケットボールのゴールを狙って初めてシュートをするとしよう．一発でうまくシュートが決まったとすればそれはまぐれ（偶然）で，大抵は何度もはずれる．しかし，そのうち投げるコツがわかってくる．そして，ボールから手を離すときの「床からの高さ h」と「ボールの速度 $\boldsymbol{v}$」さえ同じにすれば必ずシュートが決まることがわかり，自信をもってトライできるようになる．

このとき，「一定の初期条件のもとでは同一の結果が生まれる」ということをあなたは確信するはずだ．これは，同じ条件のもとでは同じ結果が生じるという一種の経験則ではあるが，その背後に普遍的な物理法則が存在することを強く示唆している．一旦このような経験則がわかれば，他の初心者にもシュートのコツを教えることができる．これこそ，（少しオーバーに表現すれば）知識の普遍化である．

私たちが学ぼうとしている力学という学問体系は，1600年の初め頃にガリレオがみつけた**落下の法則**から生まれたものである．物体の運動を研究していたガリレオは，物体が自由落下していく距離が時間の2乗に比例することを見出した．

このことを具体的に式で表すと，物体の地表からの高さを y として，物体から手を離した瞬間から時間 t だけ経ったときの高さが，次章で述べるように，

$$y = y_0 - \frac{1}{2}gt^2 \tag{3.1}$$

で決まるというものである．ここで，y_0 は物体の初めの高さ，g は重力加速度の大きさである．

いうまでもなく，実験は，いろいろと条件を変えて行うことができる．例えば，物体を上に投げ上げる場合もあるだろう．もし，投げ上げるときの初めの速さを v_0 とすれば，(3.1)は

$$y = y_0 + v_0 t - \frac{1}{2}gt^2 \tag{3.2}$$

のように修正される．初めの高さ y_0 や初めの速さ v_0 ― これらを**初期条件**という ― は自由だから，このたった1つの経験則(3.2)だけで様々な状況が理解できることは素晴らしい．しかし，法則が普遍的であるためには，このような初期条件の値にかかわらない形でなければならないだろう．いい換えれば，初期条件とは独立な形（つまり，y_0 と v_0 を含まない形）でなければならず，そのためには，(3.2)から y_0 と v_0 を消去しなければならない．

では，どうすればよいかというと，方法は簡単で，単に(3.2)を t で2度続けて微分すればよい．その結果，

$$\frac{d^2y}{dt^2} = -g \tag{3.3}$$

となり，y_0 と v_0 が消える．つまり，(3.3)は「どこから，どれくらいの速さで投げるか」によらない式だから，何にでも適用できる法則の形になっている．実は，この(3.3)が**落下の法則**とよばれるものである．

3.1.2　法則は微分方程式でデザインする

もう一度，(3.3)をみてみよう．この式は y の t に関する2階微分 $\ddot{y}$（2次導関数という）が定数 $-g$ に等しいことを表している．一般に，未知の導関数（微分）を含む方程式を**微分方程式**という．したがって，落下の法則(3.3)は微分方程式で表されていることになる．

落下の法則は「どのような物体でも同じ加速度をもって地表に落ちる」というガリレオの発見（有名な『ピサの斜塔での実験』）から導かれたものだから，地表という限られた環境でのみ成り立つ制限付きの法則である．制限付きの法則であることは，(3.3)に地球の重力加速度 g が含まれていることからも明らかだろう．当然，この制限を取り払って，(3.3)をもっと普遍的な法則にできれば嬉しい．

これを成し遂げたのがニュートンである（3.3節の「ニュートンの第2法則」を参照）．そして，地表に落ちるリンゴから地球の周りを回る月や太陽の周りの天体の運行までを1つの方程式で記述できることを示した．いわば，宇宙全体をたった1つの微分方程式でデザインしたのである．この微分方程式こそが，**ニュートンの運動方程式**（(3.12)）である．

力学は，物体の運動を研究する学問である．物体の運動はギリシャ時代から研究されてきたが，現代的な力学体系はニュートンによってつくり上げられた．この力学の基礎をなす法則を，これから解説していこう．

1 3.2 3 4

第 1 法則（慣性の法則）

物体の運動を調べるためには，初めに物体に力がはたらいていないときの運動を理解する必要がある．それに関するものが次の第 1 法則である．

物体に外部から力がはたらかなければ，あるいは外部からいくつかの力が作用していても合力が 0 ならば，物体は静止あるいは，一定の速度で運動を続ける．

速度は速さと向きをもったベクトル量である．そのため，「一定の速度で運動」とは，速さが一定（等速）で向きも一定（直線）の運動，つまり，「等速の直線運動」を意味する．第 1 法則は，物体にはたらく「外力 ＝ 0」が前提であるから，外力が 0 ならば，物体は静止か等速直線運動を続けると表現してもよい．いずれにせよ，第 1 法則は力学の土台となる重要なものである．

ところで，初めから静止していた物体が静止状態を続けることは，経験的に明らかである．明らかでないのは，動いている物体に力がはたらかなければ等速度運動を続けるということである．しかし，カーリングのような氷上で重いストーンを滑らせる競技を思い浮かべれば，なんとなく納得がいくかもしれない．もし氷の面に摩擦が全くなければ，カーリングコースが続く限り，ストーンはずっと同じ速さでまっすぐに進むだろう．

慣性の法則

ガリレオは，「物体には運動状態（静止または等速直線運動）を維持しようとする性質がある」と考えた．この性質が**慣性**とよばれるものであり（あるいは，「速度ベクトルを変えない性質」を慣性といってもよい），ニュートンの第 1 法則を**慣性の法則**とよぶ由縁である．この慣性という概念を測定可能なものにするために，ニュートンは質量を用いた．そして，慣性の大きさを示す尺度が**質量**であるとした（正確には**慣性質量**という）．慣性は物体の質量が大きいほど大きく，その逆も成り立つ．

例 3.1　ブランコ　子供と大人がそれぞれブランコに乗って静止しているとする．明らかに，大人を揺らす方が苦労する．理由は，大人の方が質量が大きく慣性も大きいので，運動の変化を起こしにくいからである．一方，いったん 2 人とも揺らせてから止めようとすると，今度は大人の方が止めにくい．これも，同じ理由である．◢

ニュートンの第 1 法則が成り立つ座標系のことを**慣性系**（または慣性座標系）という．慣性系を定義することによって，次節で述べる，力と運動のダイナミックな関係を与える第 2 法則（運動の法則）が成り立つことになる．

1 2 3.3 4 5

第2法則（運動の法則）

慣性系では，物体に力がはたらかない（あるいは，はたらいても，その合力が0である）限り，物体の運動状態は変化しない（これが慣性系の定義！）．そのため，物体の速度が変化（つまり加速度が発生）すれば，物体に力がはたらいたことになる．要するに，物体の運動状態を変えるものが力であり，これが次の**第2法則**である．

物体に外力がはたらくと，外力の方向に加速度が生じる．その加速度の大きさは，外力の大きさに比例し，物体の質量に反比例する．

3.3.1　ニュートンの運動方程式

物体の質量を m，外力を $\boldsymbol{F}$，加速度を $\boldsymbol{a}$ とすれば，この法則は

$$m\boldsymbol{a} = \boldsymbol{F} \tag{3.4}$$

のように，ベクトルの式で表現できる．この(3.4)が**ニュートンの運動方程式**であり，力学で最も重要な基礎方程式である．ここで注意してほしいことは，この第2法則は（意外に思うかもしれないが）数学の定理のように証明できるものではないことだ．第2法則は，一見なんら関係のなさそうなもの（質量，力，加速度）を結び付けた単なる**経験的法則**である．そのため，この法則の正しさは，法則から導かれる現象や予測される現象が自然をよく記述し，説明できるか否かで判断されたものであるということを忘れないでほしい．

［例題 3.1　ひもの張力］

図3.1(a)のように，物体A（質量 m_1）と物体B（質量 m_2）を質量 m_0 のひもでつなぎ，物体Aに力 F を加えて上に引き上げる．ひもが物体Aを引く力を T_1，ひもが物体Bを引く力を T_2，全体の加速度を a とする．このとき，a, T_1, T_2 は次式で与えられることを示せ．ただし，$M = m_0 + m_1 + m_2$ とする．

$$a = \frac{F}{M} - g, \qquad T_1 = \frac{m_0 + m_2}{M}F, \qquad T_2 = \frac{m_2}{M}F \tag{3.5}$$

解法のストラテジー　(S1)　物体Aと物体Bとひもをそれぞれ別の系であると考えて，自由物体図を描く．図3.1(b)は物体Aにはたらく力，図3.1(c)は物体Bにはたらく力である．図3.1(d)

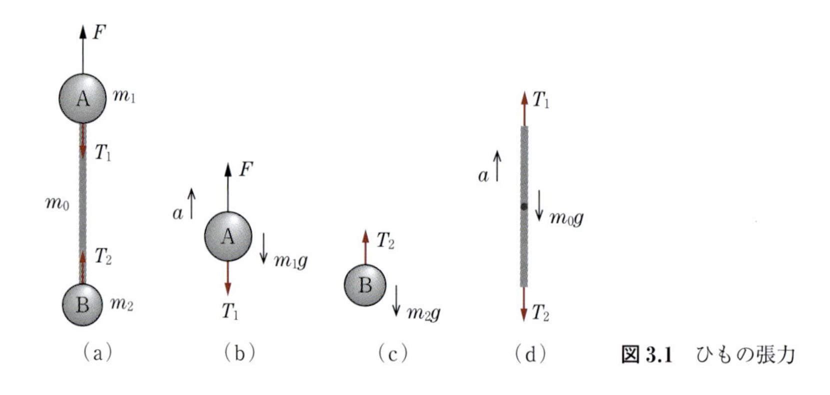

図3.1　ひもの張力

はひもにはたらく力であるが，T_1 は物体Aにはたらく力の反作用としてひもを引き上げる方向に，T_2 は物体Bにはたらく力の反作用としてひもを引き下げる方向にはたらく．ただし，ひもの質量 m_0 は図3.1(d)のように1点に集中しているとみなして描く（この仮定は物理的に妥当なものである）．系の加速度 a は上向きとする．

(S2) 既知量は，引き上げる力 F，物体Aの質量 m_1，物体Bの質量 m_2，ひもの質量 m_0 である．未知量は，加速度 a と張力 T_1，T_2 である．

(S3) 図3.1(b)から，物体Aにかかる力 G は $G = F - T_1 - m_1 g$ である．図3.1(c)から，物体Bにかかる力 H は $H = T_2 - m_2 g$ である．そして，図3.1(d)から，ひもにかかる力 S は $S = T_1 - T_2 - m_0 g$ である．これらを使って，ニュートンの運動方程式を立てる．

(S5) 解のチェックをする．

[解] 物体Aにかかる力は $G = F - T_1 - m_1 g$ だから，運動方程式(3.4)は

$$m_1 a = F - T_1 - m_1 g \tag{3.6}$$

物体Bにかかる力は $H = T_2 - m_2 g$ だから，

$$m_2 a = T_2 - m_2 g \tag{3.7}$$

ひもにかかる力は $S = T_1 - T_2 - m_0 g$ だから，

$$m_0 a = T_1 - T_2 - m_0 g \tag{3.8}$$

となる．

未知量は3個（a と T_1 と T_2）で，運動方程式も3個なので，未知量は決まる．(3.6)と(3.7)の和をとると $F - (m_1 + m_2)(a + g) = T_1 - T_2$ となるので，この $T_1 - T_2$ を(3.8)に代入すれば a が求まり，T_1，T_2 も求まることになる．

解のチェック もし，物体Aをつり上げる力 F が0であれば，この系（AとBとひもからなる系）は物理的に自由落下するだろう．そのため，加速度は $-g$（負符号は下向きだから）で張力は0になるはずである．実際，$F = 0$ のとき(3.5)は $a = -g$，$T_1 = 0$，$T_2 = 0$ となるので，結果が正しいことを確信できる．

気づき 興味深いことがある．ひもの張力 T_1 と T_2 は，素朴に考えれば等しくてよいはずだが，結果は $T_1 \neq T_2$ である．この原因は明らかに，ひもの質量 m_0 にある．もし $m_0 = 0$ であれば，(3.5)から $T_1 = T_2$ となる．この考察から，ひもの質量が無視できるときだけ，ひもの張力は一定になることがわかる．普通，このような問題を解くときには「ひもの質量は無視する」と仮定されているが，このような事情があったことに気づく．■

力の単位

ニュートンの運動方程式(3.4)の左辺は，質量（kg）と加速度（$\mathrm{m/s^2}$）の積だから，単位は $\mathrm{kg \cdot m/s^2}$ となる．そこで，質量 $m = 1\,\mathrm{kg}$ の物体に加速度 $a = 1\,\mathrm{m/s^2}$ を生じさせる力の大きさを次のように1N（ニュートン）と決める．

$$1\,\mathrm{N} = 1\,\mathrm{kg \cdot m/s^2} \tag{3.9}$$

力の実用単位

普段は質量と重さを区別しないで用いることが多いかもしれないが，両者は異なる量である．質量は物体に固有な量であり，（質量は文字どおり物質の量，つまり原子の数だから）場所によらず一定である．しかし，物体の重さは地球が物体に及ぼす力の大きさだから，場所（緯度や経度）によって変化する．地球の**重力加速度**は $g = 9.8\,\mathrm{m/s^2}$ である．そこで（日常生活で使う）力の実用単位は，質量1kgの物体にはたらく重力の大きさ**1kg重**（記号kgw）で表す．また，運動方程式は $mg = F$ となり，$F = 1\,\mathrm{kg}$重，$m = 1\,\mathrm{kg}$，$g = 9.8\,\mathrm{m/s^2}$ を代入

すれば，次のようになる．

$$1\,\text{kg重} = 1\,\text{kg} \times 9.8\,\text{m/s}^2 = 9.8\,\text{N} \approx 10\,\text{N} \tag{3.10}$$

1 N は約 0.1 kg 重 = 100 g 重で，小ぶりのリンゴにはたらく重力の大きさ程度である．ニュートンの話（リンゴが木から落ちるのをみて重力を発見したという有名な話）にちなんで，次のように喩えれば覚えやすいだろう．

$$1\,\text{N} \approx 100\,\text{g重} \approx \text{小ぶりのリンゴの重さ} \tag{3.11}$$

3.3.2　なぜ微分方程式で書くのか

高等学校の物理（力学）の授業では，多くの学生はニュートンの運動方程式を使って，いろいろな問題を主に代数的な計算で解いてきただろう．そして，力学に慣れた（自信をもっている）と思っている学生も多いだろう．ところが，大学で力学の授業を受け始めると，多くの学生が戸惑う場面がある．それは，力学に微分方程式が登場するときである．なぜ，微分方程式が登場するのだろうか？

その理由は，ニュートンの運動方程式(3.4)のままでは，ある時刻での質量 m，力 $\boldsymbol{F}$，加速度 $\boldsymbol{a}$ の値がわかるだけで，時々刻々と変わる質点の位置 $\boldsymbol{r}$，速度 $\boldsymbol{v}$，加速度 $\boldsymbol{a}$ の値を求めることができないからである．$\boldsymbol{a}$ と $\boldsymbol{r}$ は(2.21)でつながっている（つまり，$\boldsymbol{a}$ は $\boldsymbol{r}$ の t に関する 2 次導関数である）から，(3.4)は次のように表せる．

$$m\frac{d^2\boldsymbol{r}}{dt^2} = \boldsymbol{F} \quad \text{または} \quad m\ddot{\boldsymbol{r}} = \boldsymbol{F} \tag{3.12}$$

この書き換えにより，ベクトルで表した単なる代数式の(3.4)が，位置ベクトル $\boldsymbol{r}$ の時間による 2 階微分の振る舞いを記述する式に変わる．なお，$\ddot{\boldsymbol{r}}$（アール・ツードットと読む）は時間微分を簡潔に書く方法で，ニュートンが考察したものである．本書でも，このドット記法を適宜使用するので，慣れてほしい．

一般に，未知関数（いまは $\boldsymbol{r}(t)$）の微分を含む方程式を**微分方程式**という．(3.12)は 2 階微分を含むので，2 階の微分方程式という．この(3.12)を解けば物体の運動がわかるので，$m\boldsymbol{a} = \boldsymbol{F}$ よりも，この微分方程式の方を**ニュートンの運動方程式**とよぶのが一般的である．また，加速度 $\boldsymbol{a}$ を速度 $\boldsymbol{v}$ で表せば，(3.4)は $\boldsymbol{v}$ に対する 1 階の微分方程式

$$m\frac{d\boldsymbol{v}}{dt} = \boldsymbol{F} \quad \text{または} \quad m\dot{\boldsymbol{v}} = \boldsymbol{F} \tag{3.13}$$

になる．この式から，任意の時刻における速度 $\boldsymbol{v}$ の値がわかる．

1 | 2 | 3 | **3.4** | 5

3.4　第 3 法則（作用・反作用の法則）

例えば，雑草を引き抜こうと引っ張ると，手は雑草に引っ張られる．あるいは，ボートに乗ってオールで岸を押すと，岸はオールを押し返す．また，私たちが道を歩けるのは，足が地面

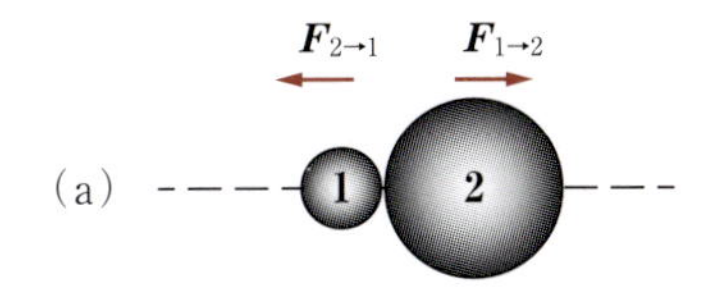

図 3.2　作用・反作用による力
（a）接触によって生じる力
（b）離れた物体間の引力
（c）離れた物体間の斥力

を後ろに押すと，地面が足を前に押し返すからだ．このような力の関係を表したのがニュートンの第 3 法則（**作用・反作用の法則**）で，次のように表される．

質点 1 が質点 2 に力（作用）を及ぼすとき，質点 1 は質点 2 から同じ大きさで反対向きの力（反作用）を受ける．

この法則から，図 3.2 に示すように質点 1 から質点 2 に力 $\boldsymbol{F}_{1\to2}$ がはたらき，質点 2 から質点 1 に力 $\boldsymbol{F}_{2\to1}$ がはたらくとき，次式が成り立つ．

$$\boldsymbol{F}_{1\to2} + \boldsymbol{F}_{2\to1} = \boldsymbol{0} \qquad (\boldsymbol{F}_{1\to2} = -\boldsymbol{F}_{2\to1}) \tag{3.14}$$

なお，作用と反作用は相対的な関係なので，どちらを作用とよぶかは便宜的に思えるかもしれないが，一般には，あらかじめ大きさと向きがわかっている力（重力，手で押す力，電磁気的な力など）やコントロールできる力を作用とよび，系（システム）のもつ条件によって現れる力（壁の押し返す力，糸の張力，斜面からの垂直抗力など）を反作用とよぶ．

つり合いの力

作用・反作用の法則と力のつり合いは一見似ているが，全く異なるものである．作用・反作用の関係にある 2 つの力は異なる物体にはたらくが，つり合っている 2 つの力は同じ物体にはたらく．

例えば，図 3.3 のように糸の張力 $\boldsymbol{S}$ とおもりにはたらく重力 $\boldsymbol{W}$ はつり合って，次式が成り立つ．

$$\boldsymbol{S} + \boldsymbol{W} = \boldsymbol{0} \qquad \text{（つり合いの力）} \tag{3.15}$$

このように，**つり合いの力**は，力の作用点（物体上で力が作用する点）が同じ物体内にあって，そこにはたらく力の合力が $\boldsymbol{0}$ になる．一方，おもりにはたらく重力 $\boldsymbol{W}$ とおもりが地球に及ぼす引力 $\boldsymbol{W}'$ の間には次式が成り立つ．

$$\boldsymbol{W} + \boldsymbol{W}' = \boldsymbol{0} \qquad \text{（作用・反作用の力）} \tag{3.16}$$

この場合は，2 つの力の作用点は異なる物体にある．これが作用・反作用の力である．

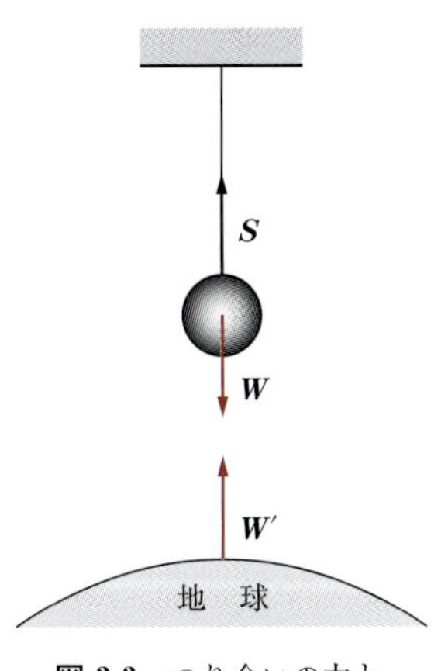

図 3.3　つり合いの力と作用・反作用の力

[例題 3.2　磁石の作用・反作用の力]

2個の円盤型磁石 A，B がある．図 3.4 のように透明なアクリルパイプを水平なテーブルに垂直に立て，その中に磁石 A をテーブル上に置き，その上から同じ磁極が向き合うようにして磁石 B を近づけると，磁力により B は A の上に浮いた状態で静止した．磁石 B から磁石 A の受ける磁力を $F_{\mathrm{B \to A}}$，A から B の受ける磁力を $F_{\mathrm{A \to B}}$，重力を W_{A}，W_{B}，A がテーブルから受ける垂直抗力を N_{A} とする．なお，磁石 A，B の質量は等しいものとする．また，磁石とアクリルパイプの壁面の間に摩擦はないものとする．

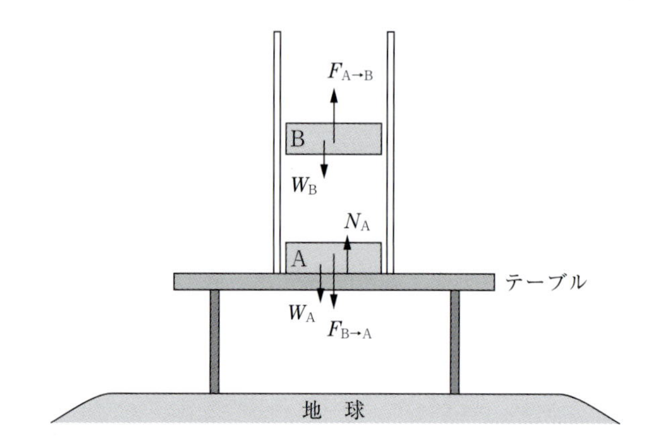

図 3.4　磁石の作用・反作用の力

(1)　作用・反作用の関係にある力を答えよ．また，力のつり合いの関係にある力を答えよ．

(2)　N_{A} を W_{A}，W_{B} で表せ．

(3)　W_{A}，W_{B} のそれぞれと作用・反作用の関係にある力を答えよ．

[解]　(1)　作用・反作用の関係は，異なる2つの物体のそれぞれにはたらく力の関係である．したがって，$F_{\mathrm{B \to A}}$ と $F_{\mathrm{A \to B}}$ が作用・反作用の関係にある．一方，力のつり合いの関係は，同一物体にはたらく力の関係である．磁石 A にはたらく W_{A}，$F_{\mathrm{B \to A}}$，N_{A} の3つの力は，力のつり合いの関係にある．また，磁石 B にはたらく W_{B}，$F_{\mathrm{A \to B}}$ の2つの力も，力のつり合いの関係にある．

(2)　作用・反作用の関係：$F_{\mathrm{A \to B}} = F_{\mathrm{B \to A}}$．磁石 A にはたらく力のつり合いの関係：$N_{\mathrm{A}} = W_{\mathrm{A}} + F_{\mathrm{B \to A}}$．磁石 B にはたらく力のつり合いの関係：$F_{\mathrm{A \to B}} = W_{\mathrm{B}}$．以上の関係より，$N_{\mathrm{A}} = W_{\mathrm{A}} + W_{\mathrm{B}}$ と表せる．

(3)　A，B が地球から受ける重力 W_{A}，W_{B} の反作用はこれらと向きが逆で，大きさが同じ力で，地球の重心にはたらく．

気づき　テーブルにかかる力は $N_{\mathrm{A}} = W_{\mathrm{A}} + W_{\mathrm{B}}$ ということから，磁石 B が空中に浮かんでいても，初めから磁石 A とくっついたままテーブルに置かれていても，重量は変わらないことがわかる（例えば，図 3.5 のように）．密閉された鳥かごの中の鳥が枝に止まっているときと，かごの中で飛んでいるときに，鳥かご全体の重量は変わるだろうかという素朴な疑問をもつことがあるが，この磁石の結果から，重量は変わらないことがわかる．鳥の場合は，羽根による浮力が磁力に対応していると考えればよいだろう．■

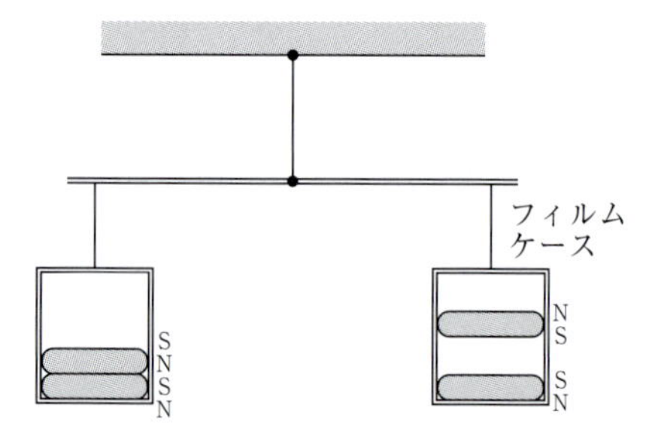

図 3.5　2個の磁石を天秤で測る

例 3.2　ロケット　ロケットと噴射ガスは互いに力を及ぼし合って，逆向きに加速される．ロケットの後方へ噴射されたガスが加速すると，ロケットは逆方向の前方へ加速する．噴射されるガス粒子の質量は非常に小さいから，加速度は大きくなり，ロケットの方は質量が非常に重いので，ゆっくり加速することになる．

3.5 摩 擦 力

私たちが歩いたり走ったり，車が道路を走行できたり，あるいは，結んだひもの結び目や締め付けたナットとボルトが緩まないのも，すべて摩擦による摩擦力のおかげである．たまには，作動中のマシンを摩耗させるような望ましくない摩擦もあるが，摩擦力は私たちの日常生活に不可欠なものである．

3.5.1 垂直抗力と静止摩擦力

水平な床の上に置いた物体（質量 M）を想像してみよう（図 3.6(a)）．当然，この物体には重力（$W = Mg$）がはたらいているが，なぜ物体は床にめり込まないのだろうか？ その理由は，重力を打ち消す上向きの力が，床から物体にはたらいているからである．

一般に，2 つの物体が接触しているときに，接触面を通して面に垂直に相手の物体に作用する力のことを**垂直抗力**（N）という．例えば，私たちが固い地面の上で立てるのは，私たちに作用する重力につり合うだけの垂直抗力を地面がつくるからであり，一方，柔らかい粘土や泥沼の上に立てないのは，粘土や泥沼が重力につり合う垂直抗力をつくれないからである．

次に，この物体を手で水平方向に押すことを考えてみよう．容易に想像できるように，手で押す力が小さければ物体は動かないが，ある程度大きくなれば物体は動くだろう．そこで，右向きに，水平方向に加えた力を $\boldsymbol{f}$ とすると，この力の大きさがある値以下であれば，物体は

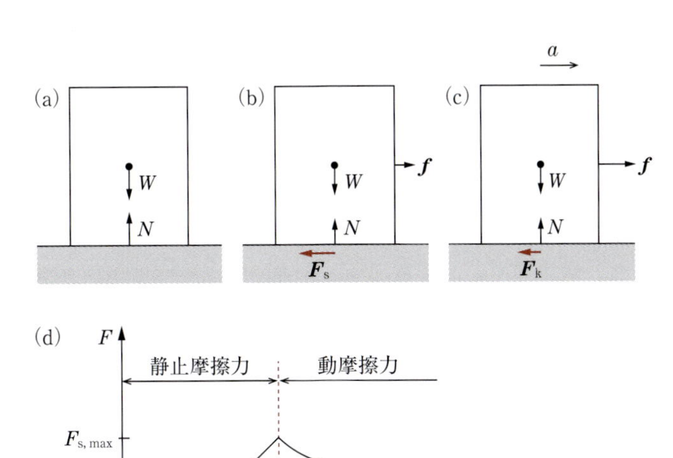

図 3.6 摩擦力

滑り出さず静止したままである．静止状態が続くのは，物体の運動を妨げる向き（つまり，左向き）に，床から物体に力 $\boldsymbol{F}_\mathrm{s}$ が作用しているからである（図 3.6(b)）．一般に，接触している２つの物体が互いに接触面に平行で，相対運動を妨げる向きに作用し合う力を**摩擦力**（static frictional force）という．

接触面で物体が滑っていない（つまり，static な）場合の摩擦力を**静止摩擦力** $\boldsymbol{F}_\mathrm{s}$ という．床の上の物体が静止していると，物体に水平方向にはたらく力のつり合いの条件から，人間が物体を押す力 $\boldsymbol{f}$ と床が物体に及ぼす静止摩擦力 $\boldsymbol{F}_\mathrm{s}$ は大きさが等しく（$F_\mathrm{s} = f$），反対向きである．つまり，$\boldsymbol{F}_\mathrm{s} = -\boldsymbol{f}$ である．

最大静止摩擦力

物体を押す力 $\boldsymbol{f}$ の大きさ f がある値を超えると，静止摩擦力は物体を支えきれなくなり，物体は滑り出す．すなわち，静止摩擦力の大きさ F_s には最大値 $F_\mathrm{s,\,max}$ があり，これを**最大静止摩擦力**という．最大静止摩擦力 $F_\mathrm{s,\,max}$ は垂直抗力の大きさ N にほぼ比例することが経験的にわかっているので

$$F_\mathrm{s,\,max} = \mu N \tag{3.17}$$

で与えられる．ここで，比例定数の μ を**静止摩擦係数**という．したがって，物体が動き始めるまでは，物体にはたらく摩擦力の大きさ F_s は

$$F_\mathrm{s} \leq F_\mathrm{s,\,max} \tag{3.18}$$

の不等号を満たしていることになる．静止摩擦力 $\boldsymbol{F}_\mathrm{s}$ は外から加えた力 $\boldsymbol{f}$ を打ち消すように現れる力（$\boldsymbol{F}_\mathrm{s} = -\boldsymbol{f}$）だから，その大きさと方向は外力によって変わることに注意してほしい．

静止摩擦係数 μ の大きさ

μ は接触する２つの物体の材質，粗さ，乾湿，塗油の有無などの状態によって決まる定数で，接触面の面積が変わってもほとんど変化しない．静止摩擦係数は，多くの場合，1 より小さい．そのため，物体を水平方向に移動させるには，物体をもち上げて運ぶより，引きずって移動させる方が楽である．しかし，静止摩擦係数が 1 より大きければ，もち上げて運ぶ方が楽である．なお，物理では慣習として，摩擦力がはたらく面を**粗い面**，摩擦力が無視できる面を**滑らかな面**という表現を使う．

3.5.2　動摩擦力

外力を増していくと，物体はやがて動き出す（図 3.6(c)）．物体が動き出す瞬間に静止摩擦力 F_s は最大値（最大静止摩擦力）$F_\mathrm{s,\,max}$ になる．外力の大きさ f が $F_\mathrm{s,\,max}$ を超えると，物体は右向きに動き，加速する．物体が運動している状態では，減速力としてはたらく摩擦力の大きさは $F_\mathrm{s,\,max}$ より小さい（図 3.6(d)）．

物体が運動状態にある（つまり，kinetic な）場合の摩擦力のことを**動摩擦力**（運動摩擦力）$\boldsymbol{F}_k$ という．物体（質量 M）に作用する正味の力は $f - F_\mathrm{k}$ なので，物体の加速度の大きさを a とすると，運動方程式 $Ma = f - F_\mathrm{k}$ より，右向きの加速度（つまり，$a > 0$）が発生する．もし，$f = F_\mathrm{k}$ であれば（$a = 0$ なので），物体は右に一定の速さで運動する．加えた力を取り

除く（$f = 0$）と，左向きにはたらく摩擦力 F_k が物体を減速させる（つまり，$a < 0$）ので，やがて物体は静止する．

動摩擦力の大きさ F_k も，垂直抗力の大きさ N にほぼ比例することがわかっているので

$$F_k = \mu' N \tag{3.19}$$

で与えられる．ここで，比例定数の μ' を**動摩擦係数**という．(3.18)は不等号であるが，(3.19)は等号であることに注意してほしい．

一般に，同じ 1 組の面の場合，動摩擦係数 μ' の方が静止摩擦係数 μ より小さく，

$$\mu > \mu' > 0 \tag{3.20}$$

が成り立つので，最大静止摩擦力よりも動摩擦力の方が小さくなる．

例えば，静止している重いタンスを手で押して動かそうとする場合，動き出すまではかなり大きな力を要するが，いったん動き出すと，比較的小さな力で動く，ということを経験した人は多いだろう．これは，タンスが動き出す直前，手の押す力は最大静止摩擦力と同じ大きさであり，動き出した後の手の力は動摩擦力と同程度になるからである．

動摩擦係数 μ' の大きさ

μ' は，接触している 2 つの物体の材質，粗さ，乾湿，塗油の有無などの状態によって決まり，接触面の面積や滑る速さにはほとんど無関係な定数である．

摩擦係数 μ, μ' の測定法

図 3.7 のように，傾斜角 θ の斜面上に質量 M の物体を置く．物体が静止しているとき，物体にはたらく力である（外力 f に当たる）重力 Mg，垂直抗力 N，静止摩擦力 F_s の 3 つの力はつり合っているから，つり合いの条件より

$$Mg\cos\theta = N, \qquad Mg\sin\theta = F_s \tag{3.21}$$

が成り立つ（なお，図の R は物体にはたらく**抗力**で，これの垂直成分が垂直抗力 N，平行な成分が摩擦力 F_s である）．

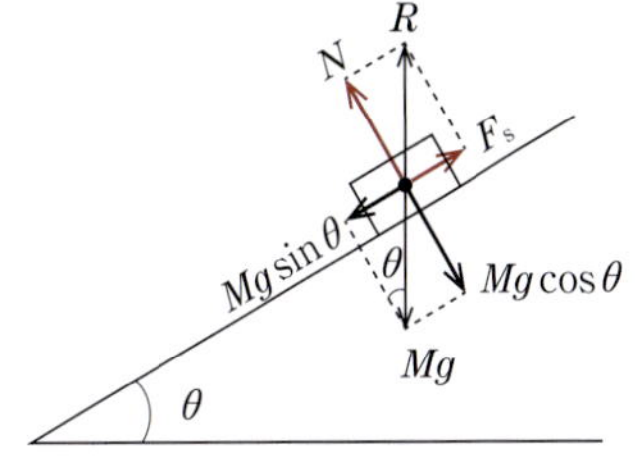

図 3.7　摩擦係数の決定

この(3.21)から，摩擦力と垂直抗力の比 $F_s/N = \tan\theta$ が求まる．斜面の傾斜を増していくと F_s は大きくなるが，傾斜角が θ_{max} のところで物体が滑り出すとすると，そこでは $F_s = F_{s,max}$ となるので(3.17)が成り立つ．したがって，静止摩擦係数 μ は最大傾斜角の測定をすれば

$$\mu = \tan\theta_{max} \tag{3.22}$$

のように決まる（θ_{max} を**摩擦角**という）．

動摩擦係数 μ' の方は，$\theta \geq \theta_{max}$ でいったん運動を開始させてから，次のように行う．物体は下方へ加速しているが，このときの摩擦力は $F_k = \mu' N$ である．ここで斜面の傾斜角 θ を θ_{max} よりも小さくしていくと，物体が一定速度で斜面を下方に運動する角度がみつかる．この角度を θ'_{max} とすれば，F_s を F_k で置き換えた(3.21)と(3.19)から μ' は

$$\mu' = \tan\theta'_{max} \tag{3.23}$$

のように決まる．

図 3.8　摩擦力で押す

例 3.3　摩擦力で押す　大人と子供が押し合いながら，子供が後ろに押されている状況（図 3.8）を作用・反作用の法則で考えてみよう．

いま，子供が大人を力 $\boldsymbol{f}$ で押せば，大人は子供を力 $-\boldsymbol{f}$ で押し返す．子供が地面を力 $-\boldsymbol{F}_{子供}$ で蹴ると，地面は子供に力 $\boldsymbol{F}_{子供}$ を及ぼす．同様に，大人が地面を力 $-\boldsymbol{F}_{大人}$ で蹴ると，地面は大人に力 $\boldsymbol{F}_{大人}$ を及ぼす．大人が前に進むのは，地面が大人を押す摩擦力 $\boldsymbol{F}_{大人}$ の方が地面が子供を押す摩擦力 $\boldsymbol{F}_{子供}$ より大きいためである．ちなみに，太極拳の弓歩（ゴンブーと読む）という基本歩型は，脚を前後に開いて，双方の足裏全体でこのような摩擦力や作用・反作用の力を効果的に使う姿勢だといえるだろう．

演 習 問 題

［A：基礎的な問題］

［3A.1］　加速度　$m = 1\,\mathrm{kg}$ の物体に $F = 5\,\mathrm{N}$ の力がはたらいた．そのときの物体の加速度の大きさ a を求めよ．［☞ 3.3 節］

［3A.2］　慣性の法則　図 3.9 のように質量 M の物体を軽いひもで天井（てんじょう）から吊るす．このとき，上のひもの張力を S とする．この物体の下に同じ材質のひもを付けて，下向きに力 F で引く．強く速く引くと下のひもが切れ，ゆっくり引くと上のひもが切れる．この理由を運動方程式(3.4)を用いて説明せよ．［☞ 3.2 節と 3.3 節］

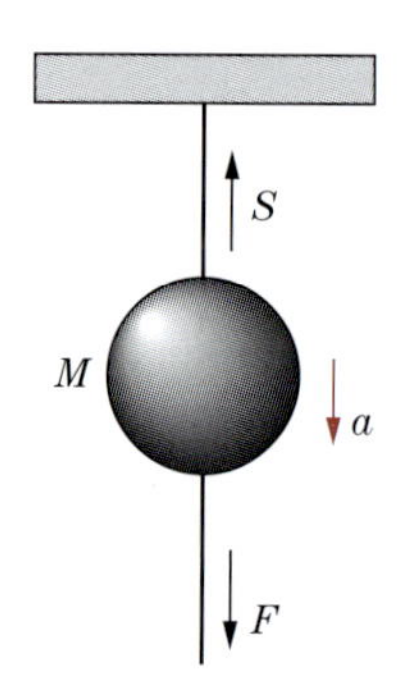

図 3.9　ひもの切断

［3A.3］　作用・反作用の力　止まっている自動車のハンドルを運転手が車内から押しても，車は動かない．この理由を説明せよ．［☞ 3.4 節］

［3A.4］　第 2 法則の式　物体（質量 $m = 20\,\mathrm{kg}$）に力がはたらいて，$a = 5.0\,\mathrm{m/s^2}$ の加速度で運動しているとき，物体にはたらく力の大きさ F を求めよ．［☞ 3.3.1 項］

［3A.5］　合力　2 つの力 $\boldsymbol{F}_1 = (5, 4, 3)$，$\boldsymbol{F}_2 = (-3, -4, 5)$ の合力 $\boldsymbol{F}$ を求めよ．［☞ 1.2 節］

［3A.6］　ボートを漕ぐ　ボートをオールで漕ぐと進む理由を，作用・反作用の法則を使って説明せよ．［☞ 3.4 節］

［3A.7］　斜面上の物体　図 3.10 のように，摩擦のない斜面（傾角 $\theta = 30°$）の上の物体（質量 $m = 1\,\mathrm{kg}$）に，水平方向から力 F を加えて静止させている．この F の大きさを求めよ．［☞ 3.4 節］

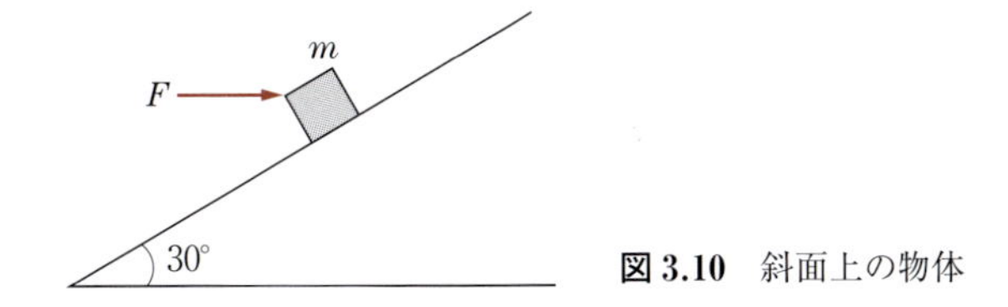

図 3.10　斜面上の物体

[B：標準的な問題]

[3B.1]　作用・反作用の法則　質量 m の本が机の上に置いてある．重力加速度を g として，次の値を文字で表せ．

(1)　本にはたらく力の合力 F　　(2)　机が本を押す力の大きさ N　　(3)　本が机を押す力 W

[☞ 3.4 節]

[3B.2]　ブロックにはたらく力　重量 7 kgw のブロックが床の上に静止しているとき，次の値を求めよ．

(1)　床がブロックに及ぼす力 N_1

(2)　ブロックにロープの一端を結び，滑車を介して鉛直方向に垂らした他端に 5 kgw のおもりを吊るす．このとき，床がブロックに及ぼす力 N_2

(3)　重量 9 kgw のおもりで（2）のおもりを置き換えたとき，床がブロックに及ぼす力 N_3

[☞ 3.4 節]

[3B.3]　気球の浮力　加速度 α で降下している全質量 M の気球がある．この気球を加速度 β で上昇させるために捨てなければならない砂袋の質量 m を求めよ．ただし，浮力 F は一定として答えよ．

[☞ 3.3 節]

[3B.4]　作用・反作用の法則　ローラースケートをはいた A さん（質量 m_A）と B さん（質量 m_B）が互いに押し合った．A さんが B さんを押す力を $\boldsymbol{F}_{A\to B}$，B さんが A さんを押す力を $\boldsymbol{F}_{B\to A}$ として，その後の運動を論じよ．ただし，路面はローラースケートに水平方向の力を作用しないものとする．

[☞ 3.4 節]

[3B.5]　自力で上昇・下降をコントロール　図 3.11 のように，高いビルの側にぶら下がっている台に立って，塗装工が作業している．いま，急いで下降するため，塗装工（質量 $M = 60$ kg）は台に掛かる力が $W = 30$ kg になるようにロープを緩めた．台自体の質量は $m = 10$ kg である．

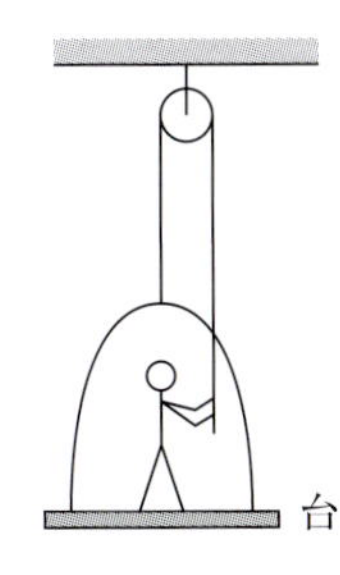

図 3.11　自力で動く

(1)　塗装工と台の加速度 a を求めよ．

(2)　滑車にかかる合力 F を求めよ．

(3)　台が動くこの問題は，一見，問題 [3A.3] の結果と矛盾するようにみえる．この問題は [3A.3] とどこが違うのかを説明せよ．

[☞ 3.3 節と 3.4 節]

[3B.6]　ブレーキと路面の動摩擦係数　速さ $v_\mathrm{i} = 57.6\,\mathrm{km/h} = 16\,\mathrm{m/s}$ で走っていたトラック（質量 $M = 3000\,\mathrm{kg}$）が急ブレーキをかけた．その後，車輪が滑りながら 8 秒後にトラックは停止した（$v_\mathrm{f} = 0$）．タイヤと路面の動摩擦係数 μ' を求めよ．　[☞ 3.3 節と 3.5 節]

第 4 章

重力場での運動 — 身近な現象 —

普段目にする現象の多くは，「ニュートンの運動方程式」で理解できる．多様な現象が，たった1つの数式 $m\boldsymbol{a} = \boldsymbol{F}$ だけで説明できることがわかってくれば，物事を「物理的な視点」でみたり考えたりすることが自然と身に付いてくるだろう．

4.1 等加速度運動

4.1.1 水平方向の運動

図 4.1 のように x 軸をとり，力 F を受ける物体（質量 m）の速さを v とする．いま，F は一定として，$F/m = a$ を運動方程式(3.13)に代入すれば

$$\frac{dv}{dt} = a \tag{4.1}$$

となり，加速度 a が一定の**等加速度運動**を表す微分方程式になる．

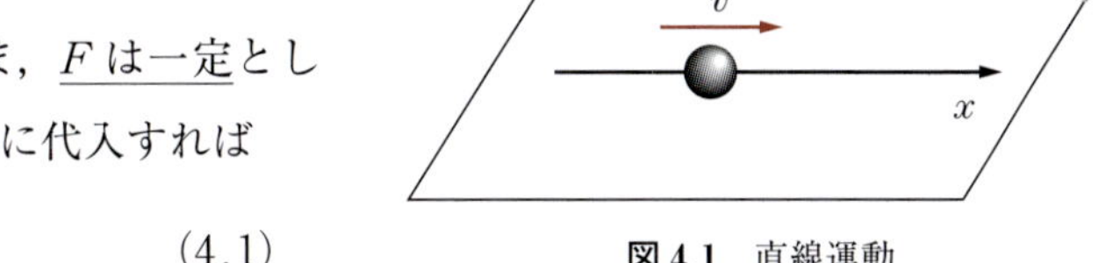

図 4.1　直線運動

(4.1)を解く　微分方程式は，基本的には微分の逆演算である積分で解くことができるので，(4.1)を不定積分（積分区間を定めずに積分）すれば，次式を得る．

$$v(t) = at + C_1 \qquad (C_1 \text{ は積分定数}) \tag{4.2}$$

さらに，$v = dx/dt$ を $dx = v\,dt$ と変形し，この両辺に積分記号を付けて

$$\int dx = \int v\,dt \quad \to \quad x(t) = \int (at + C_1)\,dt \tag{4.3}$$

のように積分すれば，次式を得る．

$$x(t) = \frac{1}{2}at^2 + C_1 t + C_0 \qquad (C_0 \text{ は積分定数}) \tag{4.4}$$

一 般 解

積分定数 C_1 は，(4.2)において $t = 0$ とおくと $C_1 = v(0)$ となるので，$v(t)$ の $t = 0$ での値である．同様に，C_0 は(4.4)において $t = 0$ とおくと $C_0 = x(0)$ となるので，$x(t)$ の $t = 0$ での値である．このような $t = 0$ での値を**初期値**という．C_0，C_1 は任意定数だから，(4.2)と(4.4)は一般的（general）な状況を記述できる解となるので**一般解**（general solution）とよぶ．

特　解

初期値 $x(0)$, $v(0)$ を特定の値 $x(0) = x_0$, $v(0) = v_0$ に決めると，C_0 と C_1 が特定の値になる．このような解を**特解**（special solution）または**特殊解**といい，(4.2)と(4.4)の特解は次のように表される．

$$v(t) = at + v_0 \tag{4.5}$$

$$x(t) = \frac{1}{2}at^2 + v_0 t + x_0 \tag{4.6}$$

なお，$a = 0$ の場合は $v(t) = v_0$ となり，(4.1)は**等速度運動**を表す微分方程式になる．

4.1.2　鉛直方向の運動

図 4.2 のように，鉛直上向きに y 軸をとり，物体（質量 m）が上向きに速さ v で運動しているとしよう．重力加速度の大きさを g とすれば，物体には鉛直下向きに重力 $F = -mg$ がはたらくので，運動方程式は次のようになる．

$$m\frac{dv}{dt} = -mg \quad \rightarrow \quad \frac{dv}{dt} = -g \tag{4.7}$$

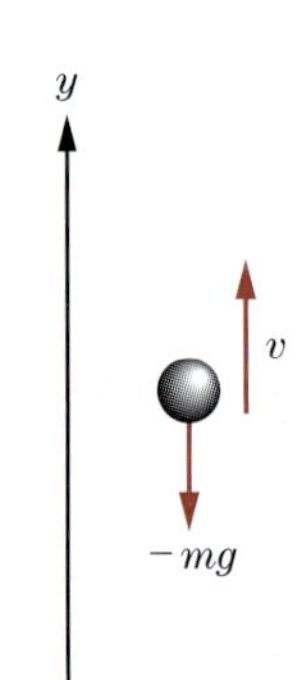

図 4.2　鉛直方向の運動

(4.7)は(4.1)の a を $a = -g$ と置き換えた式と同じものである．そのため，高さ y_0 から，初速度の大きさ v_0 で鉛直上向き（$v_0 > 0$）に質量 m の物体を投げた後の物体の位置 $y(t)$ と速さ $v(t)$ を表す式は，(4.5)と(4.6)を使って次のようになる．

$$v(t) = -gt + v_0, \qquad y(t) = -\frac{1}{2}gt^2 + v_0 t + y_0 \tag{4.8}$$

このように，等加速度運動の式(4.1)は，地球表面近くの自由落下や空気抵抗の影響を無視できるときの鉛直方向の運動（上向きでも下向きでも）にも適用できる．

[例題 4.1　地面に衝突するときの速さ]

高さ y_0 から，初速度の大きさ v_0 で鉛直上向きに投げた物体の，到達最高点 H と地面に当たるときの速さ V が次式で与えられることを(4.8)を用いて示せ．

$$H = \frac{v_0^2}{2g} + y_0, \qquad V = -\sqrt{v_0^2 + 2gy_0} \tag{4.9}$$

[解]　(4.8)から t を消去すれば，次の関係式を得る．

$$y(t) = -\frac{1}{2g}(v^2 - v_0^2) + y_0 \tag{4.10}$$

物体が到達する最高点 H は $v = 0$ とおけば求まる．また，物体が地面（$y = 0$）に当たるときの速さ V は，(4.10)に $y = 0$ を代入すればよい．

解のチェック　y 軸の正方向は上向きだから，鉛直下向きに落下する速さ V が負符号をもつことは妥当である．また，初速度の大きさが 0（$v_0 = 0$）であれば，この問題は，高さ y から物体を自由に落下させる話だから，(4.9)の V は自由落下運動の式に一致しなければならない．(4.9)に $v_0 = 0$ を代入すると $H = V^2/2g$ となる（例えば，力学的エネルギー保存則（5.3.2 項を参照）から $mgH = mV^2/2$ がいえるので，この結果と一致する）ので，ここにも矛盾はない．したがって，解は正しいことが確認できる．■

4.2 放物体の運動 ― 抵抗を無視する場合 ―

放り投げた物体（放物体）の運動，例えば，水平方向に x 軸，鉛直上向きを y 軸の正方向にとった xy 平面上でのボールの運動を考えよう．

4.2.1 式を立てる

空気の抵抗が無視できると仮定すれば，質点にはたらく力 $\boldsymbol{F}$ は下向き（$-y$ 方向）の重力だけだから，$\boldsymbol{F} = (F_x, F_y)$ の成分は $F_x = 0$，$F_y = -mg$ である．したがって，運動方程式(3.13)は次のようになる．

$$m\frac{dv_x}{dt} = 0 \qquad (x \text{ 方向}) \tag{4.11}$$

$$m\frac{dv_y}{dt} = -mg \qquad (y \text{ 方向}) \tag{4.12}$$

(4.11)の解は，(4.5)と(4.6)で $a = 0$，$v_0 = v_{x0}$，$v = v_x$ とおいた

$$v_x(t) = v_{x0}, \qquad x(t) = v_{x0}t + x_0 \tag{4.13}$$

なので，x 方向は「速さ v_x が一定の等速運動」である．

一方，(4.12)の解は，(4.8)で $v_0 = v_{y0}$，$v = v_y$ とおいた

$$v_y(t) = -gt + v_{y0}, \qquad y(t) = -\frac{1}{2}gt^2 + v_{y0}t + y_0 \tag{4.14}$$

なので，y 方向は「加速度の大きさ g が一定の等加速度運動」である．

軌　道　質点の**軌道**は，座標 (x, y) の変化を時間とともに追っていけば求まり，x と y から t を消去すると次の**放物線**になる．

$$y = -\frac{g}{2}\frac{(x - x_0)^2}{v_{x0}^2} + \frac{v_{y0}}{v_{x0}}(x - x_0) + y_0 \tag{4.15}$$

したがって，物体の軌道は放物線であることがわかる．ここで，$X = x - x_0$，$Y = y - y_0$ とおいて(4.15)を書き換えると，次の形になる．

$$Y = -\frac{g}{2v_{x0}^2}\left(X - \frac{v_{y0}v_{x0}}{g}\right)^2 + \frac{v_{y0}^2}{2g} \tag{4.16}$$

4.2.2 運動の特徴

初速度 $\boldsymbol{v}_0 = (v_{x0}, v_{y0})$ の仰角（水平方向から見上げた角度）が θ のとき，次式が成り立つ（図 4.3）．

$$v_{x0} = v_0\cos\theta, \qquad v_{y0} = v_0\sin\theta \qquad (v_0 = |\boldsymbol{v}_0|) \tag{4.17}$$

[例題 4.2　放物線]

図 4.3 のように，位置 $(x_0, y_0) = (0, 0)$ からボールを(4.17)の初期条件で投げる場合を考える．

(1)　ボールの軌道の頂点 $\mathrm{P}(x_1, y_1)$ と最大到達点 $\mathrm{Q}(x_2, 0)$ は次のようになることを示せ．

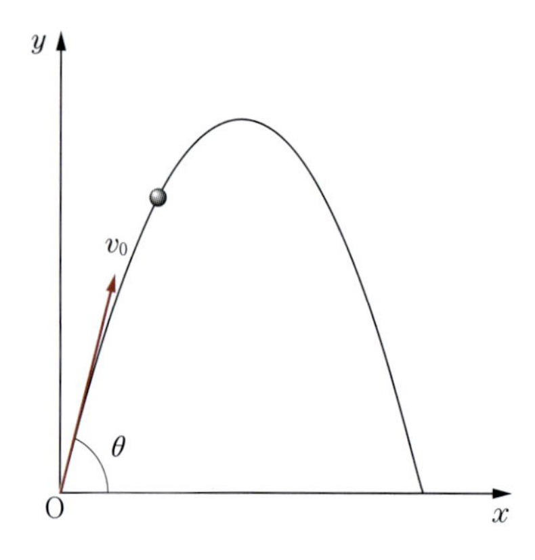

図 4.3　放物運動の初速度

$$x_1 = \frac{v_0^2 \sin 2\theta}{2g}, \qquad y_1 = \frac{v_0^2 \sin^2 \theta}{2g}, \qquad x_2 = \frac{v_0^2 \sin 2\theta}{g} \tag{4.18}$$

(2)　初速度の大きさ v_0 を一定にしたとき，x_1 が最大になる角度 $\theta_{\rm m}$ を求めよ．

(3)　同じ x_2 になる角度は2つある．それらを α, β としたとき，$\alpha + \beta = 90^\circ$ となることを示せ．

[解]　(1)　(4.16)を(4.17)で書き換えた

$$y = -\frac{g}{2v_0^2 \cos^2 \theta}\left(x - \frac{v_0^2 \sin 2\theta}{2g}\right)^2 + \frac{v_0^2 \sin^2 \theta}{2g} \tag{4.19}$$

から，(x_1, y_1) が求まる．

一方，x_2 は(4.15)を $y = -(g/2v_0^2 \cos^2 \theta)x(x - x_2)$ と表せば求まる．

(2)　x_2 は $\sin 2\theta_{\rm m} = 1$ のときが最大だから，$\theta_{\rm m} = 45^\circ$ である．

(3)　単位円を描いてみればわかるように，$\sin 2\theta$ に対して同一の値を与える角度は，$0 \leq 2\theta \leq \pi$ の範囲で $(2\alpha, 2\beta)$ の2つがある．それらの間には $2\alpha + 2\beta = 180^\circ$ の関係があるので，$\alpha + \beta = 90^\circ$ となる．

解のチェック　放物線の性質から，最大到達点 x_2 は頂点 x_1 の2倍になるはずである．(4.18)は確かに $x_2 = 2x_1$ であるから，正しいことがわかる．■

図4.4は，ボールの軌道を $v_0 = 80\,\text{km/h} = 22\,\text{m/s}$，$g = 9.8\,\text{m/s}^2$，$\theta = 10^\circ$，$30^\circ$，$45^\circ$，$60^\circ$，$80^\circ$，$90^\circ$ の条件で計算したものである．この図から，$\theta = 45^\circ$ のときに最も遠くまで飛ぶことが確認できる．

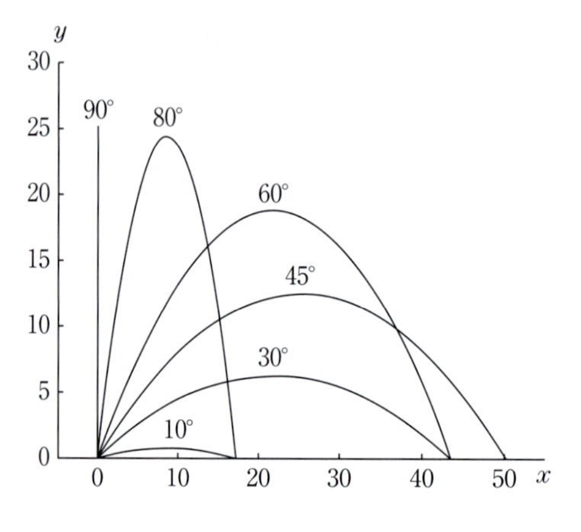

図 4.4　放物運動

1 2 **4.3** 4

放物体の運動　― 抵抗を考慮する場合 ―

スカイダイビングや降雨を思い浮かべればわかるだろうが，現実の運動では空気抵抗は無視できない．本節では，この影響を考えてみよう．

4.3.1　式を立てる

空気中や液体中を運動する物体には，粘性のために抵抗力がはたらき，運動が妨げられる．一般に，物体の速さ v が小さい場合，抵抗力 $\boldsymbol{f}$ の大きさは v に比例する（これを**粘性抵抗**という）ので，次式が成り立つ．

$$\boldsymbol{f} = -k\boldsymbol{v} \qquad (k \text{ は正の定数}) \tag{4.20}$$

負符号は，粘性抵抗 $\boldsymbol{f}$ が速度 $\boldsymbol{v}$ と逆向きであることを意味する．このときの運動方程式は，(4.11)と(4.12)に抵抗力を加えた次式になる．

$$m\frac{dv_x}{dt} = -kv_x \qquad (x \text{ 方向}) \tag{4.21}$$

$$m\frac{dv_y}{dt} = -kv_y - mg \qquad (y \text{ 方向}) \tag{4.22}$$

コメント 4.1　(4.22)の抵抗力の符号について　y 方向の上昇と下降の運動が同じ式で表される理由をみておこう．物体が上昇する（$v_y > 0$）とき $-kv_y < 0$ となるので，抵抗力は下向きにはたらく．一方，下降する（$v_y < 0$）とき $-kv_y > 0$ で抵抗力は上向きにはたらく．したがって，y 方向の物体の運動に対して，抵抗力は常に運動をさまたげる向きに作用することがわかる．¶

$t \to \infty$ での速度 (v_x, v_y)

抵抗を受けている場合，十分時間が経てば物体の水平方向の運動は止まり，v_x は次のようになることが予想される．

$$v_x = 0 \tag{4.23}$$

一方，落下中の物体は抵抗を受けていても途中で静止することはあり得ないから，いずれ重力と抵抗力がつり合った“合力 0 の状態”になる．このとき，(4.22)の右辺は 0（$-kv_y - mg = 0$）で等速落下運動になり，そのときの v_y を $v_{\rm t}$ と表すと，次式を得る．

$$v_{\rm t} = -\frac{mg}{k} \qquad (v_{\rm t} \text{ を終端速度という}) \tag{4.24}$$

（終端：しゅうたん）

時刻 t での速度 (v_x, v_y)

微分方程式(4.21)の解は指数関数で与えられることがわかっている（0.4 節を参照）．このことを確かめてみよう．(4.21)の左辺に次の指数関数を代入する．

$$v_x(t) = Ce^{-bt} \qquad \left(C \text{ は積分定数，} b = \frac{k}{m}\right) \tag{4.25}$$

指数関数 e^{at} $(a \neq 0)$ の微分公式

$$\frac{de^{at}}{dt} = ae^{at} \qquad (a \neq 0) \tag{4.26}$$

から，$dv_x/dt = C(de^{-bt}/dt) = -bCe^{-bt}$ である．この両辺に m を掛けた $m(dv_x/dt) = -mbCe^{-bt}$ を(4.25)で書き換えると，$m(dv_x/dt) = -mbv_x = -kv_x$ となり，(4.21)と同じものになる．「微分方程式を満足する関数が微分方程式の解である」から，(4.25)は解になる．しかも定数 C は任意だから，指数関数(4.25)は微分方程式(4.21)の一般解である．

同様にして，微分方程式(4.22)の一般解は次式で与えられる．

$$v_y(t) = C_1e^{-bt} - \frac{g}{b} \qquad (C_1 \text{ は積分定数}) \tag{4.27}$$

水平距離 x と落下距離 y

距離 x を求めるには $v_x = dx/dt$ を $dx = v_x\,dt$ と書き換えて，両辺を次のような積分にする．

$$\int dx = \int v_x\,dt = \int Ce^{-bt}\,dt \tag{4.28}$$

積分公式

$$\int e^{ax}\,dx = \frac{1}{a}e^{ax} \qquad (a \neq 0) \tag{4.29}$$

を使って(4.28)を計算すれば，次式を得る．

$$x = -\frac{C}{b}e^{-bt} + C_2 \qquad (C \text{ と } C_2 \text{ は積分定数}) \tag{4.30}$$

同様にして，距離 y は $v_y = dy/dt$ と(4.27)から次式になる．

$$y = -\frac{C_1}{b}e^{-bt} - \frac{g}{b}t + C_3 \qquad (C_1 \text{ と } C_3 \text{ は積分定数}) \tag{4.31}$$

4.3.2　運動の特徴

初期値を $x = x_0$，$y = y_0$，$v_x = v_{x0}$，$v_y = v_{y0}$ とすると，(4.25)，(4.27)，(4.30)，(4.31)は次のようになる．

$$v_x(t) = v_{x0}e^{-bt} \tag{4.32}$$

$$v_y(t) = \left(v_{y0} + \frac{g}{b}\right)e^{-bt} - \frac{g}{b} \tag{4.33}$$

$$x(t) = \frac{v_{x0}}{b}(1 - e^{-bt}) + x_0 \tag{4.34}$$

$$y(t) = -\frac{g}{b}t + \frac{1}{b}\left(v_{y0} + \frac{g}{b}\right)(1 - e^{-bt}) + y_0 \tag{4.35}$$

先に進む前に，ちょっと立ち止まって，$x(0) = x_0$，$y(0) = y_0$，$v_x(0) = v_{x0}$，$v_y(0) = v_{y0}$ となることを確かめてほしい．

空気抵抗がない場合の軌道は放物線であったが，空気抵抗があるときは，初期条件が $(x_0, y_0) = (0, 0)$ の場合，$t \to \infty$ で(4.34)から $x \to v_{x0}/b$，(4.35)から $y \to -\infty$ となるので，$x = v_{x0}/b$ が軌道の漸近線（図4.5の点線）になる．そして，速さ v_x は(4.32)から0に，v_y は(4.33)から $-g/b$ の終端速度に近づく．次の例題4.3で，より具体的に軌道を計算してみよう．

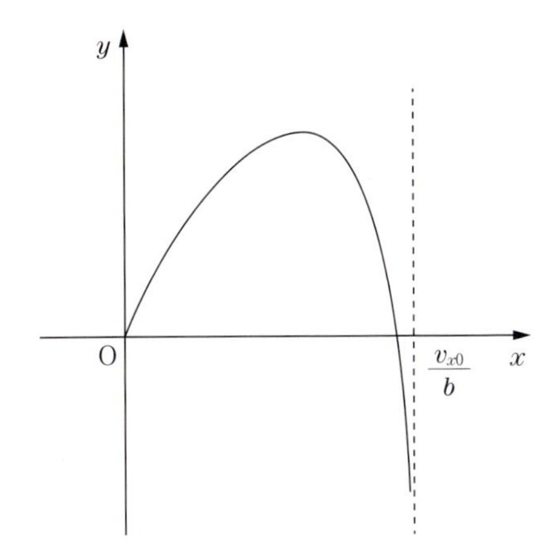

図 4.5　抵抗があるときの軌道

[例題 4.3　抵抗のある放物運動の軌道]

(4.32)～(4.35)を使って，軌道が次式で与えられることを示せ．

$$y = \frac{1}{v_{x0}}\left(v_{y0} + \frac{g}{b}\right)x + \frac{g}{b^2}\log\left(1 - \frac{b}{v_{x0}}x\right) \tag{4.36}$$

次に，頂点 P の座標を (x_1, y_1) とすると，次のように表せることを示せ．

$$x_1 = \frac{v_{x0}v_{y0}}{bv_{y0} + g}, \qquad y_1 = \frac{v_{y0}}{b} - \frac{g}{b^2}\log\left(1 + \frac{bv_{y0}}{g}\right) \tag{4.37}$$

[解]　(4.34)の x と(4.35)の y から t を消去すれば(4.36)が求まる．また，(4.33)の $v_y(t) = 0$ より，頂点に達する時間 t_1 が

$$t_1 = \frac{1}{b}\log\left(1 + \frac{bv_{y0}}{g}\right)$$

と決まるので，これを(4.34)と(4.35)に代入すれば(4.37)が求まる．■

1 | 2 | 3 **4.4**

振り子の運動

振り子やブランコのように吊ってあるものを揺らすと，振動が起こる．振動とは，物体がつり合いの位置の周りで，同じ道筋を左右，または上下の運動を繰り返す周期運動である．本節では，振動の基本的な性質を振り子を使って解説する．

4.4.1　式を立てる

図 4.6 のように軽い棒（長さ l）の一端を固定し，その他端におもり（質量 m）を付けて鉛直面内で左右に振動させる．このような装置を**単振り子**という．ここでは，鉛直面を xy 平面，おもりの座標を (x, y) とする．

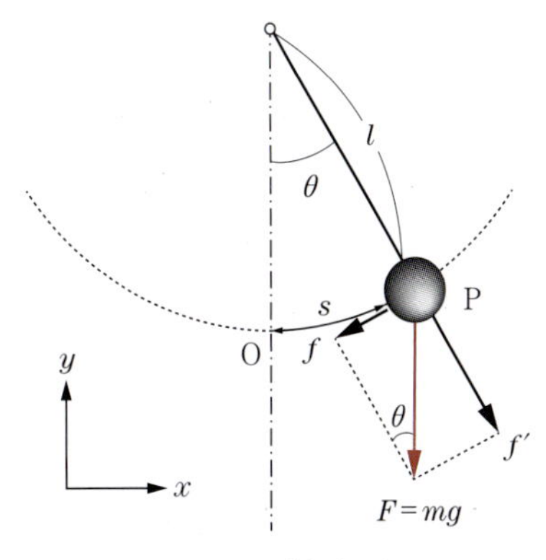

図 4.6　単振り子

振り子は，鉛直面内（2 次元平面）での運動だから自由度は 2 であると考えるかもしれないが，実は自由度 1 の運動である．なぜなら，振り子の長さ l と座標 (x, y)

の間には $x^2+y^2=l^2$ という拘束条件(こうそく)が付いているからである．この条件のため，x と y のどちらかを与えれば，他方は決まることになる．例えば，x の値を与えれば y は $y=\pm\sqrt{l^2-x^2}$ より自動的に決まる．このように，おもりの位置は1変数だけで決まるので，単振り子の運動は自由度1の運動になる．

座標のとり方

おもりの最下点を原点 $\mathrm{O}(s=0)$ とし，そこからの円弧の長さ s を変数にとる（図4.6）．また，原点Oより右側を $s>0$ とする．おもりを振動させる力は，円弧に沿った重力 mg の接線成分 $f=mg\sin\theta$ で，常に $|\theta|$ を減少させる向きである．この力が振り子を原点 $\mathrm{O}(s=0)$ に戻そうとする**復元力** $f=-mg\sin\theta$ になる．この力は，常に s を減少させる向きにはたらくので負符号が付く．

したがって，振り子の運動は(3.13)より次のように表される．

$$m\frac{d^2s}{dt^2}=-mg\sin\theta \qquad (\text{ただし，} s=l\theta) \tag{4.38}$$

$ds=l\,d\theta$ から加速度 $d^2s/dt^2=l(d^2\theta/dt^2)$ をつくり，(4.38)に代入すれば，次のように θ で表された**単振り子の運動方程式**（微分方程式）になる．

$$ml\frac{d^2\theta}{dt^2}=-mg\sin\theta \tag{4.39}$$

4.4.2　運動の特徴

(4.39)は振り子の振幅（振れの角）θ がどのような値であっても成り立つ式であるが，三角関数や指数関数などの初等関数を用いて解けないので，角度 θ が小さいとして $\sin\theta\approx\theta$ と近似（$\sin\theta$ のテイラー展開 $\sin\theta=\theta-\theta^3/3!+\theta^5/5!-\cdots$ の初項だけを残す近似）すると，

$$\frac{d^2\theta}{dt^2}=-\omega^2\theta \qquad \left(\omega^2=\frac{g}{l}\right) \tag{4.40}$$

となり，これが単振り子，すなわち**単振動**を表す運動方程式である．

微小振動の解

単振動を数学的に表したのが(4.40)であり，この解は周期的に振る舞う次のサイン関数（正弦関数）で表される（0.4節を参照）．

$$\theta(t)=C\sin(\omega t+\phi) \qquad (C \text{ と } \phi \text{ は任意定数}) \tag{4.41}$$

(4.41)の任意定数 ϕ は文字どおり任意だから，$\phi=\phi'+\pi/2$ と置き換えてもよいので，(4.41)は次のコサイン関数（余弦関数）となり，これも，当然(4.40)の解となる．

$$\theta(t)=C\cos(\omega t+\phi') \tag{4.42}$$

また，公式 $\sin(x+y)=\sin x\cos y+\cos x\sin y$ を用いて，(4.41)を次のように書くこともできる．

$$\theta(t)=C\sin\phi\cos\omega t+C\cos\phi\sin\omega t \tag{4.43}$$

ここで，C,ϕ は任意なので，新たに $C\sin\phi=A$，$C\cos\phi=B$ とおけば，(4.43)は次のよう

に表される．

$$\theta(t) = A\cos\omega t + B\sin\omega t \tag{4.44}$$

これも(4.40)の解であり，任意定数C, ϕと新たな任意定数A, Bは$C = \sqrt{A^2 + B^2}$，$\tan\phi = A/B$でつながっている．

ここで示した3つの解（(4.41)，(4.42)，(4.44)）はすべて任意定数を2つ含むから，（2階の微分方程式である）運動方程式(4.40)の一般解である．

単振動を特徴づける諸量

単振動の解(4.41)は，**振幅**Cと**位相**$\omega t + \phi$からできている．ϕは時刻$t = 0$での位相なので，**初期位相**（**位相定数**）という．また，ωは**角振動数**（**角周波数**）で，系に固有な量（ここでは，ひもの長さと重力加速度）で決まるから，**固有角振動数**（**固有角周波数**）ともいう．

単振動の**周期**Tは，おもりの初めの位置θに関係なく，

$$T = \frac{2\pi}{\omega} = 2\pi\sqrt{\frac{l}{g}} \tag{4.45}$$

で与えられる（でも，「$\omega T = 2\pi$」と覚える方が楽！）．なぜなら，例えば，(4.41)の$\theta(t)$に$t + T$を代入すると$\theta(t + T) = \theta(t)$となることからわかるように，時刻$t$が$t + T$だけ経過すると振幅$\theta$が同じ値に戻るからである．なお，(4.45)の3番目の式は(4.40)の$\omega = \sqrt{g/l}$を代入したものである．

振動数（**周波数**）fは単位時間（1 s 間）に振動する回数のことであり，周期Tの逆数

$$f = \frac{1}{T} = \frac{\omega}{2\pi} \tag{4.46}$$

で与えられる（でも，「$fT = 1$」と覚える方が楽！）．単位は回 /s（Hz（**ヘルツ**））である．

等 時 性

(4.45)の右辺は振幅θを含んでいないから，周期は$t = 0$での振幅の大きさ$\theta(0)$に依存しない．これを振り子の**等時性**という．この等時性は微小振動の式(4.40)に基づく結果であることを忘れてはならない．

［例題 4.4 弦の運動方程式］

図4.7のように，糸（長さL）を張力Sで強く張り，糸の両端A, Bを固定する．糸の中点Oに付けたおもり（質量m）を垂直方向に微小振動させるとき，この周期Tが次のように表されることを示せ．ただし，$\sin\theta \approx \tan\theta$とする．

$$T = \pi\sqrt{\frac{mL}{S}} \tag{4.47}$$

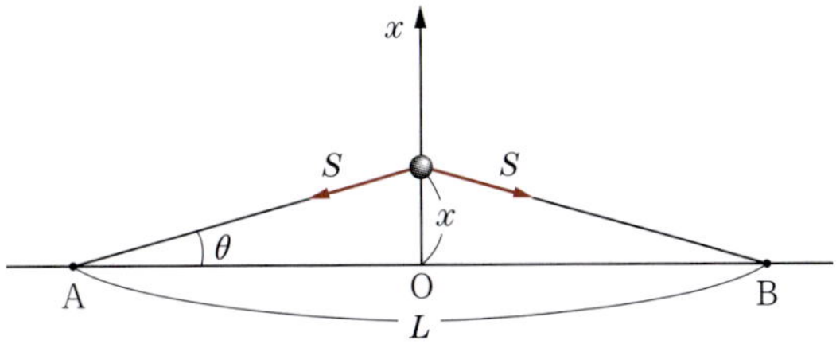

図 4.7 弦の振動

［解］ おもりには2本の糸からそれぞれ$S\sin\theta$の張力が下向き（$-x$方向）にはたらくので，$F = -2S\sin\theta$とおけば運動方程式(3.12)は$m\ddot{x} = F = -2S\sin\theta$となる．ここで$\sin\theta \approx \tan\theta = x/(L/2) = 2x/L$を代入すると$m\ddot{x} = -(4S/L)x$となり，$\omega = \sqrt{4S/L}$とおけば$m\ddot{x} = -\omega^2 x$（単振動の式）になる．したがって，(4.45)から(4.47)を得る．■

例 4.1　振り子の周期　$\sqrt{g} \approx \pi$ で近似（単なる偶然だが，覚えやすい！）すれば，(4.45) より周期は $T = 2\sqrt{l}$ となる．例えば，$l = 1\,\mathrm{m}$ のときの周期は2秒，$l = 1/4\,\mathrm{m}$ のときの周期は1秒である．◢

重力加速度 g の簡単な測定法

一般に，落下運動は速いため，地球の重力加速度 g の精密測定は難しい．しかし，振り子の周期 T は正確に測定できるから，(4.45) を利用すれば，重力加速度 g の値は

$$g = \frac{4\pi^2 l}{T^2} \tag{4.48}$$

から求まることになる．こんなシンプルな式で g の精密測定ができるのは面白い．

演　習　問　題

[A：基礎的な問題]

[4A.1]　平均速度　自由落下の落下時間が t のとき，落下速度の大きさは $v(t) = gt$ である．このとき，平均の速さ $\bar{v}$ を求めよ．　[☞ 4.1.2 項と 2.3.1 項]

[4A.2]　平均の力　ピッチャーが投げた時速 $v_0 = 144\,\mathrm{km}$ の球（$m = 0.15\,\mathrm{kg}$）を，キャッチャーがミットを $d = 0.2\,\mathrm{m}$ 引きながら捕球した．このとき，ミットにはたらく平均の力 F を求めよ．

[☞ 4.1 節と例題 4.1]

[4A.3]　鉛直運動　ボールを真上に投げ上げたとき，次の値を求めよ．

(1)　最高点での速さ v　　(2)　最高点での加速度の大きさ a　[☞ 4.1.2 項]

[4A.4]　球場ドームの高さ　ある野球ドームの天井の最高点の高さ H は $H = 68\,\mathrm{m}$ であった．この真下でボールを真上に打って天井に当てるには，ボールの初速度の大きさ v_0 が $v_0 = 36.6\,\mathrm{m/s} = 131.8\,\mathrm{km/h}$ よりも速ければよいことを示せ．　[☞ 4.1.2 項]

[4A.5]　発射角度　水平到達距離 x_2 が最高鉛直距離 y_1 の3倍になるように，物体を発射したい．そのために必要な発射角度 θ を求めよ．　[☞ 4.2 節]

[4A.6]　次元解析　軌道の式(4.15)が次元的にみて正しい式であることを，次元解析で示せ．

[☞ 4.2 節と 0.3.2 項]

[4A.7]　次元解析　投射体（質量 m）が水平から仰角 θ，初速度の大きさ v で発射された．このとき，水平距離 R，および飛行時間 T が m，θ，v，g（重力加速度の大きさ）にどのように依存するかを答えよ．　[☞ 4.2 節と 0.3.2 項]

[4A.8]　次元解析　図4.6の単振り子がある．この振り子の周期 T が長さ l と質量 m にどのように依存しているかを次元解析で示せ．　[☞ 4.2 節と 0.3.2 項]

[4A.9]　放物運動の軌道　サッカーボールを足で蹴ったとき，同一水平面上に落下する点までの距離 L と経過時間 T の情報から，初速度の大きさ v_0 と投射角 θ を求める式をつくれ．

[☞ 4.2 節と 0.1 節]

[4A.10]　惑星の重力加速度　ある惑星に降り立った宇宙飛行士が，初速度の大きさが $v_0 = 4\,\mathrm{m/s}$ のとき，最大水平距離 $L = 10\,\mathrm{m}$ を跳躍できた．この惑星の重力加速度 g を求めよ．　[☞ 4.2 節]

[4A.11]　空気の抵抗　抵抗のある空気中で，小さな球を投げ上げた．上昇運動と下降運動では，どちらの運動の方が球は長い時間を要するか．　[☞ 4.3 節]

[4A.12]　レコード盤の回転数　ターンテーブルの上で，レコード盤が 1 分間に 33 回転している．1 秒間の回転数 f を求めよ．　[☞ 4.4.2 項]

[4A.13]　単振動の周期　おもり（質量 $m = 1.0\,\mathrm{kg}$）がバネ（バネ定数 $k = 100\,\mathrm{kg/s^2}$）に吊るされて単振動している．この周期 T を求めよ．　[☞ 4.4.2 項]

[4A.14]　等時性　子供がブランコに乗って遊んでいる．同じ身長の 2 人の子供が一緒に乗る場合，1 人の場合に比べて，振動の周期 T はどのように変化するか．　[☞ 4.4.2 項]

[B：標準的な問題]

[4B.1]　バネ　バネ（バネ定数 6 N/m）に吊るされたおもりが鉛直方向に単振動している．この周期 T が 3 s のとき，おもりの質量 m を求めよ．　[☞ 4.4.2 項]

[4B.2]　振り子の張力　ある位置から振り子（質量 m，長さ l）を振らせたら，図 4.8 のように最下点での速さが v で，糸の張力が S であった．この振り子が最下点で静止しているときの糸の張力が S_0 のとき，両者の比 S/S_0 を求めよ．　[☞ 4.4 節と例題 2.4]

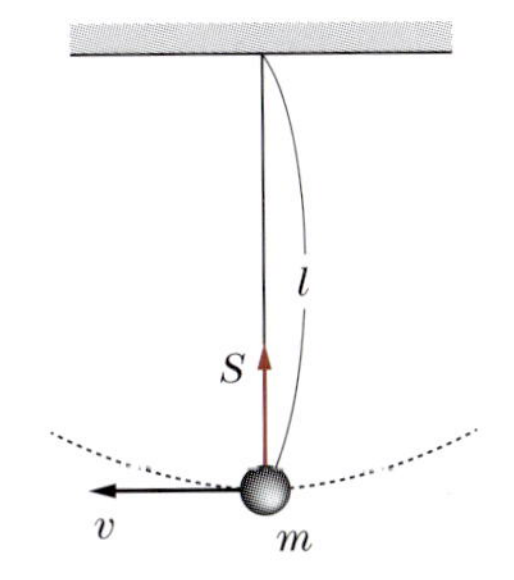

図 4.8　振り子の張力

[4B.3]　ボールの最高点と時間　初速度の大きさ $v_0 = 20\,\mathrm{m/s}$ で地面から鉛直上方にボールを投げるとき，次の値を求めよ．

(1)　ボールが最高点に達するまでにかかる時間 t_1

(2)　最高点の高さ H

(3)　$t = 2\,\mathrm{s}$ のときのボールの速さ v と加速度の大きさ a　[☞ 4.2.2 項]

[4B.4]　自由落下　測定器具を搭載した科学観測用の気球が速さ $v_0 = 5\,\mathrm{m/s}$ で上昇していた．ところが，高度 $h = 9180\,\mathrm{m}$ で気球が破裂して，装置が自由落下してきた．このとき，次の値を求めよ（空気抵抗は無視する）．

(1)　測定器具が地表を離れていた時間 t

(2)　測定器具が地表面に衝突するときの速さ v　[☞ 4.1.2 項]

[4B.5]　単振動　x 軸上にある 2 つの粒子 A と B が同じ振幅（$a = 5\,\mathrm{cm}$）で単振動している．それぞれの角振動数は $\omega_\mathrm{A} = 10\,\mathrm{rad/s}$ と $\omega_\mathrm{B} = 12\,\mathrm{rad/s}$ である．粒子はともに，$t = 0$ で $x = 0$ を正の x 方向に通る（つまり，同位相）とする．時刻 $t = 0.20\,\mathrm{s}$ のとき，次の値を求めよ．

(1)　2 つの粒子 x_A と x_B の間隔 $\Delta x = x_\mathrm{B} - x_\mathrm{A}$

(2)　A に対する B の相対速度の大きさ $V = \dot{x}_\mathrm{B} - \dot{x}_\mathrm{A}$　[☞ 4.4 節]

[4B.6]　小球の時定数と終速度　小球を油の入った大きな容器中で静止状態から放したら，球は終端速度 $v_\mathrm{t} = -8\,\mathrm{cm/s}$ になった．次の値を求めよ．

(1)　球の速さ v が終端速度の 63 % に達する，つまり $v = v_\mathrm{t}(1 - e^{-1}) = v_\mathrm{t}(1 - 0.37) = 0.63v_\mathrm{t}$ になるまでに要する時間 τ（この時間を**時定数**という）

(2)　球の速さ v が終端速度の 90 % に達するまでにかかる時間 t　[☞ 4.3 節]

[4B.7]　ピッチングマシン　ピッチングマシンから飛び出すボールの初速度の大きさ v_0 を測定するために，マシンから距離 x だけ離れた鉛直な壁に段ボールを貼り付けた．そして，ボールをマシンから水平に発射した．座標 (x, y) の原点をマシンの発射口にとり，x 軸を水平にとる．

(1)　y 軸の正の向きを下向きにとれば，ボールが空中を飛んでいるときの位置が $y = Ax^2$ で与えられることを示せ．

(2)　定数 A を初速度の大きさ v_0 と重力加速度の大きさ g で表せ．

(3)　$x = 3.0\,\mathrm{m}$ のとき，段ボールにボールの当たった跡は $y = 0.21\,\mathrm{m}$ であった．初速度の大きさ v_0 を求めよ．

[☞ 4.2 節]

[4B.8]　投射角と落下角の和　速さに比例した空気抵抗がある場合の放物運動で，最大の水平到達距離 L が得られるのは，図 4.9 の投射角 α と落下角 β が $\alpha + \beta = \pi/2$ つまり，β が α の余角のときであることを示せ．

[☞ 4.3 節]

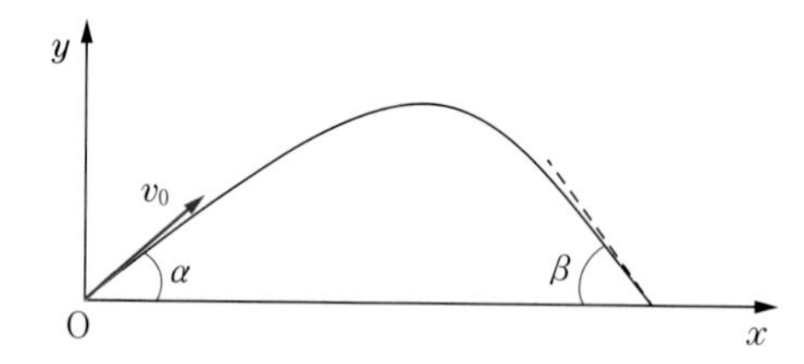

図 4.9　投射角と落下角

[4B.9]　抵抗のある放物運動の軌道　抵抗がある場合の放物運動で，投射の初速度の大きさを v_0，投射角を α とすると，軌道は(4.36)で与えられる．いま，b が小さいとき，軌道の式は近似的に次のように表せることを示せ．

$$y = x\tan\alpha - \frac{gx^2}{2v_0^2\cos^2\alpha} - \frac{bgx^3}{3v_0^2\cos^3\alpha} \tag{4.49}$$

[☞ 4.3.2 項]

[4B.10]　スカイダイビング　速さ v で鉛直に降下するスカイダイバーは，v の 2 乗に比例した空気抵抗力（慣性抵抗力）kv^2 を受ける $(k > 0)$．スカイダイバーの終端速度の大きさ v_t を求め，次に，時刻 t でのスカイダイバーの落下の速さ $v(t)$ と高度 $y(t)$ を求めよ．ただし，初期条件は $v(0) = 0$，$y(0) = h$ とする．

[☞ 4.3 節]

[4B.11]　水の抵抗　質量 M の船が速さ v で進むとき，水の抵抗 $f = av + bv^2$（a, b は定数）を受けるとする．いま，速さ v_0 のときにエンジンを止めたら，それから L だけ進んで船が止まった．このときの L を求めよ．

[☞ 4.3 節]

第 5 章

エネルギーの保存 －力と仕事－

例えば，「今日もエネルギッシュに仕事をがんばろう！」と思うと，なんとなく気持ちに気合いが入り，一仕事を終えると，エネルギーを消耗したと感じる．このように，日常生活では，「仕事」も「エネルギー」もフィーリングで使っているように思えるが，力学に登場する「仕事」と「エネルギー」は，これから解説するように，もっと広くて豊かな内容をもっている．

5.1 仕　事

物理では，物体が力を受けて移動するときに，この力は物体に**仕事**(work)をした，という．そのため，物理での「仕事」と日常生活での「仕事」は必ずしも一致はしない（例題 5.1 の(2)を参照）．

5.1.1　経路と力の向き

まっすぐな経路

図 5.1(a)のように，物体が一定の力 $\boldsymbol{F}$ を受けながら水平な直線上を r だけ移動（変位）したとき，力がする仕事 W は次式で定義される．

$$W = Fr \qquad (F = |\boldsymbol{F}|) \tag{5.1}$$

もし，変位と力の向きが異なれば（図 5.1(b)），(5.1)の F を運動方向の力の成分 $F_{\mathrm{h}} = F\cos\theta$ に変えたものが仕事を表し（θ は力と変位のなす角），次のようになる．

$$W = F_{\mathrm{h}}r = Fr\cos\theta \tag{5.2}$$

(5.2)は，力 $\boldsymbol{F}$ と変位ベクトル $\boldsymbol{r}$ の**スカラー積**を使うと次のように表される．

$$W = \boldsymbol{F}\cdot\boldsymbol{r} \tag{5.3}$$

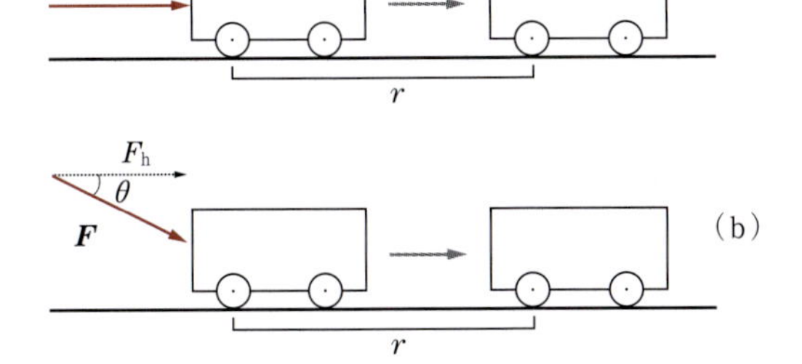

図 5.1　仕事と力

仕事の単位　J（Joule の略で，ジュールと読む）

仕事の定義(5.1)より，仕事の SI 単位は $1\,\mathrm{J} = 1\,\mathrm{N{\cdot}m}$．つまり，物体に 1 N の力を加えながら 1 m 移動させたときに力がする仕事が 1 J である．

力のする仕事の符号

力と変位のなす角 θ が鋭角（$0^\circ \leq \theta < 90^\circ$）のとき，仕事は正（$W > 0$）である．一方，鈍角（$90^\circ < \theta \leq 180^\circ$）のとき，仕事は負（$W < 0$）になる．例えば，床の上を運動する物体に床が作用する**動摩擦力**の向きは物体の運動の向きと逆向きなので（$\theta = 180^\circ$），動摩擦力がする仕事は負の量である．力と変位が直角（$\theta = 90^\circ$）のときは，仕事は 0（$W = 0$）となる．これは垂直抗力や単振り子の糸がおもりに作用する張力のように，力の方向と運動の方向が垂直（$\theta = 90^\circ$）のときに起こる．

[例題 5.1　仕事をした？　してない？]

次の問いに答えよ．

(1)　あなたが重い台車を一定の力 F で押して坂道を距離 r だけ登った場合，力 F が台車にした仕事を求めよ（図 5.2(a)）．

(2)　あなたが坂の途中で立ち止まって，力 F で台車を支えている場合の仕事を求めよ（図 5.2(b)）．

(3)　あなたの力が足りなくて，力 F で押しているのに，台車が距離 r だけ下に向かってずり落ちた場合，力 F が台車にした仕事を求めよ（図 5.2(c)）．

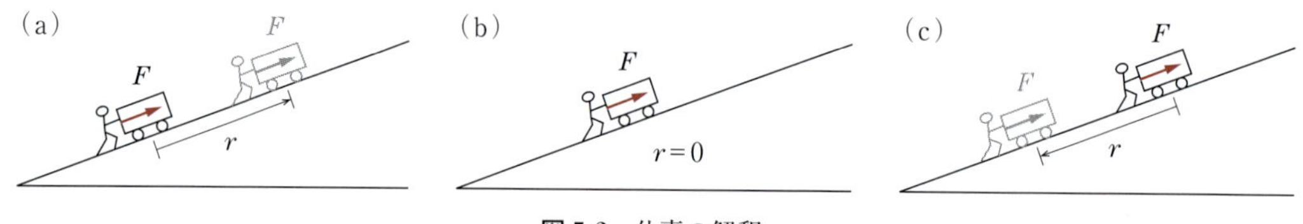

図 5.2　仕事の解釈

解法のストラテジー　(S1)　それぞれの場合に対する，自由物体図を描く．力の大きさを F とする．

(S3)　仕事の式(5.2)を，(1) $\theta = 0^\circ$，(2) $r = 0$，(3) $\theta = 180^\circ$ として使う．

(S5)　解のチェックをする．

[解]　(1)　$\theta = 0^\circ$ だから，(5.2)より仕事は $W = Fr$ である．

(2)　変位は 0（$r = 0$）だから，力が台車にした仕事は 0 である．

(3)　変位と力の向きは逆なので，仕事は $W = -Fr$ で負になる．

解のチェック　(1)は正の仕事である．一方，(3)は負の仕事だから，力 F は「負の仕事」をしたことになるが，見方を変えれば，台車が「正の仕事をした」ことになる．負の仕事に対するこの解釈は理に適っているので，正しい結果であると考えてよい．

気づき　(2)の場合は，台車は止まったままなので，力学的な意味では仕事をしたことにはならない．しかし，台車が動かないように支える仕事をしたあなたは，疲れたはずである．つまり，普通の意味で仕事をした実感があったとしても，物理的な意味では「あなたの仕事は 0」であることがわかる．■

曲がった経路

仕事をするとき，経路がまっすぐであることはまれで，一般に経路は曲がっている．また，力も一定ではない．例えば，図 5.3(a)のような曲がった経路に沿って点 A から点 B まで物体を移動させるときに力 $\boldsymbol{F}$ がする仕事 W_{AB} を計算したいとしよう．

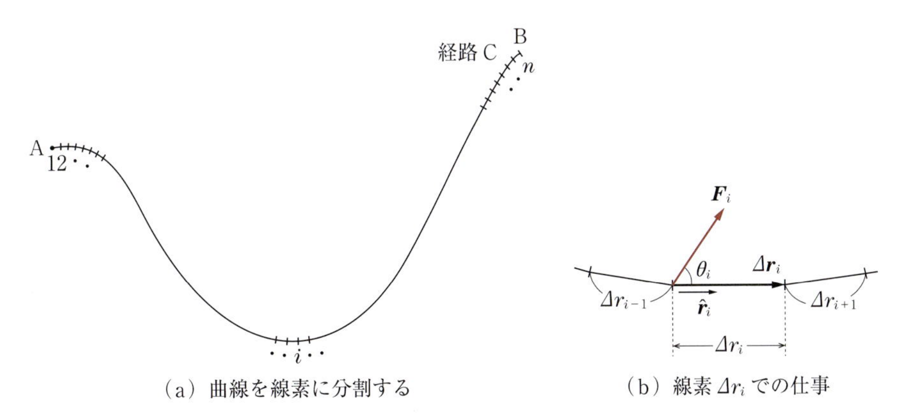

（a）曲線を線素に分割する　（b）線素 Δr_i での仕事

図 5.3 仕事と一般的な力

この場合，区間 AB を n 個の微小な直線区間とみなせるくらいに細く分けると，図 5.3(b)のようにこの直線上では力が一定であると仮定できる．いま，i 番目の微小区間の始点と終点をつなぐ微小な変位ベクトルを $\Delta \boldsymbol{r}_i$，その区間での力を $\boldsymbol{F}_i$ とすると，微小な直線区間で力がする微小な仕事 ΔW_i は $\Delta W_i = \boldsymbol{F}_i \cdot \Delta \boldsymbol{r}_i = F_i \Delta r_i \cos\theta_i$ と表される．当然，仕事 W_{AB} は各区間の微小な仕事 ΔW_i をすべて加え合わせればよいので

$$W_{\mathrm{AB}} = (F_1 \cos\theta_1)\Delta r_1 + \cdots + (F_n \cos\theta_n)\Delta r_n = \sum_{i=1}^{n} \boldsymbol{F}_i \cdot \Delta \boldsymbol{r}_i \qquad (5.4)$$

で近似できる．

したがって，微小区間の数 n を限りなく大きくした極限（$n \to \infty$）を考えれば，区間 AB の各線分の長さ Δr_i は無限に小さくなる（$\Delta \boldsymbol{r}_i \to 0$）ので，和(5.4)は次の積分で表すことができる．

$$W_{\mathrm{AB}} = \int_{\mathrm{C}} \boldsymbol{F} \cdot d\boldsymbol{r} \qquad (5.5)$$

記号 C は，この積分が経路 C に沿ってなされるという意味である．そのため，この積分のことを「経路 C に沿った**線積分**」という．

注意しておきたいことは，一般に線積分の値は経路 C のとり方で変わるから，定積分のように出発点（下限）と終点（上限）を指定するだけでは積分値は決まらず，その途中の経路も指定しなければならない（これを明示するために，積分記号に記号 C をつける）．ただし，後で登場する保存力の場合は，出発点と終点だけで決まるから定積分で表せる．

[例題 5.2　自由落下で重力のする仕事]

図 5.4 のように，物体（質量 m）が位置 A から B（$a > b$）まで自由落下している．このとき，重力がする仕事 W_{AB} を求めよ．ただし，空気抵抗は無視する．

［解］ (5.5) の $\boldsymbol{F}\cdot d\boldsymbol{r}$ を成分 $\boldsymbol{F} = (F_x, F_y) = (0, -mg)$，$d\boldsymbol{r} = (dx, dy)$ で表せば，$\boldsymbol{F}\cdot d\boldsymbol{r} = F_x\,dx + F_y\,dy = (-mg)dy$ となる．したがって，重力 $F_y = -mg$ が物体にする仕事 W_{AB} は次のようになる．

$$W_{\mathrm{AB}} = \int_a^b F_y\,dy = -mg\int_a^b dy = -mg[y]_a^b = mg(a-b) \quad (5.6)$$

解のチェック　仕事は $W_{\mathrm{AB}} > 0$ $(a > b)$ だから，重力は質点に正の仕事をしたことになる．仮に，物体を重力に逆らってもち上げれば，$W_{\mathrm{BA}} = -mg(a-b) = -W_{\mathrm{AB}}$ となるので，重力は負の仕事をしたことになる．いい換えれば，手が物体に正の仕事をしたことになる．もし，物体を静かに支えているだけであれば，高さは変わらない $(a-b=0)$ から，仕事は 0 である．これらの考察は(5.6)の結果と矛盾しないから，(5.6)は正しいと確信できる．

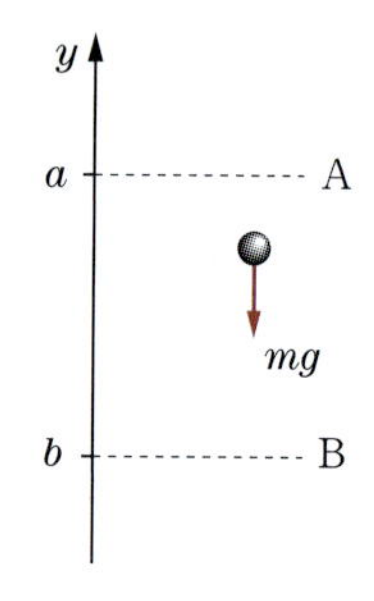

図 5.4　重力がする仕事

［例題 5.3　変化する力による仕事］

ある物体に加える力が $F_x = 3x^3 - 5$ のように x とともに変化するとき，物体が $x_{\mathrm{A}} = 4\,\mathrm{m}$ から $x_{\mathrm{B}} = 7\,\mathrm{m}$ まで移動する間に力 F_x がする仕事 W を求めよ．

［解］ (5.5)の x 成分を計算すると，

$$W_{\mathrm{AB}} = \int_{x_{\mathrm{A}}}^{x_{\mathrm{B}}} F_x\,dx = \int_4^7 (3x^3 - 5)\,dx = \left[\frac{3}{4}x^4 - 5x\right]_4^7 = 1593.75\,\mathrm{J} = 1.59\,\mathrm{kJ} \quad (5.7)$$

となる．なお，変化する力による仕事の例として，(6.27)も参照してほしい．

5.1.2 仕事率

単位時間当たりの仕事のことを**仕事率**（**パワー**）という．仕事 W を時間 t だけかかってしたとき，仕事率 P は次式で定義される．

$$P = \frac{W}{t} \quad (5.8)$$

また，W を(5.2)で表し，距離 r だけ移動したときの物体の速さ $v = r/t$ を使えば，(5.8)は次のように表される．

$$P = \frac{Fr\cos\theta}{t} = F\frac{r}{t}\cos\theta = Fv\cos\theta = \boldsymbol{F}\cdot\boldsymbol{v} \quad (5.9)$$

仕事率の単位　W（ワット）

仕事率の定義(5.8)より $1\,\mathrm{W} = 1\,\mathrm{J/s}$ と表される．つまり，1 s 間に 1 J の仕事をする仕事率が 1 W であり，電力の単位のワットと同じものである．

［例題 5.4　仕事率］

クレーンが $m = 1000\,\mathrm{kg}$ のコンテナを $t = 20\,\mathrm{s}$ 間で $h = 25\,\mathrm{m}$ の高さまで吊り上げた．このクレーンの仕事率 P を求めよ．

［解］ 質量 m の物体を高さ h まで吊り上げたときのクレーンによる仕事 W は $W = mgh = 1000\,\mathrm{kg} \times 9.8\,\mathrm{m/s^2} \times 25\,\mathrm{m} = 2.45 \times 10^5\,\mathrm{J}$ である．(5.8)から仕事率は次のようになる．

$$P = \frac{W}{t} = \frac{mgh}{t} = \frac{2.45\times10^5\,\mathrm{J}}{20\,\mathrm{s}} = 1.2\times10^4\,\mathrm{W} = 12\,\mathrm{kW} \quad (5.10)$$

解のチェック　h/t は移動速度の大きさ v であるから，(5.10)は $P = mgv = Fv$ と表せる．これは(5.9)と一致するので，正しい結果だとわかる．

5.2 仕事がエネルギーを生む

仕事は物体にどのような効果を生み出すだろうか．実は，エネルギーの発生源が仕事である．

5.2.1 運動エネルギー

いま，静止している質量 m の物体を，図 5.5(a)のように一定の力 F で時間 t だけ動かしてみよう．運動方程式 $F = ma$ より物体のもつ加速度は a だから，時間 t の間に物体は次の s だけ動く（(4.6)で $s = x(t) - x(0)$，$v_0 = 0$ とおく）．

$$s = \frac{1}{2}at^2 \tag{5.11}$$

力 F のする仕事は $W = Fs = mas$ だから，W に(5.11)と(4.5)の $v = at$ を代入すると

$$W = Fs = mas = \frac{1}{2}m(a^2t^2) = \frac{1}{2}mv^2 \tag{5.12}$$

となる．

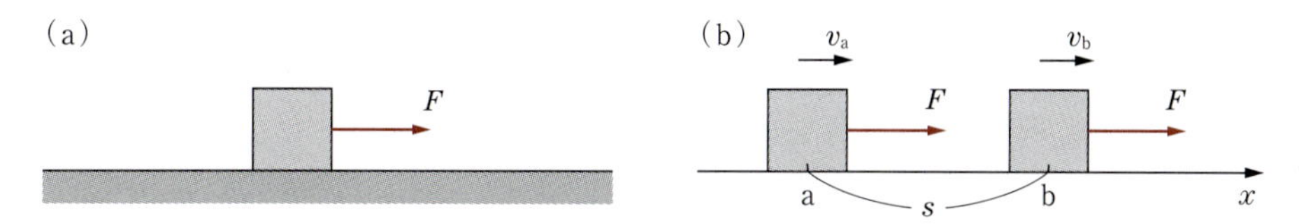

図 5.5　運動エネルギー

(5.12)は，仕事と物体の速さを結び付ける式で，最右辺の量 $(1/2)mv^2$ が仕事の効果を測る指標になる．(5.12)を左辺から右辺に読めば，「仕事 $W = Fs$ をされると，物体は速さ v を得る」となり，右辺から左辺に読めば，「速さ v をもつ物体は $(1/2)mv^2$ の仕事を他の物体にする」となる．

一般に，「仕事をすることができる物体は**エネルギー**をもっている」といい，質量 m の物体が速さ v で運動しているときは

$$K = \frac{1}{2}mv^2 \tag{5.13}$$

だけのエネルギーをもっていることになる．このエネルギーのことを**運動エネルギー**という（K は運動エネルギー（kinetic energy）の略）．

このように，（静止していた）物体を速さ v にするには，力を加えて仕事 $Fs = (1/2)mv^2$ をしなければならない．エネルギーは，どれだけの仕事をなし得るかで測れるから，エネルギーの単位は仕事と同じ J（ジュール）である．

仕事と運動エネルギーの関係を表す(5.12)は，静止していた物体に対する仕事から導いたが，初めから物体が動いている場合を考えてみよう．

速さ v_a で運動していた物体をさらに一定の力 F で距離 s だけ押して，速さが v_b になったと

する．すなわち，図5.5(b)のように，位置a，bにおける物体の速さを v_{a}，v_{b} とすれば，(5.12)と(5.13)から次式を得る．

$$W_{\mathrm{ab}} = K_{\mathrm{b}} - K_{\mathrm{a}} \tag{5.14}$$

ここで，位置aから位置bまでの仕事 Fs を W_{ab}，運動エネルギーを $K_{\mathrm{a}} = (1/2)mv_{\mathrm{a}}^2$，$K_{\mathrm{b}} = (1/2)mv_{\mathrm{b}}^2$ とする．このように，物体に対して力がした仕事の分だけ，物体の運動エネルギーが増加する．なお，(5.14)は力が一定の場合であるが，一定でなくても成り立つ重要な式である（コメント5.1を参照）．

例5.1　野球のボール　野球のボール（質量 $m = 0.14\,\mathrm{kg}$）を $30\,\mathrm{m/s}$ の速さで投げると，運動エネルギーは

$$K = \frac{1}{2}mv^2 = \frac{1}{2} \times 0.14\,\mathrm{kg} \times (30\,\mathrm{m/s})^2 = 63\,\mathrm{J} \tag{5.15}$$

となり，投球で63 Jのエネルギーを消耗することになる（$4.18\,\mathrm{J} = 1\,\mathrm{cal}$ より15.1 calに相当）．◢

コメント5.1　仕事は力の線積分で求まる　仕事と運動エネルギーの式(5.14)は，力 $\boldsymbol{F}$ の線積分(5.5)からもっとストレートに求まる．図5.5(b)（ただし，F を $F(x)$ に変える）のように，力 $\boldsymbol{F}$ の x 成分 $F(x)$ が物体を x 軸上の点aから点bまで移動させたときの仕事 W_{ab} は次式で求まる．

$$W_{\mathrm{ab}} = \int_{\mathrm{C}} F(x)\,dx \tag{5.16}$$

右辺を運動方程式 $F(x) = m(dv/dt)$ と $dx = v\,dt$ で書き換えれば

$$\begin{aligned} W_{\mathrm{ab}} &= \int_{\mathrm{C}} \left(m\frac{dv}{dt}\right)(v\,dt) = \int_{\mathrm{C}} \left(m\frac{dv}{\cancel{dt}}\right)\left(v\,\cancel{dt}\right) = \int_{v_{\mathrm{a}}}^{v_{\mathrm{b}}} mv\,dv \\ &= \left[\frac{1}{2}mv^2\right]_{v_{\mathrm{a}}}^{v_{\mathrm{b}}} = \frac{1}{2}mv_{\mathrm{b}}^2 - \frac{1}{2}mv_{\mathrm{a}}^2 \end{aligned} \tag{5.17}$$

となり，運動エネルギーが自然に現れる．この式は(5.14)と等価である．¶

5.2.2　ポテンシャルエネルギーと保存力

例題5.2では，重力 $F = -mg$ のする仕事 W を計算したが，その結果から，高低差が y であるときの仕事は $W = mgy$ であることがわかる．一般に，「仕事のできる物体はエネルギーをもっている」から，重力による仕事 $W = mgy$ もエネルギーである．例えば，高さ y のところにある物体 m が地面（$y = 0$）に落下すれば，その物体は mgy だけの仕事をする．つまり，高さ y にある物体は，そこにいるだけで潜在的に仕事をする能力（エネルギー）をもっていることになる．このエネルギーは，動きや勢いとしてみえる運動エネルギーとは異なり，潜在的な（potentially）エネルギーである．そのため，このエネルギー mgy のことを**ポテンシャルエネルギー**（potential energy）とよび，これを U として次のように表す．

$$U = mgy \tag{5.18}$$

ところで，重力 $F = -mg$ とポテンシャルエネルギー U の間には極めて興味深い関係がある．それは，(5.18)の U を y で微分し（$dU/dy = d(mgy)/dy = mg$），それに負符号を付けると重力 $F = -mg$ になり，次式が成り立つことである．

$$F = -\frac{dU}{dy} \tag{5.19}$$

そして，この(5.19)で与えられる力，つまり，ポテンシャルエネルギー U の微分から導かれる力を**保存力**とよぶ．

例 5.2 バネの復元力 フックの力 $F(x) = -kx$ に対するポテンシャルエネルギーは $U(x) = (1/2)kx^2$ である（$dU/dx = kx$ であるから $F = -kx$）． ◢

なお，3 次元空間での保存力 $\boldsymbol{F} = (F_x, F_y, F_z)$ とポテンシャルエネルギー $U(x, y, z)$ は，次のような関係になる．(5.19)との違いは常微分が偏微分に変わるだけで，本質的には(5.19)と同じ内容である（証明は略）．

$$F_x = -\frac{\partial U}{\partial x}, \qquad F_y = -\frac{\partial U}{\partial y}, \qquad F_z = -\frac{\partial U}{\partial z} \tag{5.20}$$

1 2 **5.3** 4

保存力による仕事

5.3.1 保存力の性質

線積分(5.5)によって，点 A から点 B まで物体を移動させたときに力 $\boldsymbol{F}$ がする仕事の値が求まるが，その値は，一般に質点がどのような運動の経路をとるかによって異なる．そのため，積分記号に経路 C を明示する．だが，この積分が運動の途中の経路によらず，始点 a と終点 b の値だけで決まれば，線積分の計算は非常に簡単になる．実は，線積分の値が途中の経路によらないのが保存力である．

これを仕事の式(5.16)を使って確かめてみよう．保存力(5.19)を $F\,dx = -dU$ と変形（y を x に変えている）すると，(5.16)は

$$W_{\mathrm{ab}} = \int_{\mathrm{C}} F\,dx = -\int_{\mathrm{C}} dU = -[U]_{U=U_{\mathrm{a}}\,(\text{C の始点 a での } U \text{ の値})}^{U=U_{\mathrm{b}}\,(\text{C の終点 b での } U \text{ の値})} \tag{5.21}$$

となるので，仕事 W_{ab} は始点 a の値 U_{a} と終点 b の値 U_{b} だけで決まる．したがって，次のような式が成り立つ．

$$W_{\mathrm{ab}} = U_{\mathrm{a}} - U_{\mathrm{b}} \tag{5.22}$$

この結論は，保存力であれば 2 次元以上の運動でも変わらない．

5.3.2 力学的エネルギーは保存する

「仕事と運動エネルギー」の式(5.14)と「仕事とポテンシャルエネルギー」の式(5.22)から $K_{\mathrm{b}} - K_{\mathrm{a}} = U_{\mathrm{a}} - U_{\mathrm{b}}$ となるので，次式を得る．

$$K_{\mathrm{a}} + U_{\mathrm{a}} = K_{\mathrm{b}} + U_{\mathrm{b}} \tag{5.23}$$

ここで，始点 a と終点 b は任意の 2 点と考えてよいから，結局，次式が成り立つ．

$$K + U = E = \text{一定} \tag{5.24}$$

2 種類のエネルギー K と U の和 $K + U$ を**力学的エネルギー**（あるいは**全エネルギー**）と

よび，その和を一般に E で表す．保存力のもとで質点がどのような運動をしても，力学的エネルギーは変化しないから，(5.24)を**力学的エネルギー保存則**という．実は，保存力という名前は，これに由来する．

(5.24)は，K の減少（増大）が U の増大（減少）で補われることを表している．そのため，運動をエネルギーの観点でみれば，力学的エネルギー保存則とは，運動エネルギーとポテンシャルエネルギーの相互変換プロセスと考えてよい．

5.4 単振動

x 軸上の質点の位置 x が

$$x = A\cos(\omega t + \phi) \tag{5.25}$$

で表されるとき，質点は**単振動**をする（4.4.2 項を参照）．(5.25)を t で 2 度微分すると $\ddot{x} = -\omega^2 x$ となり，この両辺に質点の質量 m を掛けると，次の運動方程式になる．

$$m\ddot{x} = -m\omega^2 x \tag{5.26}$$

これは，質点が**復元力** $f = -kx$（ただし，$k = m\omega^2$）のもとで運動するときの式で，(4.40)と同じものである．

5.4.1 減衰振動

外部からエネルギーを補給しないと，摩擦や空気抵抗などによって，振り子の振幅が減少する．このような運動を**減衰振動**という．(5.26)に，質量 m の物体が速さ v で運動しているときにはたらく粘性抵抗として $f' = -2m\gamma v$（γ は減衰率に関係した正の定数）を加えてから，この運動方程式の両辺を m で割ると次式になる．

$$\ddot{x} = -\omega^2 x - 2\gamma\dot{x} \tag{5.27}$$

(5.27)の解法はいくつかあるが，x を次のようにおく巧い方法を使おう．

$$x = e^{-\gamma t}y \tag{5.28}$$

これを(5.27)に代入すると，

$$\ddot{y} = -(\omega^2 - \gamma^2)y \tag{5.29}$$

となり，次の 3 種類の運動が考えられることになる．

3 種類の運動

1. 粘性抵抗が小さい $\omega > \gamma$ の場合（**減衰振動**）：　(5.29)を $\ddot{y} = -(\sqrt{\omega^2 - \gamma^2})^2 y$ と変形すれば，この式は(5.26)と同じ形になるから，角振動数 $\sqrt{\omega^2 - \gamma^2}$ の単振動の式を表す．したがって，これの一般解 $y = A\cos(\sqrt{\omega^2 - \gamma^2}\,t + \phi)$ を(5.28)に代入すると
$$x = Ae^{-\gamma t}\cos(\sqrt{\omega^2 - \gamma^2}\,t + \phi) \tag{5.30}$$
となり，この一般解は，振幅が $Ae^{-\gamma t}$ のように減衰していく振動を表す．
2. $\omega = \gamma$ の場合（**臨界減衰**）：　$\omega^2 - \gamma^2 = 0$ なので，(5.29)は $\ddot{y} = 0$ となる．この式を

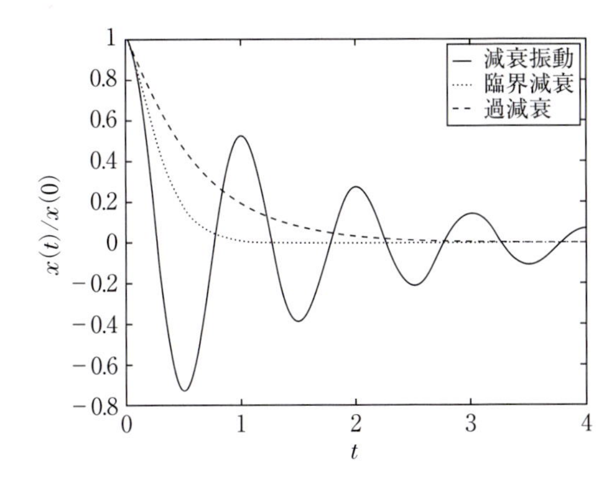

図 5.6 減衰振動の 3 つの解

2 度 t で積分すれば $y = A + Bt$（A, B は積分定数）となるので，(5.28) より一般解は

$$x = (A + B\,t)e^{-\gamma t} \tag{5.31}$$

となる．

3. 粘性抵抗が大きい $\omega < \gamma$ の場合（**過減衰**）： $p = \sqrt{\gamma^2 - \omega^2}$ とおくと (5.29) は $\ddot{y} = p^2 y$ となる．これは y を 2 度微分すると元の y に戻る微分方程式だから，解は指数関数 $y = e^{pt}$ と $y = e^{-pt}$ で表せる．これらの重ね合わせ $y = Ae^{pt} + B^{-pt}$（A, B は任意定数）が $\ddot{y} = p^2 y$ の一般解になるから，(5.28) より

$$x = Ae^{-(\gamma - p)t} + Be^{-(\gamma + p)t} \tag{5.32}$$

となる．この (5.32) は，振動せずに減衰していく運動を表す一般解である．

図 5.6 は，この 3 種類の運動を定性的に示したものである．なお，減衰振動と過減衰の境界を**臨界減衰**という．

5.4.2 強制振動

振り子を常に一定の振幅で振動させるためには，エネルギーを補給し続けなければならない．これは，外部から一定の周期で外力を振り子に加えれば可能である．例えば，ブランコに乗っている子供をうまいタイミングで押せば，子供の運動が維持できるのと同じである．

(5.27) に周期的な外力 $mF_{\mathrm{e}} \cos \omega_{\mathrm{e}} t$（e は external（外部）の略）が（例えば手で）加えられたとき，運動方程式は次のようになる．

$$\ddot{x} + \omega^2 x + 2\gamma\dot{x} = F_{\mathrm{e}} \cos \omega_{\mathrm{e}} t \tag{5.33}$$

このような外部からの周期的な力が加えられた振動を**強制振動**という．

(5.33) の一般解は，右辺を 0 とおいた方程式（これを**同次方程式**という）の一般解に (5.33)（これを**非同次方程式**という）の特解を加えたものになる．同次方程式の一般解は 5.4.1 項で求めたから，ここでは特解だけを求めればよい．

ところで，減衰振動（同次方程式）の一般解はすべて減衰するので，時間が十分に経っても残る非同次方程式の特解は，外力と同じ角振動数 ω_{e} をもった解であると予想される．そこで，振幅を a とし，特解を次のように仮定して (5.33) に代入する．

$$x(t) = a\cos(\omega_e t - \phi_1) = a\cos\omega_e t\cos\phi_1 + a\sin\omega_e t\sin\phi_1 \tag{5.34}$$

ここで，位相を $(\omega_e t - \phi_1)$ とおいた理由は，強制振動を受けた系は瞬時に外力と同期して揺れるわけではなく，一定の時間的遅れがあるからで（$\omega_e t - \phi_1$ の負符号が遅れを意味する），この ϕ_1 を**位相遅れ**という．

特解は(5.33)を満たす関数であれば何でもよい．したがって，振幅 a と位相 ϕ_1 は，$\cos\omega_e t$ および $\sin\omega_e t$ の係数がそれぞれ0となるように決めればよいから次式を得る（演習問題［5B.13］を参照）．

$$a = \frac{F_e}{\sqrt{(\omega^2 - \omega_e^2)^2 + (2\gamma\omega_e)^2}}, \qquad \tan\phi_1 = \frac{2\gamma\omega_e}{\omega^2 - \omega_e^2} \tag{5.35}$$

抵抗 γ が小さいとき，振幅 a は外力の角振動数 ω_e の関数として，$\omega_e \approx \omega$ で鋭いピークをもつ（図5.7）．これが**共振**（あるいは**共鳴**）という現象である．このとき，位相は $\tan\phi_1 \approx \infty$ より $\phi_1 \approx \pi/2$ となる．

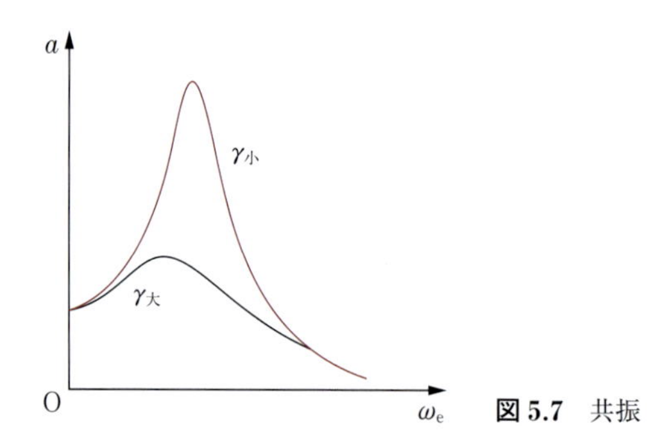

図5.7　共振

共振の例　日常生活の中では，いろいろな共振現象をみかける．例えば，水を入れたコップを手にもって，こぼれないように静かに運ぼうとするとき，歩くテンポがコップの水の固有角振動数と一致すれば，水は大きく揺れてこぼれてしまう．また，風の強い日に細い木枝や電線からヒューヒューと笛のような音がするのは，ぶつかった風が周期的につくる渦の発生する角振動数と木枝や電線の固有角振動数が一致するからである．窓辺において情緒豊かな音色を楽しむエオリアン・ハープという楽器は，この共振現象を利用したものである．なお，建物の耐震設計のためには，建物の固有振動数が地震の振動数に一致しないように設計する必要がある．

演 習 問 題

［A：基礎的な問題］

［5A.1］　仕事　質量 $m = 2\,\mathrm{kg}$ の物体をもって2階から3階まで階段を上り，長さ30 m の廊下を歩いて反対側の階段まで行き，階段を1階まで下りた．手が物体にした仕事 W を求めよ．1階から2階までの高さは3 m，1階から3階までの高さは6 m とする．　　［☞ 5.1節］

［5A.2］　仕事と仕事率　質量 $m = 2\,\mathrm{kg}$ の物体を一定の速度 $v = 3\,\mathrm{m/s}$ で $h = 1\,\mathrm{m}$ だけ手でもち上げたとする．このとき，次の値を求めよ．

(1)　手のした仕事 W_1　(2)　重力のした仕事 W_2　(3)　合力のした仕事 W_3

(4)　手の仕事率 P　[☞ 5.1 節]

[5A.3]　張力のする仕事　ひもの一端におもりを付け，他端を手でもって，おもりを水平面内で円運動をさせる．おもりが 1 周する間にひもの張力 T のする仕事 W を求めよ．　[☞ 5.1 節]

[5A.4]　自転車　自転車に乗って，高さ $h = 1\,\mathrm{m}$ の斜面の手前までやってきたとき，自転車の速さは $v = 4\,\mathrm{m/s}$ だった．ここでペダルをこぐのをやめても斜面を越えられるか．[☞ 5.2 節と 5.3 節]

[5A.5]　ピサの斜塔　ピサの斜塔のバルコニーから質量 $m_1 = 2\,\mathrm{kg}$ と $m_2 = 5\,\mathrm{kg}$ の鉄球を落とした．地面に落下直前の 2 つの鉄球の運動エネルギーの比 K_2/K_1 を求めよ．　[☞ 5.3 節]

[5A.6]　仕事　水平な直線上を速さ $v = 40\,\mathrm{m/s}$ で運動している質量 $m = 20\,\mathrm{kg}$ の質点に一定の力を加えて，$t = 5\,\mathrm{s}$ 間で停止させた．この力の大きさ F と力のした仕事 W を求めよ．

[☞ 5.1 節と 5.2 節]

[5A.7]　ボールの速さ　建物の屋上から，2 個の同じボールを同じ速さで別の方向に投げた．ボールが地面に到達したときの速さは違うか．ただし，空気の抵抗は無視する．　[☞ 5.3 節]

[5A.8]　弓の射手　弓の射手が一定の大きさの力 $F = 200\,\mathrm{N}$ で弓の弦を後方に $x = 0.2\,\mathrm{m}$ だけ引いたとき，次の値を求めよ．

(1)　弓と等価なバネのバネ定数 k　(2)　弓を引くのに要した仕事 W　[☞ 例 5.2 と 5.2 節]

[5A.9]　第 1 宇宙速度　地球上で水平方向に初速度を与えるとき，物体が地表から離れるための最小の速度 v（この速度を**第 1 宇宙速度**という）と周期 T を求めよ．ただし，地上での重力加速度の大きさを $g = 9.8\,\mathrm{m/s^2}$，地球（質量 M）の半径を $R = 6400\,\mathrm{km}$ とする．　[☞ 5.3 節]

[5A.10]　摩擦力のする仕事　速さ v で走っていた質量 m の自動車のブレーキをかけたら停止した．このとき，摩擦力がした仕事 W を求めよ．　[☞ 5.2.1 項]

[5A.11]　ひもの張力　図 5.8 のような単振り子（ひもの長さ L，おもりの質量 m）がある．

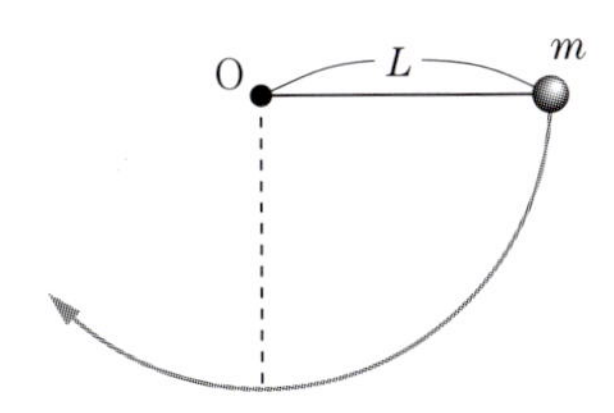

図 5.8　ひもの張力

(1)　振り子のひもを水平にして，初速度 0 で放した．ひもが鉛直になったときのひもの張力 S を求めよ．

(2)　その後，おもりが最高点に到達したときのひもの張力を求めよ．　[☞ 5.3 節]

[5A.12]　はねる魚　小さな魚がお濠の水面から $h = 40\,\mathrm{cm}$ だけはね上がった．水面からはねた瞬間の速さ v を求めよ．　[☞ 5.2 節と 5.3.2 項]

[B：標準的な問題]

[5B.1]　力学的エネルギーの保存　滑らかな斜面の下から質量 m のドライアイスの小片を初速度の大きさ v_0 で滑り上げさせたら，高さ h の点まで上昇した．初速度の大きさ $2v_0$ で滑り上げさせたときに到達する高さ H を求めよ．　[☞ 5.3.2 項]

[5B.2]　仕事率　質量 $m = 5\,\mathrm{kg}$ の荷物を鉛直に一定の速さ v でもち上げたら，仕事率は $P = 1\,\mathrm{kW}$ だった．このときの v を求めよ．　[☞ 5.1.2 項]

[5B.3]　仕事　ある人が地面に置いてある質量 $m = 20\,\mathrm{kg}$ の荷物を鉛直に $h = 1\,\mathrm{m}$ だけもち上げ

たとき，次の値を求めよ．

(1)　この人がした仕事 W

(2)　この状態で真横に $d = 2\,\mathrm{m}$ 歩いたとき，この人がした仕事 W　[☞ 5.1 節]

[5B.4]　摩擦力と走行距離　車（$m = 800\,\mathrm{kg}$）を速さ v で水平な道路上を運転しているとき，等加速度の急ブレーキをかけて停止させた．車の速さを $v = 60\,\mathrm{km/h} = 17\,\mathrm{m/s}$ として，停止するまでの走行距離 d を求めたい．車が初めにもっていた運動エネルギーは摩擦力 F による仕事と同じ量である事実を使って，d を計算せよ．ただし，動摩擦係数は $\mu = 1.0$ とする．　[☞ 5.2.1 項と 5.3.2 項]

[5B.5]　仕事　短距離の走者が速さ $v = 8\,\mathrm{m/s}$ で走っている．地面を蹴って走るので，走者には地面から前向きの摩擦力がはたらく．この摩擦力が走者（質量 $m = 60\,\mathrm{kg}$）にした仕事 W を求めよ．ただし，空気抵抗は無視する．　[☞ 5.2.1 項]

[5B.6]　斜面を登る距離　質量 $m = 60\,\mathrm{kg}$ の物体を初速度の大きさ $v = 10\,\mathrm{m/s}$ で斜面上方に向かって滑らせる．この物体が停止するまでに移動する距離 d を求めよ．ただし，斜面の傾斜角度 $\theta = 30°$，動摩擦係数 $\mu = 0.30$，$\sqrt{3} = 1.7$ とする．　[☞ 5.2.1 項]

[5B.7]　滑車にかかっているケーブルの速さ　曲がりやすいケーブル（重さ $M\,\mathrm{kg}$，長さ $L\,\mathrm{m}$）が，滑車にかかっている．初め，ケーブルはつり合っていたが，このつり合いを破るために滑車を軽く押すと，ケーブルは加速し始めた．滑車の質量，半径，ケーブルと滑車との摩擦はすべて無視できるものとして，ケーブルの端が滑車をはずれるときのケーブルの速さ v を求めよ．　[☞ 5.3.2 項]

[5B.8]　エレベーターの仕事率　A 社製のエレベーター（質量 $M = 1000\,\mathrm{kg}$）は最大質量 600 kg の荷物を運ぶことができる．ただし，エレベーターには運動を妨げる向きに一定の大きさの摩擦力 $f = 3000\,\mathrm{N}$ がはたらく．このとき，次の値を求めよ．

(1)　エレベーターを一定の速さ $v = 4\,\mathrm{m/s}$ で上昇させるために，モーターで供給しなければならない最小の仕事率 P_1

(2)　エレベーターの上向きの加速度の大きさを $a = 1.0\,\mathrm{m/s^2}$ に設計するために必要なモーターの仕事率 P_2　[☞ 5.1.2 項]

[5B.9]　小型車のガソリン消費量　効率 $e = 20\,\%$ のガソリン利用率をもっている（すなわち，利用可能な燃料エネルギーの 20 %が車輪に与えられる）小型車（質量 $m = 900\,\mathrm{kg}$）が，静止状態から $v = 16.7\,\mathrm{m/s}$ まで加速するのに使うガソリンの量 V を求めよ．ただし，1 L（リットル）のガソリンのエネルギーは $3.4 \times 10^7\,\mathrm{J}$ に等価である．　[☞ 5.2.1 項と 5.3.2 項]

[5B.10]　バネのする仕事　滑らかな水平面上に置かれたブロックが，バネ定数 $k = 60\,\mathrm{N/m}$ のバネにつながれている．バネは平衡位置 $x_\mathrm{f} = 0.0\,\mathrm{cm}$ から距離 2.0 cm だけ圧縮されて $x_\mathrm{i} = -2.0\,\mathrm{cm}$ の位置にいるとき，ブロックがそこから平衡位置まで運動するときにバネがする仕事 W を求めよ．

[☞ 5.3.2 項と例 5.2]

[5B.11]　エネルギー積分の方法　単振り子の式(4.39)の両辺に速さ $v = l\dot{\theta}$ を掛けて積分すれば，

$$\frac{1}{2}ml^2\dot{\theta}^2 + mgl(1 - \cos\theta) = E \tag{5.36}$$

が得られることを示せ．ただし，振り子が最下点を通るとき（$\theta = 0$），ポテンシャルエネルギー $U(\theta)$ は 0 になる（$U(0) = 0$）とする．このような計算法を**エネルギー積分の方法**という．

[☞ 5.3.2 項と 4.4 節]

[5B.12]　単振り子　単振動の運動エネルギー K が，位置エネルギー U に厳密に等しいとする．$K = U$ のとき，平衡点からの最大変位 x は最大振幅を A とすると $x = A/\sqrt{2}$ であることを示せ．

[☞ 5.3.2 項と 5.4 節]

[5B.13]　強制振動　(5.35)の「強制振動の振幅と位相遅れ」を導け.　[☞ 5.4.2 項]

[5B.14]　終端速度のする仕事　雨粒が v_t という終端速度(4.24)で等速落下運動している. この雨粒が高さ $h = y_\mathrm{A} - y_\mathrm{B}$ (> 0) だけ落下したときの力学的エネルギーの変化量 $\varDelta E$ を求めよ.

[☞ 5.3 節と 4.3.1 項]

[5B.15]　どこで離れる？　図 5.9 のように, 滑らかな球面（半径 R）の頂上 Q から静かに滑り出した質点が点 P で球面から離れたとき（QP 間の鉛直距離は y）の角度 θ を求めよ.　[☞ 5.3 節]

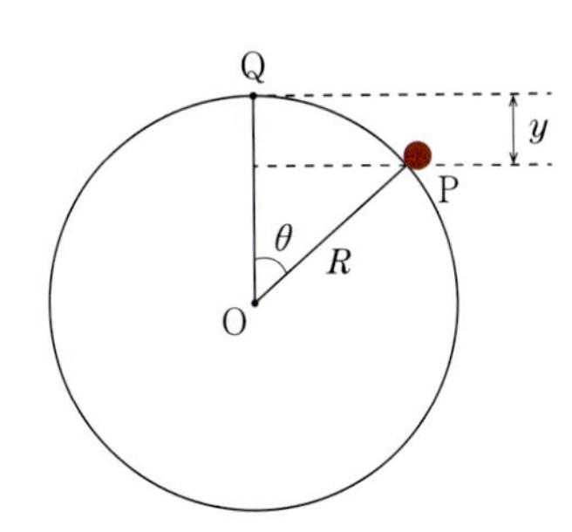

図 5.9　どこで離れる？

第 6 章

中心力場での運動 ― 角運動量の保存 ―

ここまでは直線や曲線軌道上の運動を考えてきたが，本章では，回転をともなう物体の運動を扱う．おもちゃのヨーヨーから天空を飛ぶ宇宙ステーション，太陽系の動きまで，回転運動はさまざまな現象に現れる．そこで，回転運動を記述するために必要な諸概念と物理法則について解説する．

6.1 運動量で運動方程式を表す

普段の会話でも，運動量という言葉を口にすることがよくある．例えば，スポーツジムなどでトレーニングを終えた後，「今日は十分な運動量だった」というように．しかし，物理で用いる**運動量**（記号 $\boldsymbol{p}$ を使う）は，物体の質量 m と速度 $\boldsymbol{v}$ の積を使って次式で定義される．

$$\boldsymbol{p} = m\boldsymbol{v} \tag{6.1}$$

運動量は，運動の勢いや衝突のときの衝撃の強さを表す量である．例えば，ボールを手で受けたときの衝撃は，ボールの速さ v やボールの質量 m が大きいほど大きい．また，ボールの飛んでくる向きによっても衝撃の強さは異なる．

ところで，ニュートンの運動方程式(3.13)は運動量 $\boldsymbol{p}$ を使えば，$m(d\boldsymbol{v}/dt) = d(m\boldsymbol{v})/dt = d\boldsymbol{p}/dt$ より，次式で表せる．

$$\frac{d\boldsymbol{p}}{dt} = \boldsymbol{F} \tag{6.2}$$

(6.2)は，運動量の時間変化率が物体にはたらく外力に等しくなることを表しており，この表現は利用価値の高い重要なものである（例題 7.1，例題 8.3 を参照）．

6.2 回転運動の表現

物体に回転を与えるものは何か？と問われれば，「力のモーメント」と答えるのが正しい．「力のモーメント」自体はわかりやすい概念だが，これを活用するにはベクトル積（1.4.2 項を参照）の理解が不可欠である．

6.2.1 力のモーメント

図 6.1 のように，鉛直方向の回転軸 O の周りに水平な板が自由に回転できるとき，軸から距離 r の作用点 P を力 $\boldsymbol{F}$ で押したとする．ただし，作用点とは，物体上で力が作用する点のことである．この力が板を回転させる能力は，次式で定義される**力のモーメント**（あるいは**トルク**ともいう）で与えられる．

$$N = sF = rF\sin\theta \tag{6.3}$$

s は腕の長さ（回転軸 O から力の作用線までの距離），θ は力 $\boldsymbol{F}$ と（力の作用点 P の）位置ベクトル $\boldsymbol{r}$ のなす角である．

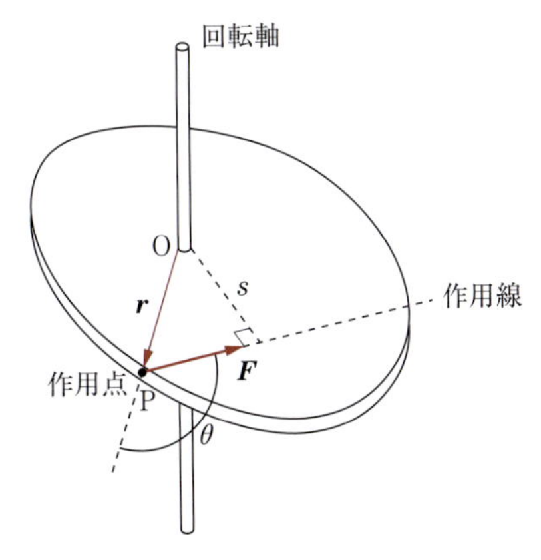

図 6.1 力のモーメント

(6.3)は，**ベクトル積**を使うと次のように表せる（1.4.2 項を参照）．

$$\boldsymbol{N} = \boldsymbol{r} \times \boldsymbol{F} = (rF\sin\theta)\hat{\boldsymbol{n}} = N\hat{\boldsymbol{n}} \tag{6.4}$$

3 次元直交座標系での $\boldsymbol{r} = (x, y, z)$ と $\boldsymbol{F} = (F_x, F_y, F_z)$ を(6.4)に代入すれば，$\boldsymbol{N}$ の 3 成分 (N_x, N_y, N_z) は次式で与えられる（(1.22)を参照）．

$$N_x = yF_z - zF_y, \qquad N_y = zF_x - xF_z, \qquad N_z = xF_y - yF_x \tag{6.5}$$

力のモーメントの単位　J（ジュール）または N·m（ニュートン・メートル）

定義(6.3)より「距離」と「力」の積であるから，仕事と同じエネルギーの単位であるが，両者は全く異なる概念であることに注意しよう．

[例題 6.1　トルク]

位置 $\boldsymbol{r} = 8\boldsymbol{i} + 6\boldsymbol{j}$ m の点に，力 $\boldsymbol{F} = 30\boldsymbol{i} + 40\boldsymbol{j}$ N がはたらいている．このとき，次の値を求めよ．

(1)　原点の周りのトルク $\boldsymbol{\tau}$　　(2)　力の腕の大きさ（長さ）l　　(3)　$\boldsymbol{r}$ に垂直な力の成分 $F_\perp$

[解]　(1)　$\boldsymbol{\tau} = \boldsymbol{r} \times \boldsymbol{F} = (8\boldsymbol{i} + 6\boldsymbol{j}) \times (30\boldsymbol{i} + 40\boldsymbol{j}) = 8\cdot 40\boldsymbol{i} \times \boldsymbol{j} + 6\cdot 30\boldsymbol{j} \times \boldsymbol{j} = (8\cdot 40 - 6\cdot 30)\boldsymbol{k}$ $= 140\boldsymbol{k}$（$\boldsymbol{k}$ は $\boldsymbol{i}$ と $\boldsymbol{j}$ に垂直な単位ベクトル）

(2)　$F = |\boldsymbol{F}| = \sqrt{30^2 + 40^2} = 50$ より

$$l = \frac{\tau}{F} = \frac{140}{50} = 2.8\,\text{m}$$

(3)　$r = |\boldsymbol{r}| = \sqrt{8^2 + 6^2} = 10$ と $\tau = rF\sin\theta$ より

$$F_\perp \equiv F\sin\theta = \frac{\tau}{r} = \frac{140}{10} = 14\,\text{N}$$

■

回転の向きと正負

力 $\boldsymbol{F}$ が物体を回転させようとする向きの違いを，力のモーメントに正負の符号を付けて区別する．図 6.2 のように，回転させる向きが反時計回りの場合には正符号を付ける（$N_1 = +F_1 l$）と約束し，時計回りの場合は負符号を付ける（$N_2 = -F_2 l$）．したがって，この物体にはたらく力のモーメント N は $N_1 + N_2 = +F_1 l - F_2 l = F_1 l - F_2 l$ となる．

例えば，図 6.3 のように，xy 平面上の作用点 (x, y) に力 $\boldsymbol{F} = (F_x, F_y)$ が作用する場合，（紙面に垂直な）z 軸周りの力のモーメント N_z に寄与するのは，分力 F_x による $-yF_x$ と分力 F_y

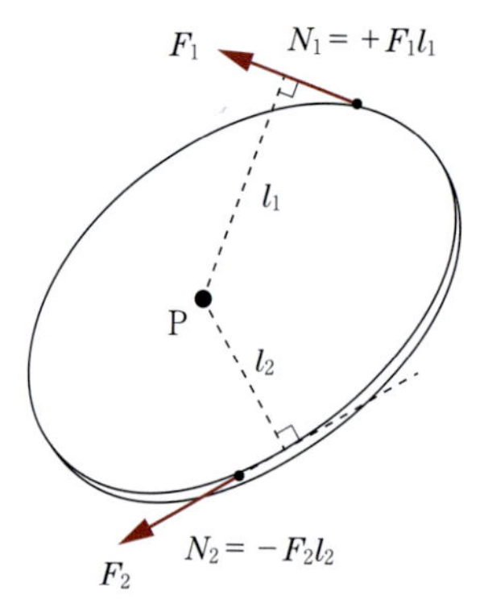

図 6.2　回転の向きと正負

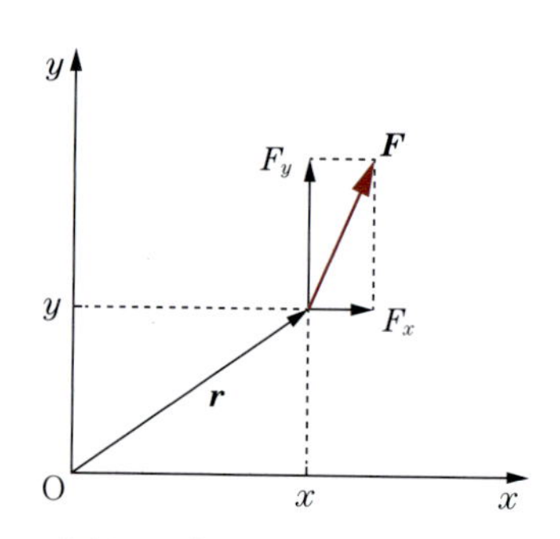

図 6.3　力のモーメントの成分

による $+xF_y$ である．したがって，N_z は(6.5)の次式で表される．

$$N_z = xF_y - yF_x \tag{6.6}$$

6.2.2　回転の運動方程式

力のモーメント $\boldsymbol{N}$ がはたらくときに，物体の回転運動を表す式はどのようになるのだろうか．出発点になるのは，当然，ニュートンの運動方程式(6.2)の $d\boldsymbol{p}/dt = \boldsymbol{F}$ だから，$\boldsymbol{N} = \boldsymbol{r} \times \boldsymbol{F}$ と結び付けるために，(6.2)の両辺に $\boldsymbol{r}$ を掛けて次のような式をつくってみよう．

$$\boldsymbol{r} \times \frac{d\boldsymbol{p}}{dt} = \boldsymbol{r} \times \boldsymbol{F} \tag{6.7}$$

そして，(6.7)の左辺を変形するために，次の等式

$$\frac{d(\boldsymbol{r} \times \boldsymbol{p})}{dt} = \frac{d\boldsymbol{r}}{dt} \times \boldsymbol{p} + \boldsymbol{r} \times \frac{d\boldsymbol{p}}{dt} \tag{6.8}$$

を考えると，(6.8)の右辺の1項目は，$\dot{\boldsymbol{r}} \times \boldsymbol{p} = \boldsymbol{v} \times (m\boldsymbol{v}) = m(\boldsymbol{v} \times \boldsymbol{v}) = \boldsymbol{0}$ となって消える．ここで，次式のように位置ベクトル $\boldsymbol{r}$ と運動量 $\boldsymbol{p}$ のベクトル積で定義される**角運動量**

$$\boldsymbol{l} = \boldsymbol{r} \times \boldsymbol{p} \tag{6.9}$$

を導入しよう．この物理量は，ある点の周りでの**運動量 $\boldsymbol{p}$ のモーメント**を表すもので，例えば，中心力（6.3節を参照）を受ける物体の運動を扱うときに重要な役割をする．

いま，この(6.9)と運動方程式 $d\boldsymbol{p}/dt = \boldsymbol{F}$ を使えば，(6.7)は次のように表される．

$$\frac{d\boldsymbol{l}}{dt} = \boldsymbol{N} \tag{6.10}$$

これが**回転運動を表す運動方程式**である．

力のモーメント $\boldsymbol{N}$ は，回転運動のもとになるねじる力を与えるから，(6.10)は「ある定点を中心にして力のモーメント $\boldsymbol{N}$ によって回転する物体は，加えられた $\boldsymbol{N}$ に応じて角運動量 $\boldsymbol{l}$ が変化する」ことを表している．回転は大きさをもった物体の運動を扱うときに現れるので，(6.10)は質点系や剛体の問題を考えるときにも運動方程式として活躍する．

ちなみに，(6.10)は「角運動量の時間変化は力のモーメント」を方程式で表したものだが，「角運動量」を「運動量」に，「力のモーメント」を「力」に換えると，ニュートンの運動方程

式そのものになる．2つの運動方程式の類似性は印象的である．

例えば，xy 平面上を運動している質点（質量 m）が原点Oを通る z 軸の周りでもつ角運動量の大きさ l_z は，図6.3の $\boldsymbol{F}$ を $\boldsymbol{p}$，F_x, F_y を p_x, p_y と書き換えればわかるように

$$l_z = xp_y - yp_x = m(xv_y - yv_x) \tag{6.11}$$

である．この式は(6.6)に対応する．

[例題 6.2　単振り子の運動方程式]

単振り子の運動方程式(4.39)を，角運動量と力のモーメントの関係式 $dL/dt = N$ から導け．

[解]　角運動量 $L = mlv = ml\{l(d\theta/dt)\}$ と力のモーメント $N = -mgl\sin\theta$ を $dL/dt = N$ に代入すれば，単振り子の運動方程式

$$ml\frac{d^2\theta}{dt^2} = -mg\sin\theta$$

が求まる．■

偶力 ― 回すカ ―

互いに逆向きで大きさが等しい平行な力のペアのことを**偶力**（ぐうりょく）という（図6.4）．点Oの周りの「偶力のモーメント」N は，反時計回りの $N_1 = +Fl_1$ と時計回りの $N_2 = -Fl_2$ を加えた次式で与えられる．

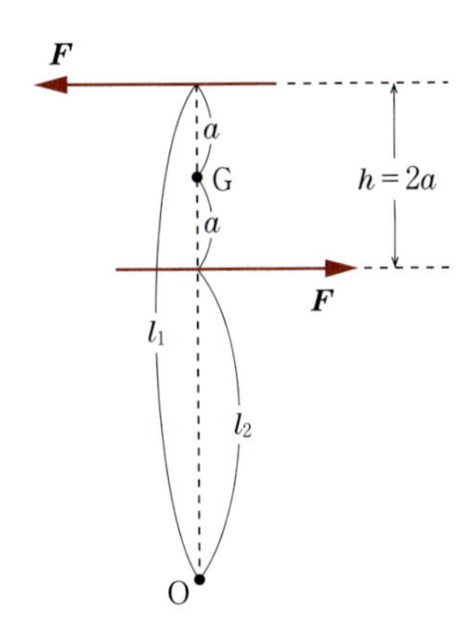

図 6.4　偶力

$$N = N_1 + N_2 = +Fl_1 - Fl_2 = (l_1 - l_2)F = hF = 2aF \tag{6.12}$$

(6.12)の $N = 2aF$ から，偶力のモーメントは基準点のとり方によらず，2つの力の作用線間の中点Gの周りでの回転を与えることがわかる．

1 2 **6.3** 4

中心力と角運動量

物体が運動しているとき，もし角運動量が一定であれば，運動は平面内に制限される．この，角運動量を一定にする力が中心力である．

6.3.1　角運動量を一定にする力

いま，z 軸の周りで運動している xy 平面上の質点（質量 m）を考え，その角運動量 l_z (6.11) が定数であるとしよう．定数 l_z を時間 t で微分すれば 0 ($\dot{l}_z = 0$) になるから，(6.11) より次式を得る．

$$\dot{l}_z = \frac{d(xp_y - yp_x)}{dt} = (\dot{x}p_y + x\dot{p}_y) - (\dot{y}p_x + y\dot{p}_x) = x\dot{p}_y - y\dot{p}_x = 0 \qquad (6.13)$$

つまり，l_z が一定であるためには，力が $xF_y - yF_x = 0$ の条件 ($F_x/x = F_y/y$) を満たさなければならない．

この条件は，F_x, F_y がともに x, y に依存せず，原点からの距離 r だけの関数 $f(r)$ であり，

$$\frac{F_x}{x} = \frac{F_y}{y} = f(r) \qquad (6.14)$$

が成り立つことを意味する．そして，この式を $\boldsymbol{r} = x\boldsymbol{i} + y\boldsymbol{j}$ と $\boldsymbol{F} = F_x\boldsymbol{i} + F_y\boldsymbol{j}$ で書き換えると，次式が得られる．

$$\boldsymbol{F} = f(r)\boldsymbol{r} \qquad (6.15)$$

(6.15)から，質点にはたらく力は原点 O からの位置ベクトルと関数 $f(r)$ だけで表されることがわかる．これが**中心力**であり，質点にはたらく力の作用線が常に定点 O（**力の中心**という）を通り，力の大きさが質点と定点 O との距離だけで決まる力である．$f(r)$ の符号が負なら**引力**，正なら**斥力**になる．例えば，太陽が惑星を引き付ける万有引力や，水素原子内の陽子（正電荷）が電子（負電荷）を引き付ける電気力は中心力である．

6.3.2　角運動量の保存則

力が中心力であれば角運動量 $\boldsymbol{l}$ が一定になることを，$\boldsymbol{l}$ の z 成分 l_z を使って(6.13)で示した．実は，(6.15)を用いればもっと簡潔に次のような計算で証明できる．

回転運動の式(6.10)に(6.15)を代入すると

$$\frac{d\boldsymbol{l}}{dt} = \boldsymbol{r} \times (f\boldsymbol{r}) = (\boldsymbol{r} \times \boldsymbol{r})f = \boldsymbol{0} \times f = \boldsymbol{0} \qquad (6.16)$$

となるので，$\boldsymbol{l}$ は一定である．一般に，物理量が時間によらず常に一定となることを**保存する**

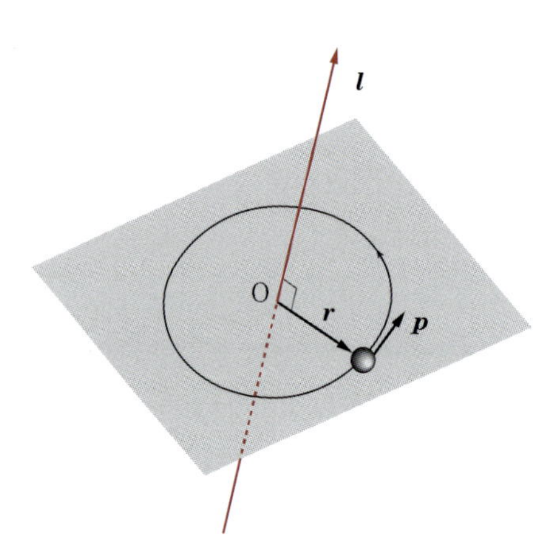

図 6.5　角運動量 $\boldsymbol{l}$ に垂直な平面内にある軌道

というので，「$\boldsymbol{l}$ = 一定」のことを**角運動量保存則**という．

平面内に制限された運動

角運動量 $\boldsymbol{l}$ が一定のとき，図 6.5 のように，$\boldsymbol{r}$ と $\boldsymbol{p}$ は常に $\boldsymbol{l}$ に垂直な平面内にある（演習問題［6A.8］を参照）．したがって，中心力を受ける質点の運動は，極座標系で表した運動方程式が必要になる．これを次節で導こう．

6.4 極座標系での運動方程式 ー中心力の解法ー

6.4.1 $r\theta$ 系での運動方程式

運動方程式 $m\ddot{\boldsymbol{r}} = \boldsymbol{F}$ はベクトルで書かれた式（ベクトル方程式）だから，どのような座標系を選んでも式の形は変わらない．しかし運動方程式を成分で表すと，用いる座標系ごとに式の形が変わる．

2 次元極座標系(2.1)の場合，運動方程式の r, θ 成分（$\boldsymbol{F} = (F_r, F_\theta)$）は

$$m(\ddot{r} - r\dot{\theta}^2) = F_r \qquad (r\text{ 方向}) \tag{6.17}$$

$$m(r\ddot{\theta} + 2\dot{r}\dot{\theta}) = F_\theta \qquad (\theta\text{ 方向}) \tag{6.18}$$

となる．あるいは，(6.18)を次式のようにも表せる．

$$\frac{m}{r}\frac{d}{dt}(r^2\dot{\theta}) = F_\theta \qquad (\theta\text{ 方向}) \tag{6.19}$$

式の導出

質点 P の位置ベクトル $\boldsymbol{r}$ と力 $\boldsymbol{F}$ は次式で表される（図 6.6）．

$$\boldsymbol{r} = r\boldsymbol{e}_r, \qquad \boldsymbol{F} = F_r\boldsymbol{e}_r + F_\theta\boldsymbol{e}_\theta \tag{6.20}$$

このとき，質点 P の速度 $\boldsymbol{v} = \dot{\boldsymbol{r}}$ は（$\dot{\boldsymbol{e}}_r = \dot{\theta}\boldsymbol{e}_\theta$ も使うと）

$$\boldsymbol{v} = \frac{d\boldsymbol{r}}{dt} = \frac{d(r\boldsymbol{e}_r)}{dt} = \dot{r}\boldsymbol{e}_r + r\dot{\boldsymbol{e}}_r = \dot{r}\boldsymbol{e}_r + r(\dot{\theta}\boldsymbol{e}_\theta) \tag{6.21}$$

となるから，質点 P の加速度 $\ddot{\boldsymbol{r}} = \dot{\boldsymbol{v}}$ は次式で与えられる．

$$\ddot{\boldsymbol{r}} = \dot{\boldsymbol{v}} = \frac{d(\dot{r}\boldsymbol{e}_r + r\dot{\theta}\boldsymbol{e}_\theta)}{dt} = (\ddot{r}\boldsymbol{e}_r + \dot{r}\dot{\boldsymbol{e}}_r) + (\dot{r}\dot{\theta}\boldsymbol{e}_\theta + r\ddot{\theta}\boldsymbol{e}_\theta + r\dot{\theta}\dot{\boldsymbol{e}}_\theta) \tag{6.22}$$

この右辺を $\dot{\boldsymbol{e}}_r = \dot{\theta}\boldsymbol{e}_\theta$ と $\dot{\boldsymbol{e}}_\theta = -\dot{\theta}\boldsymbol{e}_r$ で書き換えると，(6.22)は

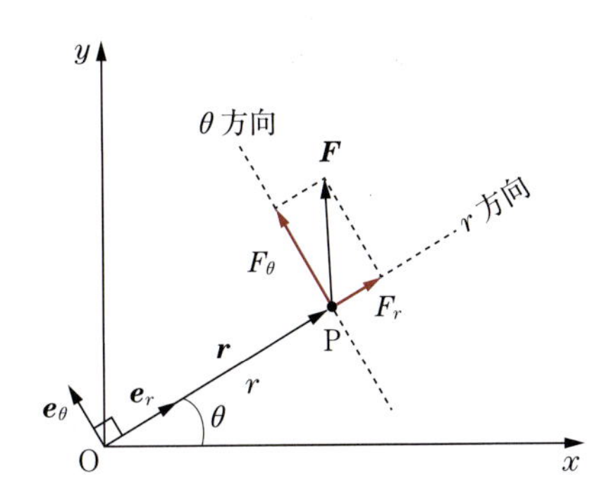

図 6.6 $r\theta$ 系での力の成分

$$\ddot{\boldsymbol{r}} = (\ddot{r} - r\dot{\theta}^2)\boldsymbol{e}_r + (r\ddot{\theta} + 2\dot{r}\dot{\theta})\boldsymbol{e}_\theta \tag{6.23}$$

となるので，ニュートンの運動方程式 $m\ddot{\boldsymbol{r}} = \boldsymbol{F}$ は

$$m(\ddot{r} - r\dot{\theta}^2)\boldsymbol{e}_r + m(r\ddot{\theta} + 2\dot{r}\dot{\theta})\boldsymbol{e}_\theta = F_r\boldsymbol{e}_r + F_\theta\boldsymbol{e}_\theta \tag{6.24}$$

となり，両辺の $\boldsymbol{e}_r$ と $\boldsymbol{e}_\theta$ の係数を比較すれば，(6.17)と(6.18)を得る．

面積の定理

$\boldsymbol{F}$ を中心力とすると，力の θ 成分は 0 ($F_\theta = 0$) である．そのため，(6.19)から「$r^2\dot{\theta}$ = 一定」という結論を得る．しかし，角運動量の大きさは $l = mr^2\dot{\theta}$（演習問題 [6A.11]を参照）だから，この結論は「l/m = 一定」を意味する．

中心力は角運動量 l を保存するから，この結論自体は特に新しいことを含んでいない．ここで大切なのは，中心力場では

$$\frac{dS}{dt} = \frac{1}{2}r^2\dot{\theta} = \frac{1}{2}\frac{l}{m} \tag{6.25}$$

で定義される**面積速度** dS/dt が一定になることである．これを**面積の定理**という．

図 6.7 のように，この面積速度 dS/dt は動径 OP が dt 時間進む間に動径によって覆われる領域 OPQ の面積 dS を dt で割ったもので，動径 OP が単位時間に掃過（そうか）する面積のことである．これがケプラーの第 2 法則と等価であることはよく知られている（6.4.2 項を参照）．

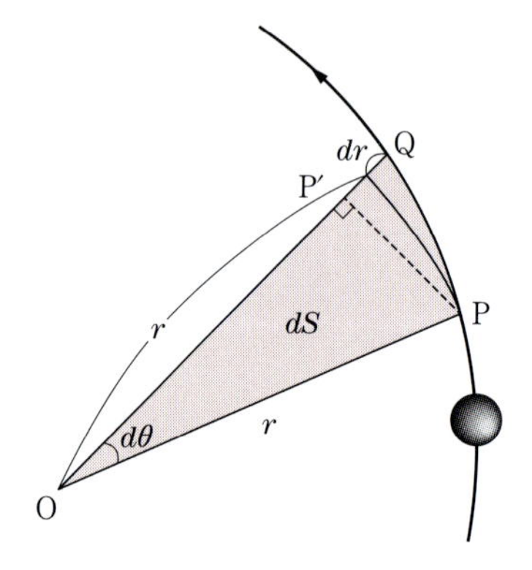

図 6.7　面積速度

[例題 6.3　中心力と角運動量保存則]

中心 O に穴が開けてある水平でなめらかな円形の台の上で，質量 m の物体にひもを付け，ひもの他端を穴に通して手でもっておく．そして，この物体を中心 O の周りで半径 r_0，速さ v_0 の等速円運動をさせる．物体と台，ひもと台や穴との間に摩擦はないものとする．

(1)　穴の下に出ているひもの端を引っ張って，円運動の半径を r_1 に縮めたときの物体の速さ v_1 を求めよ．

(2)　このとき，物体の運動エネルギー E の変化量 ΔE を求めよ．

(3)　ΔE とひもの張力 S の仕事との関係を述べよ．

(4)　このときの円運動の角速度 ω を求めよ．

[解]　(1)　ひもの張力 S は中心 O の方向だから，中心力である．このため，物体の穴の周りの角運動量 l は一定になるから，$l = mr_0v_0 = mr_1v_1$ より $v_1 = r_0v_0/r_1$ を得る．

(2)　このときの運動エネルギーの増加 ΔE は

$$\Delta E = \frac{1}{2}mv_1^2 - \frac{1}{2}mv_0^2 = \frac{l^2}{2mr_1^2} - \frac{l^2}{2mr_0^2} \tag{6.26}$$

で，$v_1 > v_0$ より $\Delta E > 0$ である．

(3)　ひもの張力 S は $S = mv^2/r = l^2/mr^3$ であるから，仕事 W は微小仕事 $dW = \boldsymbol{S}\cdot d\boldsymbol{r} = S\,dr\cos\pi = -S\,dr$ を次のように積分すればよい．

$$W = -\int_{r_0}^{r_1}\frac{l^2}{mr^3}dr = \frac{l^2}{2mr_1^2} - \frac{l^2}{2mr_0^2} \tag{6.27}$$

ここで $W = \Delta E$ だから，運動エネルギーの増加の源は張力 S のする仕事である．

(4) 面積速度が一定になるから，$\omega = (r_0^2/r^2)\omega_0$ となる． ■

6.4.2 ケプラーの法則

デンマークの天文学者ティコ・ブラーエ（1546 - 1601）は，望遠鏡のなかった時代に驚異的な精度で天体の観測を行った．ドイツの数学者・天文学者ケプラー（1571 - 1630）は，ティコ・ブラーエによる太陽や火星などの惑星に関する詳細な観測データを整理し，惑星の運動に関する次のような経験的 3 法則を発見した．なお，この法則は太陽の周りを回る惑星に適用されるが，地球や他の大きな質量をもつ物体の周りを回る衛星や人工衛星に対しても成り立つ．

ケプラーの法則

第 1 法則（軌道の法則）

惑星の軌道は，太陽を焦点の 1 つとする楕円である．

第 2 法則（面積速度一定の法則）

太陽と惑星を結ぶ線（動径）は，惑星の軌道の平面内で同じ時間に同じだけの面積を掃過する（図 6.8）．

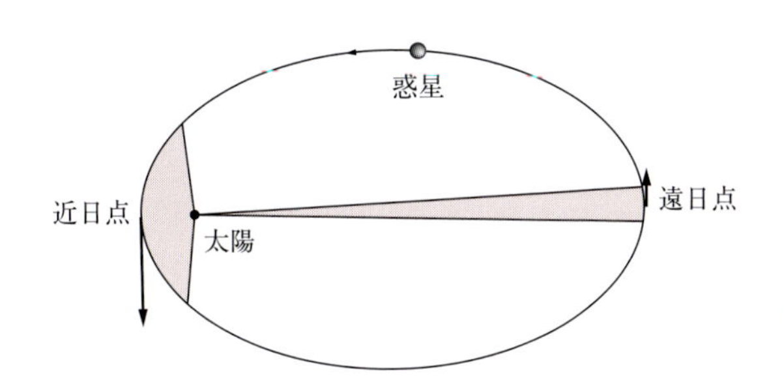

図 6.8 太陽と惑星を結ぶ動径による面積速度

第 3 法則（周期の法則）

太陽の周りを回る惑星の周期の 2 乗は，楕円軌道の長軸半径の 3 乗に比例する．

ケプラーの法則が発見されてから約 100 年後に，ニュートンは自分が発見した運動の法則と万有引力の法則に基づいて，ケプラーの法則がすべて説明できることを示した．太陽と惑星の間にはたらく万有引力は，太陽を力の中心とする中心力なので，角運動量保存則（つまり，面積速度一定の法則）が成り立つ．これがケプラーの第 2 法則である．ちなみに，この第 2 法則から，惑星の速度は太陽から遠い遠日点（えんじつてん）の付近では遅く，太陽に近い近日点（きんじつてん）の付近では速くなることが理解できる．

第 3 法則を確かめるために，半径 r の円軌道を考えよう（円の半径は楕円の長軸半径に相当）．惑星（質量 m）には**万有引力** $F = GmM/r^2$ がはたらくので，運動方程式は

$$mr\omega^2 = G\frac{mM}{r^2} \qquad (M \text{ は太陽の質量，} G \text{ は万有引力定数}) \tag{6.28}$$

となり，周期 T を使って，惑星の角速度 ω を $\omega = 2\pi/T$ と表すと

$$\frac{r^3}{T^2} = \frac{GM}{4\pi^2} \tag{6.29}$$

が導かれる．右辺は太陽系のすべての惑星について共通なので，周期 T の2乗と軌道半径 r の3乗とが比例することが証明できた．

なお，本来は楕円軌道の場合に第3法則を証明しなければならないが，円は楕円の2つの焦点が一致した場合であることに留意すれば，円軌道による証明でも本質的な部分は変わらないことに注意してほしい．

[例題 6.4　ケプラーの第3法則]

次元解析を使って，(6.29)が妥当な形であることを示せ．

[解]　左辺 r^3/T^2 の次元は $[\mathrm{L}^3]/[\mathrm{T}^2]$ である．一方，右辺の GM の次元は自明ではないから，ニュートンの運動方程式(6.28)に戻って考えよう．

(6.28)の右辺は力 F に相当する式であるから，GM の次元は

$$GM = \frac{r^2}{m}F \quad \to \quad [GM] = \frac{[r^2]}{[m]}[F] = \frac{[\mathrm{L}^2]}{[\mathrm{M}]}\left[\frac{\mathrm{ML}}{\mathrm{T}^2}\right] = \frac{[\mathrm{L}^3]}{[\mathrm{T}^2]} \tag{6.30}$$

となる．両辺の次元は一致するから，(6.29)は矛盾を含まない式であることがわかる．■

演　習　問　題

[A：基礎的な問題]

[6A.1]　力のモーメント　図6.9の物体にはたらく力 $\boldsymbol{F}_1, \boldsymbol{F}_2$ の点Oの周りの力のモーメント $\boldsymbol{N}$ の大きさ N と回転の向き（時計回りか反時計回りか）を答えよ．ただし，力の大きさは $F_1 = 2\,\mathrm{N}$, $F_2 = 5\,\mathrm{N}$，半径は $R_1 = 1\,\mathrm{m}$，$R_2 = 0.5\,\mathrm{m}$ とする．[☞ 6.2.1項]

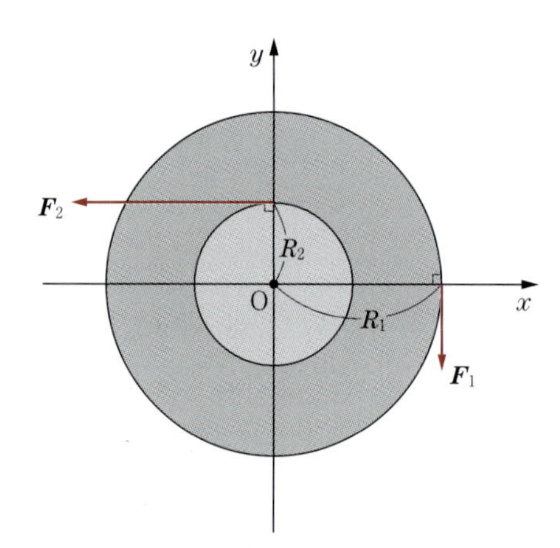

図6.9　力のモーメント

[6A.2]　2つの人工衛星　地球を回る2つの人工衛星AとBの半径の比が $r_\mathrm{A}/r_\mathrm{B} = 2$ のとき，AとBの加速度の比 $a_\mathrm{A}/a_\mathrm{B}$ を求めよ．[☞ 6.3節]

[6A.3]　フィギュア・スケーター　フィギュア・スケーターがくるくると回転（スピン）するとき，最初は手を両側に大きく広げて回り始め，次に手を腰か胸にもってくると回転速度が大きくなることを説明せよ．また，このとき，スケーターの運動エネルギーは増加するが，この増加はどのような仕事によるのかを説明せよ．[☞ 例題6.3]

[6A.4]　ヨーヨー　図6.10のヨーヨーは，水平なテーブルの上を滑らずに自由に転がる．いま，水平な力 $\boldsymbol{F}$ を加えると，このヨーヨーは $\boldsymbol{F}$ の方向に転がるだろうか．あるいは，逆方向に転がるだろうか．転がる向きとその理由を答えよ．[☞ 6.2節]

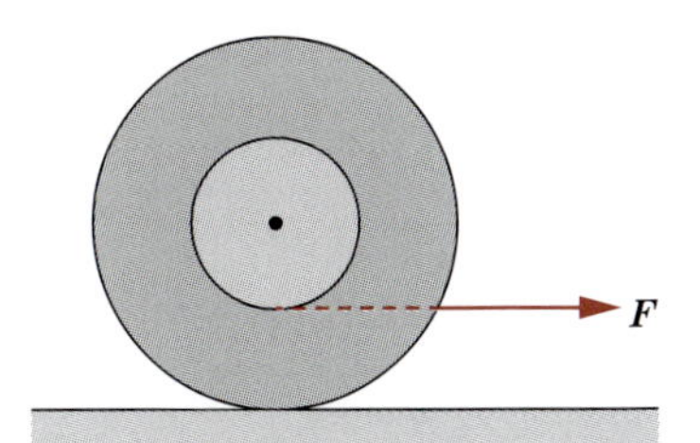

図 6.10　ヨーヨーを転がす

[6A.5]　ケプラーの第 3 法則と次元解析　ケプラーの第 3 法則「$r^3/t^2 =$ 一定」は，ニュートンの運動法則 $F = GMm/r^2$ を円軌道に適用すれば導ける．この運動法則を次元解析することによって，第 3 法則が成り立つことを示せ．ただし，r は太陽から惑星までの（一定の）動径距離，t は惑星軌道の周期，M は太陽の質量，m は惑星の質量，F は太陽と惑星間の万有引力の大きさとする．［☞ 6.4.2 項］

[6A.6]　質点と棒との間の万有引力　長さが L で質量が M の一様な棒が，図 6.11 に示すように質点 m から距離 h のところにある．このとき，m に作用する万有引力を求めよ．［☞ 6.4.2 項］

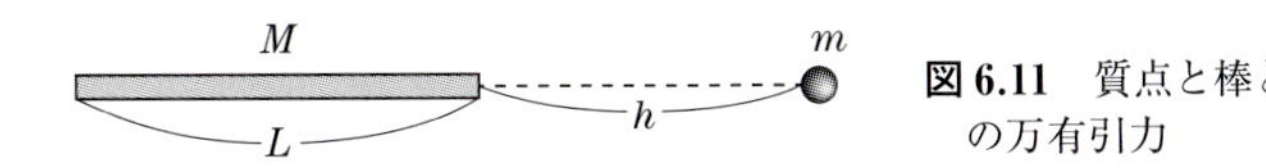

図 6.11　質点と棒との間の万有引力

[6A.7]　地球内部での質点の運動　地球を半径 R の一様密度 ρ の球（質量 M）とする．いま，球の直径を貫く穴をつくり，その中に質点（質量 m）を落としたとしよう．この後，質点は地球の引力に引かれてどのような運動をするだろうか．図 6.12 のように，質点が地球の中心 O から x の距離の点にあるときは，半径 x の球の外側の部分からの引力は打ち消し合って 0 になり，球内の部分からの引力だけを受ける．この事実を使って，この問題を考察せよ．［☞ 6.4.2 項と 5.4 節］

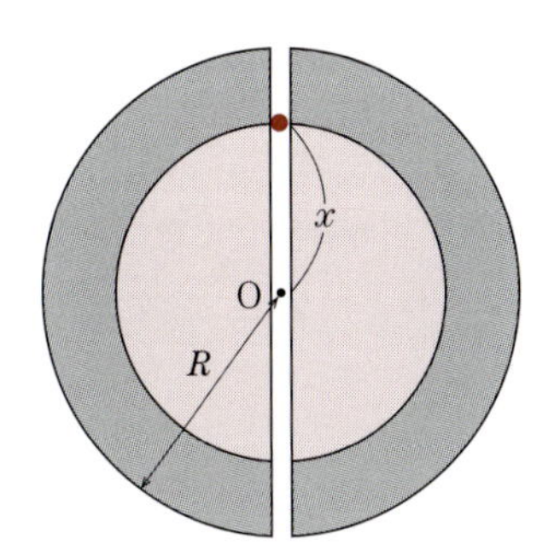

図 6.12　地球内部での質点の運動

[6A.8]　角運動量の保存と平面運動　原点 O の周りの角運動量 $\boldsymbol{l}$ が一定であれば，質点の運動は 1 つの平面内に限定されることを示せ．［☞ 6.3.2 項］

[6A.9]　赤色巨星　太陽は，数十億年の後に膨張して赤色巨星になる．このとき，太陽の自転の角速度は現在と比べてどうなるか．また，角運動量はどうなるかを述べよ．［☞ 6.3.2 項］

[6A.10]　アキレス腱　片足でつま先立ちをすると，図 6.13(a)のように，つま先には床からの垂直抗力 N，アキレス腱にはふくらはぎ筋（腓腹筋（ひふくきん））F，むこうずねの骨（脛骨（けいこつ））には力 T がはたらく．これをモデル化したものが図 6.13(b)である．角 θ_1，θ_2 はともに小さいとして，$\cos\theta_1 \approx 1$，$\cos\theta_2 \approx 1$ と仮定する．

(1)　アキレス腱にかかる力 F を l_1，l_2，N を用いて表せ．

(2)　$l_1 = 20\,\mathrm{cm}$，$l_2 = 15\,\mathrm{cm}$，$N = 50\,\mathrm{kgw}$ として，F を求めよ．［☞ 6.2.1 項］

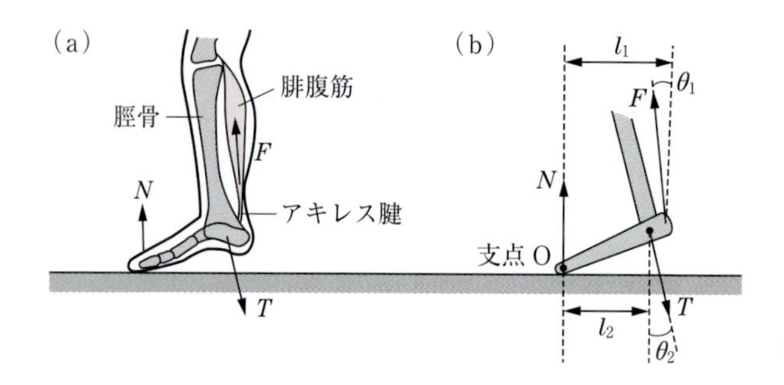

図 6.13　アキレス腱

[6A.11]　角運動量　質点（質量 m）が，点 O を中心とする半径 r の円周上を一定の角速度 ω で円運動をしている．このとき，質点の点 O の周りの角運動量の大きさが $l = mvr = mr^2\omega$ となることを示せ．

[☞ 6.2.2 項と 6.4.1 項]

[B：標準的な問題]

[6B.1]　二頭筋にはたらく力　図 6.14(a)のように手で $W = 4\,\mathrm{kgw}$ のおもりをもつときに二頭筋にはたらく力 F を，図 6.14(b)のように肘関節を支点 O とした，てこでモデル化する．ここで，T は前腕部の重心にかかる重力，a, b, c は支点 O から力の作用線までの距離である．

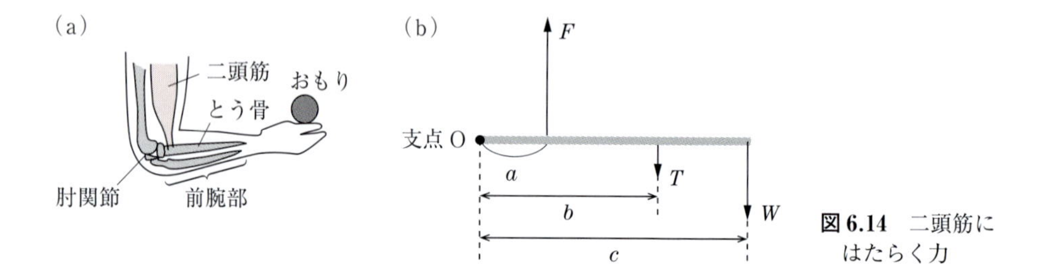

図 6.14　二頭筋にはたらく力

(1)　F を表す式を求めよ．

(2)　$a = 5\,\mathrm{cm}$，$b = 20\,\mathrm{cm}$，$c = 30\,\mathrm{cm}$，$T = 2\,\mathrm{kgw}$ として，F を求めよ．　[☞ 6.2.1 項]

[6B.2]　どちらが速い？　地球を半径 R の一様密度 ρ の静止した球（質量 M）とし，図 6.15 のような 2 つの場合について，A から B に達する時間を求めよ（なお，問題 [6A.7] も参照）．

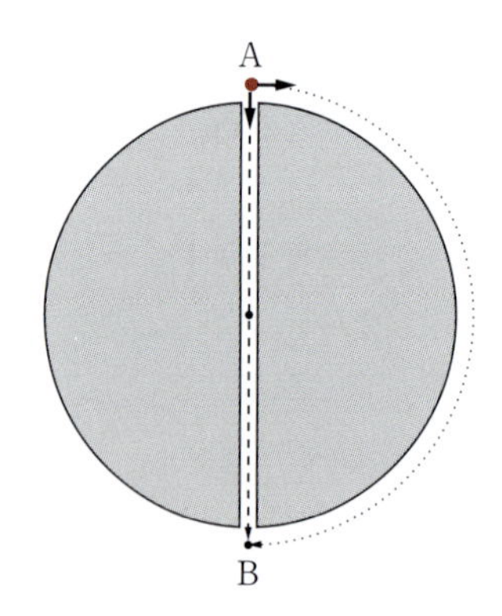

図 6.15　どちらが速い？

(1)　地球の直径を貫く穴を空け，その一端 A から質点を静かに落としたときの時間 t_1

(2)　A から質点を適当な速さで水平に投射し，半円運動をさせたときの時間 t_2

[☞ 6.4.2 項と 5.4 節]

[6B.3] **静止衛星** 赤道上方に静止してみえる静止衛星（質量 m）は，地球の自転と同じ角速度 ω（24時間に1回転）で回っている．重力加速度の大きさ $g = 9.8\,\mathrm{m/s^2}$，地球（質量 M）の半径を $R = 6400\,\mathrm{km}$ を用いて，静止衛星の地上からの高さ h と速さ v を求めよ． [☞ 6.4.2 項]

[6B.4] **楕円軌道を回る運動** 質量 m の惑星が，太陽を焦点とする楕円軌道を運動している（図6.7）．太陽から惑星までの最小距離 r_p の点（近日点を p とする）での惑星の速さを v_p，最大距離 r_a の点（遠日点を a とする）での惑星の速さを v_a とするとき，v_a を v_p，r_a，r_p で表せ．

[☞ 6.3.2 項と 6.4.2 項]

[6B.5] **ケプラーの第3法則** 万有引力 F が $F = GMm/r^n$ のように，距離 r の n 乗に反比例するとしよう．このとき，ケプラーの第3法則から $n = 2$ になることを，半径 r の円軌道を仮定して示せ．

[☞ 6.4.2 項]

[6B.6] **楕円振動** 質量 m の質点が，原点からの距離に比例する引力 $\boldsymbol{F} = -k\boldsymbol{r}$ を受けて平面内で運動している．力の直交座標成分 $F_x = -kx$，$F_y = -ky$ を用いて，この質点が一般に楕円軌道（これを**楕円振動**という）を描くことを示せ． [☞ 6.3.1 項]

[6B.7] **中心力と等価1次元ポテンシャル** ポテンシャル U をもつ中心力 $f(r)$ $(= -dU/dr)$ による質点（質量 m）の運動では，(6.17)で $F_r = f$，$r^2\dot{\theta} = h$ とおくと，r 方向の運動は

$$U^* = U + \frac{mh^2}{2r^2} \tag{6.31}$$

で定義されるポテンシャル U^*（これを**等価1次元ポテンシャル**という）内での1次元運動と等価になることを示せ．次に，r 方向の運動が許容される r の範囲を求めよ． [☞ 6.4.1 項]

第 7 章

運動量と力積 －衝撃を扱う－

日常生活では，意識しないで物理法則をうまく利用していることがよくある．例えば，高いところから地面に飛び降りるとき，膝を曲げながら着地しようとする．あるいは，キャッチボールで飛んでくる硬球をとるとき，手を後方に引きながら捕球するだろう．これらの動作の背後には，これから解説する力積と運動量に関する物理法則が存在する．これらの法則は，もっと後の章でも活躍するので，しっかりと理解しよう．

7.1 力　積

2 | 3 | 4

7.1.1 力積－運動量の定理

まず，運動方程式(6.2)を $d\boldsymbol{p} = \boldsymbol{F}\,dt$ と変形して，両辺を次のように定積分する．

$$\int_{\boldsymbol{p}_1}^{\boldsymbol{p}_2} d\boldsymbol{p} = [\boldsymbol{p}]_{\boldsymbol{p}_1}^{\boldsymbol{p}_2} = \boldsymbol{p}_2 - \boldsymbol{p}_1 = \int_{t_1}^{t_2} \boldsymbol{F}\,dt \tag{7.1}$$

ここで，時刻 t_1, t_2 での運動量を $\boldsymbol{p}_1 = \boldsymbol{p}(t_1)$，$\boldsymbol{p}_2 = \boldsymbol{p}(t_2)$ と書いた．左辺は，「運動量の差 $\Delta\boldsymbol{p} = \boldsymbol{p}_2 - \boldsymbol{p}_1$」であり，右辺は時間 $\Delta t = t_2 - t_1$ の間にはたらいた「力 $\boldsymbol{F}$ の時間積分」で，このベクトル量のことを**力積**（りきせき）という．したがって，(7.1)を

$$\Delta\boldsymbol{p} = \int_{t_1}^{t_2} \boldsymbol{F}\,dt \tag{7.2}$$

のように書くと，「運動量の変化 $\Delta\boldsymbol{p}$ は，その間にはたらく力積に等しい」ということになる．これを**力積－運動量の定理**という．この定理は運動方程式の単なる書き換えだから，特に目新しいものはない．では，この書き換えで何がうれしいのか？　それは，撃力を扱うときにわかることになるだろう（7.1.2 項を参照）．

［例題 7.1　雨粒の運動］

雨粒が重力 F によって空から落ちてくるとき，その表面に水蒸気が凝結するので，雨粒は次第に大きくなっていく．時刻 t のときの雨粒（質量 m，速さ v）が，時間 Δt の後に質量 $m + \Delta m$，速さ $v + \Delta v$ になったとすると，次式が成り立つことを示せ．

$$\frac{d(mv)}{dt} = F \tag{7.3}$$

解法のストラテジー　(S2)　既知量は雨粒の質量 m，速さ v，雨粒にはたらく重力 F である．

(S3)　運動量の増加は重力の力積に等しいから(7.2)を使えばよい．

(S5)　解のチェックをする．

[解] 時間 Δt の間の運動量の増加 Δp が外力 F の力積に等しいから

$$\Delta p = (m + \Delta m)(v + \Delta v) - mv = \int_0^{\Delta t} F\,dt \tag{7.4}$$

となる．いま，Δt は微小なので，力積は $F\,\Delta t$ と書ける．Δm と Δv も微小量だから，積 $\Delta m\,\Delta v = 0$ としてよい．その結果，(7.4)は次のようになる．

$$m\,\Delta v + v\,\Delta m = F\,\Delta t \quad \to \quad m\frac{\Delta v}{\Delta t} + v\frac{\Delta m}{\Delta t} = F \tag{7.5}$$

$\Delta t \to 0$ の極限を考えると，記号 Δ は微分の記号 d に変わるので，(7.5)の右側の式は $m(dv/dt) + v(dm/dt) = d(mv)/dt$ となり，(7.3)を得る．

解のチェック　(7.3)は，運動量表示のニュートンの運動方程式(6.2)が「質量の変化する現象」にも適用できることを示している．これは，妥当な結果である．■

この例題からわかるように，雨粒を質量が変化する質点と考えて，(6.2)をそのまま使うことができる．要するに，質量 m が時間の関数であっても，ニュートンの運動方程式(6.2)は成り立つのである．

コメント 7.1　第 2 法則の表現　実は，ニュートン自身が提唱した式は，(3.12)ではなく(6.2)の方であった．偶然ではあるが，科学史的には面白い話が続く．アインシュタイン（1879 - 1955）の特殊相対性理論によれば，光速に近い速さで運動する物体の質量は時間的に変化する．ところが，この場合にも(6.2)が厳密に成り立つ．これはニュートンにとって想定外のことだったと思うが，興味深い話ではあるだろう．¶

7.1.2 撃力近似

瞬間的にはたらく大きな力を**撃力**という．瞬間的な力だから，Δt 間の撃力の大きさ（$|\boldsymbol{F}| = F$）は一定とみなせる．このとき運動量の大きさの変化 Δp は，(7.2)から次式で近似される（これを**撃力近似**という）．

$$\Delta p = F\,\Delta t \tag{7.6}$$

撃力そのものは求めにくいが，運動量の変化 Δp を測定することにより，力積という形で撃力の情報が得られる．硬い物体同士の衝突，ビリヤード，ゴルフ，野球のバッティングのように，物体に対して力が瞬間的にはたらく問題を扱うときに(7.6)を使う．

撃力の緩和法

(7.6)から，運動量の変化 Δp が一定のとき，衝突時の撃力 F を減少させたければ時間 Δt を大きくすればよいことがわかる．例えば，キャッチボールをしているとき，高速で飛んでくる硬いボールを手で受けとめた瞬間に手をすばやく後方へ引く動作をするだろう．この動作は Δt を増加させることに当たるので，手が受ける撃力 F をやわらげる．

同様に，自動車のエアバッグも理解できる．エアバッグとは，自動車が何かに衝突して強い衝撃を受けた瞬間に風船のように膨らんで，そのクッションで運転手や同乗者を守る安全装置である．衝突後，車内の人たちがハンドルやフロントガラスなどに激突するまでの時間 Δt をこのエアバッグによって延ばし，撃力 F を激減させる（あるいは激突しないようにする）のである．

［例題 7.2　安全に飛び降りる］

図 7.1 のように，高さ h m の所から人（質量 m kg）が地面に飛び降りたとき，着地時に足の受ける圧力が臨界値 P_{cr} 以上になると，足は骨折する．地面から受ける撃力を F N，足の骨の断面積を S m^2 とし，着地時の衝突時間 Δt s を次の t_{cr} よりも長くとれば，足は骨折しないことを示せ．

$$t_{cr} = \frac{m\sqrt{2gh}}{P_{cr}S} \tag{7.7}$$

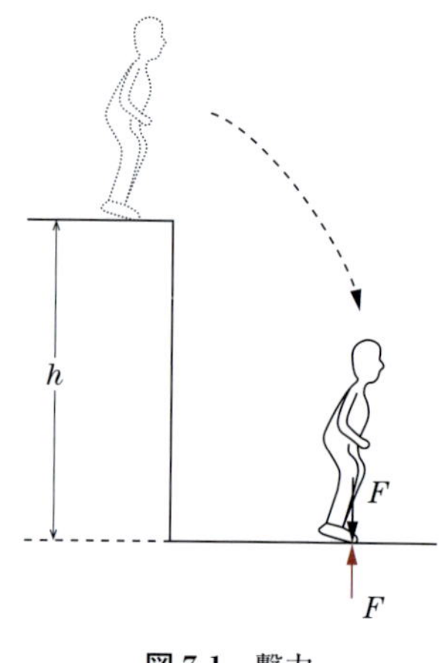

図 7.1　撃力

［解］　質量 m の人が高さ h から落下すると，地面にぶつかるときの速さ v は $v = \sqrt{2gh}$ である（簡単のために，質点の落下として考える）．このときの運動量の変化は $\Delta p = mv = m\sqrt{2gh}$ だから，撃力は $F = \Delta p/\Delta t$ である．したがって，着地時に足の受ける圧力は $P = F/S = \Delta p/(S\,\Delta t)$ となる．この圧力 P が P_{cr} よりも小さければ骨折しないから，$P < P_{cr}$ を満たすように Δt を決めればよい．

ちなみに，臨界圧力のオーダーは $P_{cr} = 10^8$ N/m^2 程度である．質量 $m = 60$ kg，高さ $h = 1$ m とすると，$t_{cr} = 0.06$ s である．■

7.2 運動量保存則

いま 2 つの質点が運動していて，質点の間にはたらく力は**内力**（互いに及ぼし合う力）だけで，**外力**（内力以外の力）ははたらかないとする．ここで，質点 1 が質点 2 に及ぼす力 $\boldsymbol{F}$ を 1 から 2 への力 (1 → 2) という意味がわかるように $\boldsymbol{F}_{1\to2}$ と書き，同様に，質点 2 が質点 1 に及ぼす力を $\boldsymbol{F}_{2\to1}$ と書くことにする．質点 1 の運動量を $\boldsymbol{p}_1$，質点 2 の運動量を $\boldsymbol{p}_2$ とすると，それぞれの運動方程式は次のようになる．

$$\frac{d\boldsymbol{p}_1}{dt} = \boldsymbol{F}_{2\to1}, \qquad \frac{d\boldsymbol{p}_2}{dt} = \boldsymbol{F}_{1\to2} \tag{7.8}$$

いま，(7.8) の 2 式を加え，作用・反作用の法則 (3.14) に注意すれば

$$\frac{d\boldsymbol{p}_1}{dt} + \frac{d\boldsymbol{p}_2}{dt} = \boldsymbol{F}_{2\to1} + \boldsymbol{F}_{1\to2} = \boldsymbol{0} \quad \to \quad \frac{d(\boldsymbol{p}_1 + \boldsymbol{p}_2)}{dt} = \boldsymbol{0} \tag{7.9}$$

となる．これは運動量の和 $\boldsymbol{p}_1 + \boldsymbol{p}_2$ が時間によらずに一定であることを意味するから，任意の時刻で次の**運動量保存則**が成り立つことになる．

$$\boldsymbol{p}_1 + \boldsymbol{p}_2 = \text{一定} \tag{7.10}$$

なお，この法則は 3 個以上の質点系でも成り立つ．

［例題 7.3　2 人のスケーター］

少年（体重 $M = 60$ kgw）と少女（体重 $m = 40$ kgw）がスケート靴をはいて氷上で互いに向き合っている．少年は少女を北向きに速さ $v = 6$ m/s で押した．少年のその後の運動について述べよ．ただし，靴底と氷との摩擦は無視する．

［解］　2 人が押し合う力（作用・反作用の力）は内力で，外力は存在しないから，全運動量は保存す

る．少年の速度を V とすると $mv + MV = 0$ より $V = -(m/M)v$ である．したがって，$V = -4\,\mathrm{m/s}$ となり，少年が南向きに $4\,\mathrm{m/s}$ で運動する．

解のチェック V に負符号が付くのは，少年が少女と逆方向に進むことを表しているから，妥当な答えである．■

7.3 衝 突

運動量保存則(7.10)と力学的エネルギー保存則(5.24)が活躍する現象として，衝突問題を考えよう．図7.2のように，2つの粒子（質量 m_1 と m_2）が衝突したとする．衝突前の速度を $\boldsymbol{v}_1$ と $\boldsymbol{v}_2$，衝突後の速度を $\boldsymbol{u}_1$ と $\boldsymbol{u}_2$ とする．2つの粒子には互いに力を及ぼし合う内力だけがはたらき，外力はないとすれば，前節でわかったように，質点系の全運動量は保存する．したがって，衝突の前後で運動量は保存するから，(7.10)より次式が常に成り立つ．

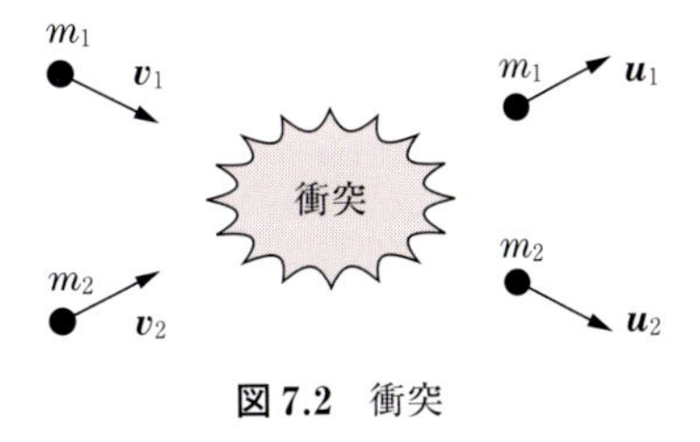

図7.2 衝突

$$m_1\boldsymbol{v}_1 + m_2\boldsymbol{v}_2 = m_1\boldsymbol{u}_1 + m_2\boldsymbol{u}_2 \tag{7.11}$$

一般に，衝突によって熱や音が発生するので，その分のエネルギーを失う．このエネルギーロスを ΔE とすると，力学的エネルギー保存則(5.24)から，衝突前後の運動エネルギーの間には次式が成り立つ．

$$\frac{1}{2}m_1v_1^2 + \frac{1}{2}m_1v_2^2 = \frac{1}{2}m_1u_1^2 + \frac{1}{2}m_1u_2^2 + \Delta E \tag{7.12}$$

なお，衝突の前後で運動エネルギーが変化しない場合 ($\Delta E = 0$) を**弾性衝突**，変化する場合 ($\Delta E \neq 0$) を**非弾性衝突**という．

(7.11)と(7.12)だけでは解けない 2体の衝突問題で知りたい情報は衝突後の速度 $\boldsymbol{u}_1$，$\boldsymbol{u}_2$ の値であり，それらはベクトルだから未知量は6個である ($\boldsymbol{u}_1 = (u_{1x}, u_{1y}, u_{1z})$ と $\boldsymbol{u}_2 = (u_{2x}, u_{2y}, u_{2z})$)．一方，使える式は4個しかない（ベクトル式の(7.11)による x, y, z 成分の3個の式，スカラー式の(7.12)による1個の式）．未知量の数と方程式の数は同じでなければ解けないので，式が2個足らないのである．

でも，直線上の衝突だけは解ける 図7.3のように一直線（1次元，例えば x 軸）上を運

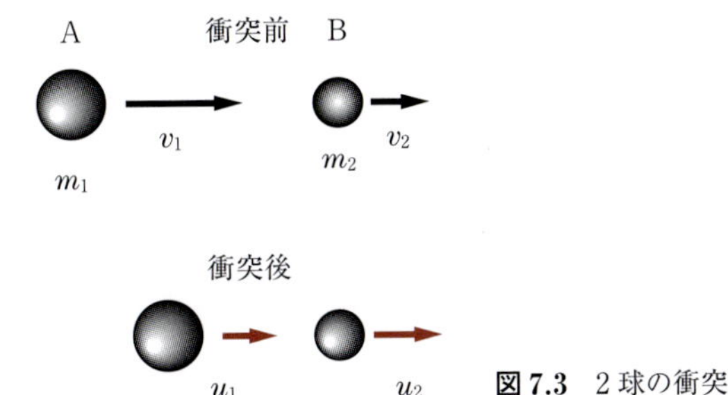

図7.3 2球の衝突

動する2つの球A，Bの衝突を考えよう．衝突前の速度を $v_{1x} = v_1$，$v_{2x} = v_2$，衝突後の速度を $u_{1x} = u_1$，$u_{2x} = u_2$ とすると，未知量は u_1 と u_2 の2個で，式は(7.11)の運動量の保存則と(7.12)のエネルギー保存則

$$m_1v_1 + m_2v_2 = m_1u_1 + m_2u_2 \tag{7.13}$$

$$\frac{1}{2}m_1v_1^2 + \frac{1}{2}m_2v_2^2 = \frac{1}{2}m_1u_1^2 + \frac{1}{2}m_2u_2^2 \tag{7.14}$$

の2個である（弾性衝突なので $\Delta E = 0$）．未知数と方程式が同数（2個）だから，この問題は解けることがわかる．

[例題 7.4　球の完全弾性衝突]

図7.3のように，一直線上を速さ v_1 で運動している球（m_1）が，速さ v_2 で運動している球（m_2）と衝突したとき，エネルギーロスはないとして，衝突後の速さ u_1, u_2 を求めよ．

[解]　未知量は方程式(7.13)，(7.14)を連立させて順に求めることができるが，ここでは(7.14)を(7.13)で変形してから効率的に求めてみよう．(7.14)を $m_1(v_1^2 - u_1^2) = m_2(u_2^2 - v_2^2)$ と変形してから

$$m_1(v_1 - u_1)(v_1 + u_1) = m_2(u_2 - v_2)(u_2 + v_2) \tag{7.15}$$

と因数分解する．この左辺に(7.13)の $m_1(v_1 - u_1) = m_2(u_2 - v_2)$ を代入すると次式を得る．

$$v_1 + u_1 = u_2 + v_2 \tag{7.16}$$

そして，(7.16)と(7.13)を連立させて解くと，次式が求まる．

$$u_1 = v_1 - \frac{2m_2}{m_1 + m_2}(v_1 - v_2), \qquad u_2 = v_2 + \frac{2m_1}{m_1 + m_2}(v_1 - v_2) \tag{7.17}$$

■

反発係数

図7.3において，BからAをみているとしよう．衝突が必ず起こるのは，AがBに近づいてぶつかるときだから，v_1 の方が v_2 より大きくなければならない．そのため，相対的な速さ $v = v_1 - v_2$ は正である．衝突後は，AとBは合体して一緒に運動（$u_1 = u_2$）するか，あるいははね返されて後方に遠ざかる（$u_1 < u_2$）ので，相対的な速さ $u = u_1 - u_2$ は0か負になる．

次の u と v の比

$$e = -\left|\frac{u}{v}\right| = -\frac{u_1 - u_2}{v_1 - v_2} = \frac{\text{遠ざかる相対的な速さ}}{\text{近づく相対的な速さ}} \tag{7.18}$$

が**反発係数（はね返り係数）**とよばれるものであり，$e = 1$ の場合が**弾性衝突**，$0 \leq e < 1$ の場合が**非弾性衝突**に対応する．特に，$e = 0$ の場合を**完全非弾性衝突**という．例題7.4の(7.16)を(7.18)に代入すれば，$e = 1$ であることがわかる．

[例題 7.5　弾道振り子]

弾丸のスピードを測定できる弾道振り子（図7.4）を考えよう．図のように，長い2本のひもで吊るされた木製ブロック（質量 M）に，弾丸（質量 m）を撃ち込むと，弾丸はブロック内ですぐに止まった．「ブロック ＋ 弾丸」は右に振れて，垂直方向に h だけ上昇したところで一瞬静止した．衝突直前の弾丸の速さ v は次式で表されることを示せ．

$$v = \frac{m + M}{m}\sqrt{2gh} \tag{7.19}$$

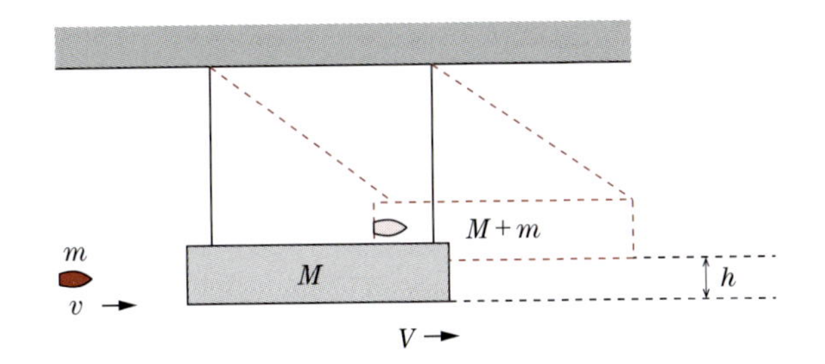

図 7.4　弾道振り子

解法のストラテジー　(S1)　高さ h が弾丸の速さ v を決めるという問題である．弾丸はブロックに撃ち込まれて一体化するので，完全非弾性衝突．このため，運動エネルギーは保存されないから，力学的エネルギー保存則で v と h を関係づけることはできない．したがって，この運動は次の 2 つのプロセスに分けて考える必要がある．

プロセス 1：「ブロック + 弾丸」の非弾性衝突（エネルギー非保存）

プロセス 2：衝突後の「ブロック + 弾丸」の運動（エネルギー保存）

(S2)　既知量は木製ブロックの質量 M と弾丸の質量 m，そして垂直方向への変位 h である．未知量は弾丸の速さ v である．

(S3)　プロセス 1 は運動量保存則，プロセス 2 は力学的エネルギー保存則で式を立てる．

(S5)　解のチェックをする．

[解]　外力がなければ，全運動量保存則は常に成り立つから，プロセス 1 の「ブロック + 弾丸」系の衝突後の速さを V とすれば，運動量保存則(7.13)は次のようになる．

$$mv = mV + MV \quad \rightarrow \quad V = \frac{m}{m+M}v \tag{7.20}$$

次のプロセス 2 では，力学的エネルギーの保存則が成り立つ．このため，系が振れ始めたとき（衝突直後の速さ V）の運動エネルギーと最高点 h に達したときのポテンシャルエネルギーが等しくなるので，次式を得る．

$$\frac{1}{2}(m+M)V^2 = (m+M)gh \tag{7.21}$$

そして，(7.20)の V を(7.21)に代入して v を求めると，(7.19)となる．

解のチェック　衝突直後の運動エネルギー $K = (m+M)V^2/2$ と弾丸の運動エネルギー $K_0 = mv^2/2$ の比をとると，

$$\frac{K}{K_0} = \frac{m}{M+m} < 1$$

より $K < K_0$ となる．これは物理的に妥当な結果である．■

この弾道振り子は，測定しにくい高速の弾丸を大きな物体（ブロック）で低速にして，弾丸の速度を簡単に測定できるようにする装置である．

7.4　2 体問題

2 個以上の質点を扱う問題では，作用・反作用の法則が活躍する．質点系の一般的な問題は第 8 章で扱うことにして，ここでは最も簡単な 2 質点系の運動（これを **2 体問題**という）を考えよう．

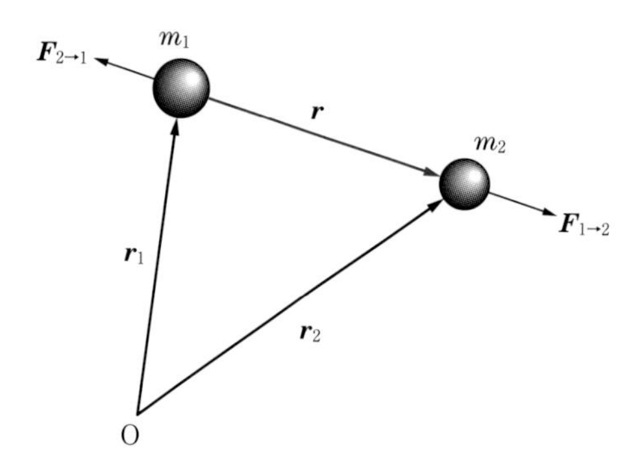

図 7.5　2体問題

いま，2質点の間にはたらく力は内力だけで，外力は0とする．図7.5のように質点1（質量 m_1）が質点2（質量 m_2）に及ぼす内力を $\boldsymbol{F}_{1\to2}$，質点2が質点1に及ぼす内力を $\boldsymbol{F}_{2\to1}$ とすると，運動方程式は次のようになる（ただし，図の力は描きやすいように斥力にしたが，引力でも話は変わらない）．

$$m_1\frac{d^2\boldsymbol{r}_1}{dt^2} = \boldsymbol{F}_{2\to1} \qquad (\boldsymbol{F}_{2\to1}：2が1に及ぼす力) \tag{7.22}$$

$$m_2\frac{d^2\boldsymbol{r}_2}{dt^2} = \boldsymbol{F}_{1\to2} \qquad (\boldsymbol{F}_{1\to2}：1が2に及ぼす力) \tag{7.23}$$

2質点系の運動を考えるのだから，(7.22)と(7.23)を結び付けて解かなければならない．そこでまず，(7.22)と(7.23)の和をとってみると，右辺の和は $\boldsymbol{F}_{1\to2} + \boldsymbol{F}_{2\to1} = \boldsymbol{0}$ で消えるから，次のように表せる．

$$m_1\frac{d^2\boldsymbol{r}_1}{dt^2} + m_2\frac{d^2\boldsymbol{r}_2}{dt^2} = \frac{d^2}{dt^2}(m_1\boldsymbol{r}_1 + m_2\boldsymbol{r}_2) = \boldsymbol{0} \tag{7.24}$$

ここで，全質量 $M = m_1 + m_2$ をもった重心（質量中心）という仮想的な点を考え，その位置ベクトルを $\boldsymbol{R}$ として

$$M\boldsymbol{R} = m_1\boldsymbol{r}_1 + m_2\boldsymbol{r}_2 \tag{7.25}$$

を定義すれば，(7.24)は次のようになる（8.1.1項を参照）．

$$M\frac{d^2\boldsymbol{R}}{dt^2} = \boldsymbol{0} \tag{7.26}$$

これは，重心の加速度がゼロであることを意味する．そのため，2質点系を質量 M の1個の粒子とみなせば，(7.26)より，その系は等速度運動をしていることがわかる（0.4節，4.1.1項を参照）．もし初速度の大きさが0であれば，重心は静止したままである．このように，(7.22)と(7.23)の和は，重心の運動を表す式(7.26)になることがわかった．

では，2質点のそれぞれの運動はどうなっているのだろうか．これも，運動方程式(7.22)と(7.23)を使って，次のような差をつくればわかる．

まず，(7.22)に $-m_2$ を掛け，(7.23)に $+m_1$ を掛けて両辺を加えると次のようになる（$-m_2\boldsymbol{F}_{2\to1} = +m_2\boldsymbol{F}_{1\to2}$ を使う）．

$$m_1m_2\frac{d^2(\boldsymbol{r}_2 - \boldsymbol{r}_1)}{dt^2} = (m_1 + m_2)\boldsymbol{F}_{1\to2} \tag{7.27}$$

ここで，位置ベクトル $\boldsymbol{r} = \boldsymbol{r}_2 - \boldsymbol{r}_1$ と

$$\mu = \frac{m_1 m_2}{m_1 + m_2} \tag{7.28}$$

で定義される**換算質量**（かんさんしつりょう）を導入すれば，(7.27)は次のように表せる．

$$\mu \frac{d^2 \boldsymbol{r}}{dt^2} = \boldsymbol{F}_{1\to 2} \tag{7.29}$$

この(7.29)は，質量 μ の質点に対するニュートンの運動方程式「質量 × 加速度 = 力」とみなすことができる．したがって，当初考えていた「2質点のそれぞれの運動」は「質点1を固定し（つまり，原点とみなし），そこから位置 $\boldsymbol{r}$ にある質点2の質量 m_2 を換算質量 μ に置き換えた運動」に変わったことになる．

このように，2体問題は重心運動(7.26)と相対運動(7.29)に分離できるため，解析的に解ける．しかし3体以上になると，ここで示した解法が使えないため，3体以上の多体問題は一般に解析的には解けないことが知られている．

[例題 7.6　バネで連結した2質点の振動]

図7.6(a)のように，質量 m_1 と m_2 の質点AとBをバネ定数 k の軽いバネ（自然長 l）で連結し，滑らかな床の上で x 軸に沿って直線的に振動させる．質点AとBの質量中心を座標原点にとると，それぞれの質点の座標 x_1, x_2 が

$$x_1 = -\frac{m_2}{m_1 + m_2}x = -\frac{m_2}{m_1 + m_2}(a\cos\theta + l) \tag{7.30}$$

$$x_2 = \frac{m_1}{m_1 + m_2}x = \frac{m_1}{m_1 + m_2}(a\cos\theta + l) \tag{7.31}$$

となることを示せ．ただし，$\theta = \sqrt{k/\mu}\, t + \alpha$（$a, \alpha$ は任意定数）である．

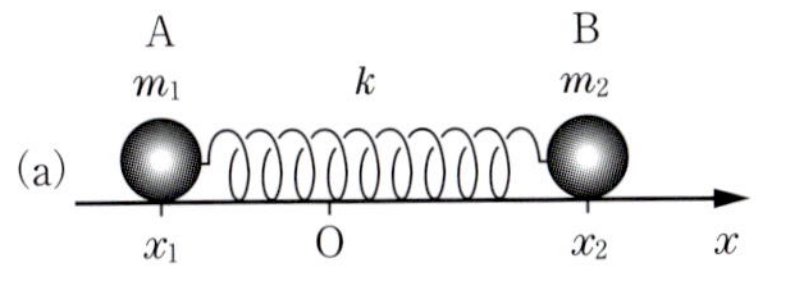

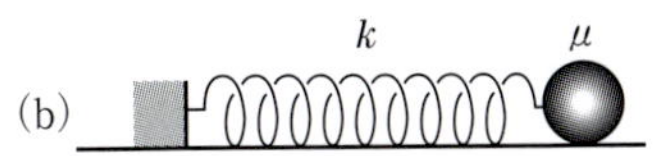

図 7.6　バネにつながれた2質点の運動(a)と等価な質点の運動（b）

解法のストラテジー　(S1)　質点AB間の相対距離を $x = x_2 - x_1$ (> 0) とする．

(S2)　既知量は質量 m_1, m_2 とバネ定数 k，未知量は周期 T と座標 x_1, x_2 である．

(S3)　質点間の力は内力だから，運動方程式(7.29)を使えばよい．

(S5)　解のチェックをする．

[解]　質量中心の x 座標 X は，(7.25)より $MX = m_1x_1 + m_2x_2$ である．いま，$X = 0$ とすると $m_1x_1 + m_2x_2 = 0$ となるので，これと $x = x_2 - x_1$ より，2質点の座標は次式で与えられる．

$$\begin{cases} x_1 = -\dfrac{m_2}{m_1 + m_2}x \\ x_2 = \dfrac{m_1}{m_1 + m_2}x \end{cases} \tag{7.32}$$

バネの伸びは $s = x - l$ だから，BがAに及ぼす力 $F_{\mathrm{A}\to\mathrm{B}}$ は $F_{\mathrm{A}\to\mathrm{B}} = -k(x - l)$ である．したがって，AからみたBの振動は，運動方程式

$$\mu \frac{d^2x}{dt^2} = -k(x-l) \tag{7.33}$$

と表される．これを $y = x - l$ で書き換えると $d^2y/dt^2 + \omega^2 = 0$ となり，これは角振動数 $\omega = \sqrt{k/\mu}$ の単振動を表す方程式で，これから，AB 間の距離 x は $x = a\cos(\omega t + \alpha) + l$ となる（a と α は定数）．そして，これを(7.32)に代入すれば，(7.30)と(7.31)を得る．

解のチェック　2 質点は内力だけで運動するから，(7.28)によって決まる換算質量 $\mu = m_1m_2/(m_1 + m_2)$ をもった 1 個の質点と同じ運動である（図 7.6(b)）．もしバネの左端を固定すれば，$m_1 = \infty$ とすることに相当する（$m_2/m_1 = 0$）から μ は m_2 になり，(7.33)は単振動の式（(4.40)）に一致する．したがって，運動方程式(7.33)は正しいことがわかる．■

演　習　問　題

[A：基礎的な問題]

[7A.1]　2 つの球の弾性衝突　図 7.7(a)のように，球 A（質量 m）が，同じ大きさで同じ質量の静止している球 B に速度 $\boldsymbol{v}_1$ で弾性衝突したとき，図 7.7(b)のように，衝突後の速度 $\boldsymbol{u}_1, \boldsymbol{u}_1$ が互いに直交することを示せ．
[☞ 7.3 節]

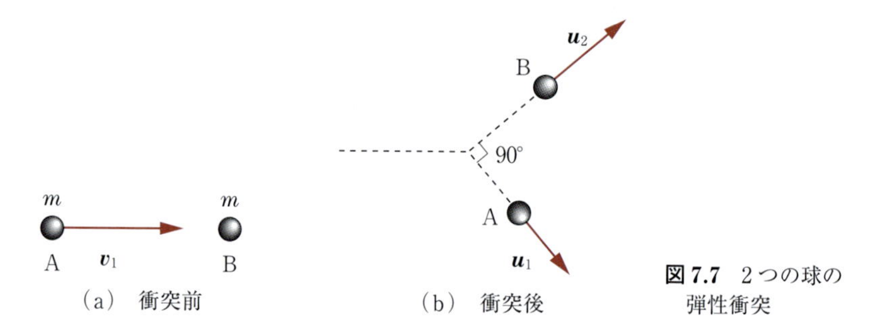

図 7.7　2 つの球の弾性衝突

[7A.2]　2 台のカート　図 7.8 のように，水平な床の上のカート A（質量 $m_A = 10$ kg）とカート B（質量 $m_B = 5$ kg）をロープで連結し，カート A を力 $F = 60$ N で引っ張ると，2 台のカートは動き出した．カート間には，それぞれ $\boldsymbol{F}_{A\to B}, \boldsymbol{F}_{B\to A}$ の力がはたらくとき，A と B の共通の加速度 $\boldsymbol{a}$ を文字式で表せ．次に，数値を入れて $\boldsymbol{a}$ の大きさ a を計算せよ．
[☞ 7.4 節と 3.4 節]

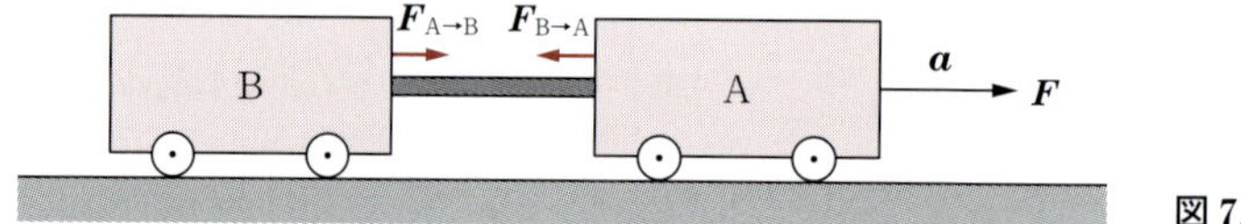

図 7.8　2 台のカート

[7A.3]　壁に激突した車　頑強で垂直な壁に，車（質量 $M = 1000$ kg）が時速 $v_i = 60$ km/h（$= 16.7$ m/s）で正面衝突し，0.1 s 後に大破して停止した（$v_f = 0$）．壁が車に作用した撃力の大きさ F を求めよ．
[☞ 7.1.2 項]

[7A.4]　ビリヤード球の弾性正面衝突　2 個のビリヤードの球がそれぞれ $v_1 = 2.0$ m/s および $v_2 = -0.5$ m/s の速さをもって，弾性正面衝突した．衝突後のそれぞれの速さ u_1, u_2 を求めよ．
[☞ 7.3 節]

[7A.5]　スーパーボール　子供が歩道でスーパーボールをバウンドさせている．バウンドの時間は (1/800) s で，歩道がスーパーボールに与える力積の大きさを J とすると $J = 2$ N·s である．このとき，歩道がスーパーボールに及ぼす撃力の大きさ F を求めよ．
[☞ 7.1.2 項]

[7A.6]　地球の反跳　質量 $m = 2000\,\mathrm{kg}$ の流星が地球と正面衝突する直前の速さが $v = 120\,\mathrm{m/s}$ のとき，衝突後の地球（質量 $M = 5.98 \times 10^{24}\,\mathrm{kg}$）の速さ u を求めよ．　[☞ 7.2 節]

[7A.7]　弾道振り子　例題 7.5 の「弾道振り子」について，次の問いに答えよ．

(1)　衝突前後の運動エネルギー K_0, K の比 K/K_0 を，弾丸の質量 m とブロックの質量 M を用いて表せ．

(2)　$m = 8\,\mathrm{g}$，$M = 2\,\mathrm{kg}$ として $\Delta K = (K_0 - K)/K_0$ を計算し，衝突後に残るのは衝突前のエネルギーの何％であるかを答えよ．

(3)　失われたエネルギーは何になったか答えよ．　[☞ 例題 7.5 と 7.3 節]

[7A.8]　陽子同士の弾性衝突　x 軸方向に $v_0 = 1.00 \times 10^7\,\mathrm{m/s}$ の速さで飛んでいる陽子が，静止している陽子と弾性衝突した後，1 個の陽子は xy 平面内で x 軸に対して角度 $30°$ の方向に動いた．このときの 2 個の陽子の速度 $\boldsymbol{v}_1'$ と $\boldsymbol{v}_2'$（速さと向き）を求めよ．　[☞ 7.3 節]

[7A.9]　完全非弾性衝突　一直線上を速さ v_1 で飛んでいる粒子（質量 m_1）が静止している標的粒子（質量 m_2）と完全非弾性衝突した．このとき，衝突によって失われた力学的エネルギー ΔE が

$$\Delta E = \frac{m_1 m_2}{2M} v_1^2 \tag{7.34}$$

となることを示せ（$M = m_1 + m_2$）．　[☞ 7.3 節]

[7A.10]　チェインを引き上げる力　テーブルの上にある鎖（線密度 λ）の端を手にもって，鉛直上方に引き上げる．引き上げられている鎖の長さが x のとき，引き上げる力の大きさ F を次の場合に求めよ．

(1)　一定の速さ v で引き上げる場合　　(2)　速さ v，加速度 a で引き上げる場合

[☞ 例題 7.1 と 7.2 節]

[B：標準的な問題]

[7B.1]　非弾性衝突　速さ $V = 10\,\mathrm{m/s}$ の粒子（質量 $m = 1.0\,\mathrm{kg}$）が，静止している物体（質量 $M = 4.0\,\mathrm{kg}$）に衝突した後，この粒子は入射方向に速さ V_F ではね返った．衝突のときに $h = 20\,\mathrm{J}$ の熱が発生したとして，V_F を求めよ．　[☞ 7.3 節]

[7B.2]　陽子と原子核の弾性衝突　運動エネルギー 1 MeV をもった陽子が，静止している原子核と弾性衝突して運動方向を $90°$ 変えた．衝突後の陽子の運動エネルギーは 0.80 MeV であるとして，標的核の質量 M を陽子の質量 m_p を単位として求めよ．　[☞ 7.3 節]

[7B.3]　反発係数　小さな鋼球を鋼板の上に落として小球のはね返りを観察する実験をする．はね返り直後の小球の上向きの速さ u は，はね返り直前の小球の下向きの速さ v に反発係数 e を掛けた大きさに減少するので，はね返りの度に $u = ev$ が成り立つ．いま，時刻 $t = 0$ で小球を高さ $h = 50\,\mathrm{cm}$ から鋼板上に落とすと，$T = 30\,\mathrm{s}$ 後にはね返りが終わった．この結果から，反発係数 e の値を求めよ．

[☞ 7.3 節]

[7B.4]　銃弾で壁が受ける力　壁に対して直角に飛んでくるたくさんの弾丸がある．弾丸の質量はどれも m g，速さ v m/s で，1 s 間に壁に当たる弾丸の数を n として，次の値を求めよ．

(1)　弾丸が壁の中で止められる場合，壁が平均的に受ける力 F_1 N

(2)　弾丸が壁で完全弾性的にはね返る場合，壁が平均的に受ける力 F_2 N　[☞ 7.1 節と 7.2 節]

[7B.5]　棒と球の衝突と回転　図 7.9(a)のように，両端に質量 m の小球 B と小球 C を取り付けた長さ $2a$ の軽い棒を滑らかな水平面の上に置く．そして，この棒の中心 O を固定して，その周りに棒が自由に回転できるようにする．いま，図 7.9(b)のように，この水平面上を速さ v_0 で直線運動して

きた質量 m の小球 A が，棒と直角な向きで小球 B と完全弾性衝突をした．衝突後の小球 A の速さ v と小球 B, C の速さ V を求めよ．

[☞ 7.3 節と 6.3.2 項]

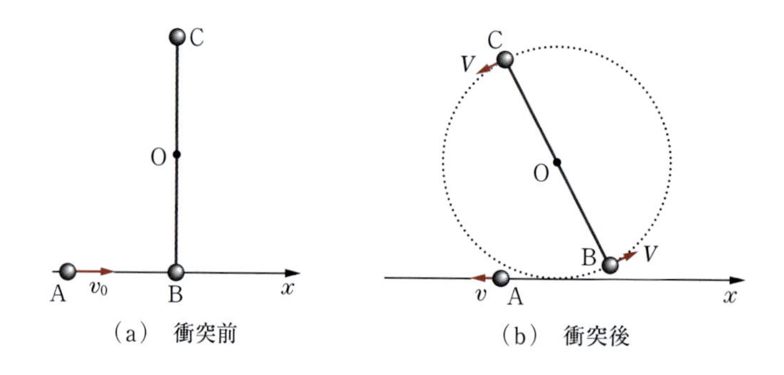

（a） 衝突前　（b） 衝突後

図 7.9　棒と球の衝突と回転

第 8 章

質点系と剛体 －大きさを考える－

現実の物体は大きさがあり，変形したり伸びたり縮んだりする．物体の「大きさ」を素朴に取り入れるアイデアが質点系である．そして，この質点系をガチガチに固めて，完全な固体にしたモデルが剛体である．現実の物体の運動を解析するときには剛体についての考え方が基礎になるので，よく理解してほしい．

8.1 重心と重心座標系

2 3

8.1.1 質点系の重心

N 個の質点からなる質点系を考えよう（図8.1）．i 番目の質点の質量を m_i とする．そして，（慣性系の）原点 O から測った m_i の位置を位置ベクトル $\boldsymbol{r}_i$ で指定する．このとき，ベクトル量 $m_i\boldsymbol{r}_i$ を $i=1$ から N まで足し合わせた量 $\sum_{i=1}^{N} m_i\boldsymbol{r}_i$ を全質量 $M(=m_1+\cdots+m_N)$ で割ると

$$\boldsymbol{R} = \frac{m_1\boldsymbol{r}_1+\cdots+m_N\boldsymbol{r}_N}{m_1+\cdots+m_N} = \frac{\sum_{i=1}^{N} m_i\boldsymbol{r}_i}{M} \tag{8.1}$$

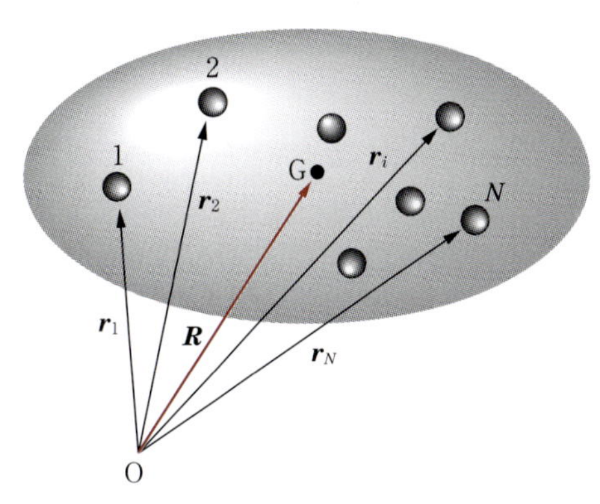

図 8.1 質点系の重心

のようなベクトル $\boldsymbol{R}$ が定義できる．この $\boldsymbol{R}$ が，質点系の全質量が仮想的に 1 点に集中しているとみなしたときの**重心**あるいは**質量中心**という特別な点 G を指す位置ベクトルである（重心は，第 7 章ですでに登場している）．なお，剛体（8.3 節を参照）のように質量が連続的に分布している物体の重心の求め方は，演習問題［8B.3］を参照してほしい．

$N=2$ の場合，(8.1) は $\boldsymbol{R}=(m_1\boldsymbol{r}_1+m_2\boldsymbol{r}_2)/M$ となる（(7.25) を参照）．この場合の重心 G は，2 つの質点をつなぐ線分の長さ PQ を $m_2:m_1$ に内分する点になる（演習問題［8A.8］を参照）．

［例題 8.1　直角三角形の重心］

図 8.2 の直角三角形の各頂点にある 3 つの質量の重心 $\mathrm{G}=(X,Y)$ を求めよ．

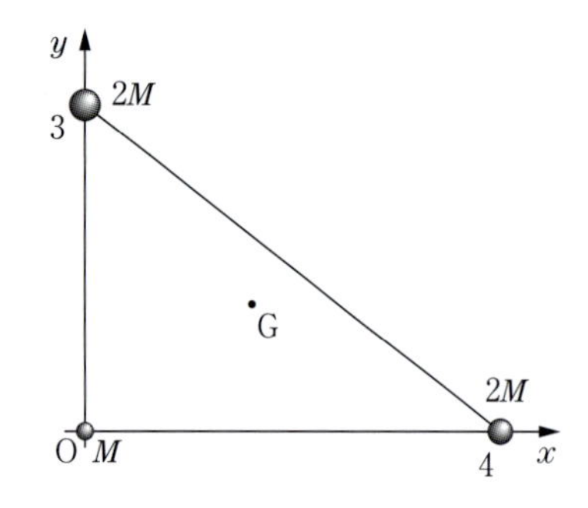

図 8.2　直角三角形の重心

[解]　$X = \dfrac{M \times 0 + 2M \times 4}{5M} = \dfrac{8}{5} = 1.6\,\mathrm{m}$,　　$Y = \dfrac{M \times 0 + 2M \times 3}{5M} = \dfrac{6}{5} = 1.2\,\mathrm{m}$　■

[例題 8.2　ボートと人の動き]

図 8.3 のように，ボート乗り場から 3 m 離れたボートの最後尾にいる少年（質量 30 kg）が，前後対称のボート（質量 100 kg）の最先端まで歩いて行った．ボートに対する湖水の抵抗は無視できるとして，次の問いに答えよ．

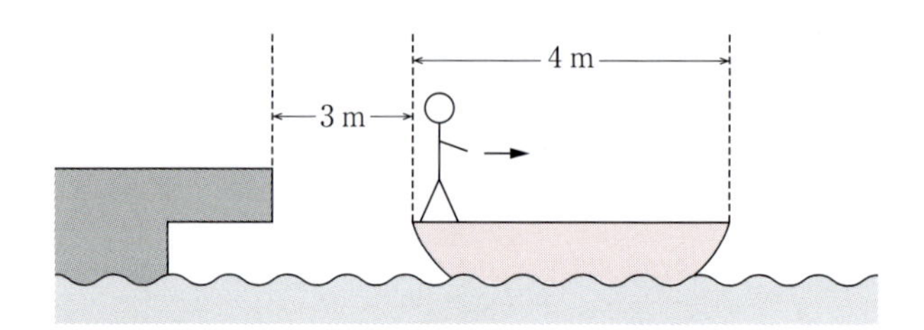

図 8.3　ボートと人の動き

(1)　最後尾にいる少年とボートの重心 X_{G} を求めよ．

(2)　少年が最先端に行ったときのボートの最後尾とボート乗り場の間隔 s を求めよ．

[解]　(1)　乗り場の端から重心までの距離 X_{G} は次式で与えられる．

$$X_{\mathrm{G}} = \frac{30 \times 3 + 100 \times 5}{130} = 4.54\,\mathrm{m} \tag{8.2}$$

(2)　外力はなく，内力だけがはたらいているので重心の位置 X_{G} は変わらないことに注意すれば，間隔 s を使って

$$X_{\mathrm{G}} = \frac{30 \times (s+4) + 100 \times (s+2)}{130} = 4.54\,\mathrm{m} \tag{8.3}$$

が成り立つ．これより，$s = 2.07\,\mathrm{m}$ を得る．　■

8.1.2　重心座標系

一般に，質点系の運動は複雑であるが，座標系をうまく選ぶと，重心を質点のように扱えて理解しやすくなる．そのような座標系の 1 つが**重心座標系**である．これは，座標原点を質点系の重心 G にとり，そこから各質点の運動を観測するというものである．そこで，重心 G からみた各質点の位置を図 8.4 のように $\boldsymbol{r}_i'$ で指定すると，図 8.4 より次式が成り立つ．

$$\boldsymbol{r}_i = \boldsymbol{R} + \boldsymbol{r}_i' \tag{8.4}$$

これを座標成分で書けば，$\boldsymbol{r}_i = (x_i, y_i, z_i)$，$\boldsymbol{R} = (X, Y, Z)$，$\boldsymbol{r}_i' = (x_i', y_i', z_i')$ とすると

$$x_i = X + x_i', \qquad y_i = Y + y_i', \qquad z_i = Z + z_i' \tag{8.5}$$

となる．ここで，(8.4)を使って(8.1)を書き換えると，次式を得る．

$$MR = \sum_{i=1}^{N} m_i(R + r_i') = \left(\sum_{i=1}^{N} m_i\right)R + \sum_{i=1}^{N} m_i r_i' \quad (8.6)$$

この最右辺の第 1 項目は $(\sum_i m_i)\boldsymbol{R} = M\boldsymbol{R}$（以下，$\sum_{i=1}^{N}$ を $\sum_i$ と略す）で，これは最左辺と同じだから

$$\sum_i m_i \boldsymbol{r}_i' = \boldsymbol{0} \qquad (8.7)$$

となり，これを成分で書けば，3 個の式（$\sum_i m_i x_i' = 0$ と $\sum_i m_i y_i' = 0$ と $\sum_i m_i z_i' = 0$）になる．

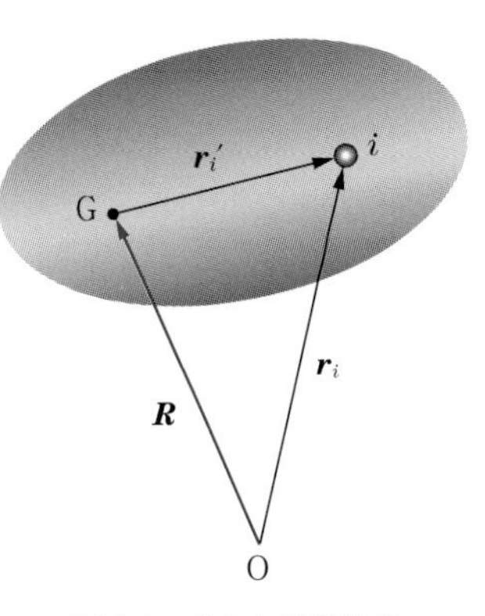

図 8.4 重心と相対位置

この(8.7)は，3 種類の位置ベクトル $\boldsymbol{r}_i, \boldsymbol{R}, \boldsymbol{r}_i'$ の相互関係を制限するベクトル式であり，重心座標系の余分な自由度を消す条件式である（コメント 8.1 を参照）．この条件式のおかげで，重心座標系のメリットが生まれるのである．なお，(8.7)を時間で微分した次の式も同等の役割をする重要な条件式である（$\boldsymbol{v}_i' = \dot{\boldsymbol{r}}_i'$）．

$$\sum_i m_i \boldsymbol{v}_i' = \boldsymbol{0} \qquad (8.8)$$

コメント 8.1 重心座標系の余分な自由度を(8.7)や(8.8)が消す 質点 i の座標は 3 つの成分 (x_i, y_i, z_i) で決まるから，1 個の質点の自由度は 3 である．そのため，N 個の質点からなる質点系の自由度は $3N$ である．慣性系の原点 O からこの質点系を眺めれば，自由度 $3N$ の物体があることになる．

一方，重心座標系では重心という特別な点を質点系に加えたため，重心を指定する座標 (X, Y, Z) が増えた．このため，重心の座標に質点系の $3N$ 個の座標 (x_i', y_i', z_i') を合わせると，自由度は $3N + 3$ となり，慣性系で質点系を眺めたときの自由度 $3N$ より 3 個多くなる．物体の自由度は固有な値だから，用いる座標系によって自由度の値が変わるはずはない．そのため，重心座標系で問題を考えるときは，この余分な 3 個の自由度を解消する必要がある．これを解消するのが(8.7)や(8.8)を成分表示した 3 個の条件式である． ¶

質点系の全運動エネルギー

質点系の全運動エネルギー K は，慣性系の原点 O からみると，質点 i の運動エネルギー $m_i v_i^2/2 = m_i(\boldsymbol{v}_i \cdot \boldsymbol{v}_i)/2$ の総和（i を 1〜N にしてすべて足したもの）で与えられるので，K を重心座標系で書き表すために

$$\boldsymbol{v}_i = \boldsymbol{V} + \boldsymbol{v}_i' \qquad \left(\text{ただし，} \boldsymbol{v}_i = \frac{d\boldsymbol{r}_i}{dt}, \boldsymbol{V} = \frac{d\boldsymbol{R}}{dt}, \boldsymbol{v}_i' = \frac{d\boldsymbol{r}_i'}{dt}\right) \qquad (8.9)$$

を代入すれば

$$\begin{aligned} K &= \sum_i \frac{1}{2} m_i v_i^2 = \sum_i \frac{1}{2} m_i (\boldsymbol{v}_i \cdot \boldsymbol{v}_i) = \frac{1}{2} \sum_i m_i (\boldsymbol{V} + \boldsymbol{v}_i') \cdot (\boldsymbol{V} + \boldsymbol{v}_i') \\ &= \frac{1}{2}\left(\sum_i m_i\right)\boldsymbol{V} \cdot \boldsymbol{V} + \frac{2}{2}\left(\sum_i m_i \boldsymbol{v}_i'\right) \cdot \boldsymbol{V} + \left(\frac{1}{2}\sum_i m_i \boldsymbol{v}_i' \cdot \boldsymbol{v}_i'\right) \\ &= \frac{1}{2} M V^2 + 0 + \sum_i \frac{1}{2} m_i v_i'^2 \end{aligned} \qquad (8.10)$$

となる（なお，2 行目の式に括弧を付けたのは，i をとる項を明示するためである）．3 行目の式の 2 項目が 0 になるのは，関係式(8.8)のためである．これより，質点系の全運動エネルギー

(8.10)は「重心運動の運動エネルギー」と「重心に対する質点の相対運動による運動エネルギー」の和になり，とても理解しやすい（覚えやすい）形になる．

このような形になったのは，「$\boldsymbol{V}$ と $\boldsymbol{v}_i'$ の積の項」（このような項を**交差項**という）が消えたためであるが，交差項を消す役割をもっているのが（「余分な自由度」を解消する）条件式の(8.8)と(8.7)なのである．

例 8.1　2 質点系　相対速度 $v' = |v_1 - v_2|$ と換算質量 μ を使うと，(8.10)は次のように表せる．

$$\frac{1}{2}m_1 v_1^2 + \frac{1}{2}m_2 v_2^2 = \frac{1}{2}MV^2 + \frac{1}{2}\mu v'^2 \tag{8.11}$$

8.2 並進と回転

8.2.1　並進運動の式

質点系に外部から力 $\boldsymbol{F}$ がはたらくと，この外力の方向に質点系は並進運動する．このとき，質点系を構成する N 個の質点からみれば，各質点に $\boldsymbol{F}$ の一部がはたらいていることになる．そこで，図 8.5 のように質点 i にはたらく外力を $\boldsymbol{F}_i$，また，各質点の間には内力もはたらくので，質点 j が質点 i に及ぼす内力を $\boldsymbol{F}_{j\to i}$ と表すことにする．

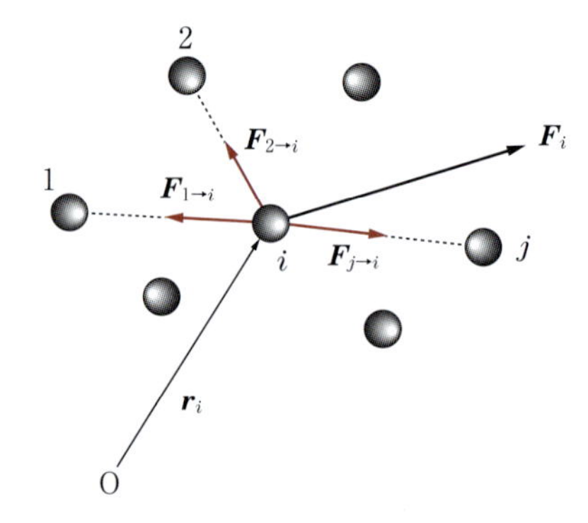

図 8.5　質点系の外力と内力

質点系の並進運動の式は，運動量 $\boldsymbol{p}_i$ をもつ質点 i の運動方程式

$$\frac{d\boldsymbol{p}_i}{dt} = \boldsymbol{F}_i + \sum_{j\neq i}\boldsymbol{F}_{j\to i} \tag{8.12}$$

を考え，添字 i について 1〜N まで総和をとれば求まる．なお，記号 $\sum_{j\neq i}$ は，総和の中に $\boldsymbol{F}_{i\to i}$ を含めないことを意味する．なぜならば，図 8.5 からも明らかなように，自分自身に及ぼす力は存在しないからである（$\boldsymbol{F}_{i\to i} = \boldsymbol{0}$）．

(8.12)を i で総和する　総和の計算は一見複雑そうだが，うれしいことに内力の総和は 0 になる．それはなぜかというと，理由は簡単で，総和をとると，$\boldsymbol{F}_{i\to j}$ と $\boldsymbol{F}_{j\to i}$ のペアが必ず現れて，$\boldsymbol{F}_{i\to j} + \boldsymbol{F}_{j\to i} = \boldsymbol{0}$ となるからである．このため，(8.12)を i について総和をとると，外力だけが残って次のようになる．

$$\sum_i \frac{d\boldsymbol{p}_i}{dt} = \sum_i \boldsymbol{F}_i \tag{8.13}$$

質点系の全外力 $\boldsymbol{F}$ は各質点の外力の総和 $\boldsymbol{F}_1 + \boldsymbol{F}_2 + \boldsymbol{F}_3 + \cdots$ で，全運動量 $\boldsymbol{P}$ は各質点の運動量の総和 $\boldsymbol{p}_1 + \boldsymbol{p}_2 + \boldsymbol{p}_3 + \cdots$ だから，(8.13)は

$$\frac{d\boldsymbol{P}}{dt} = \boldsymbol{F} \qquad \left(ただし，\boldsymbol{P} = \sum_i \boldsymbol{p}_i,\ \boldsymbol{F} = \sum_i \boldsymbol{F}_i\right) \tag{8.14}$$

となる．(8.14)から，質点系の全運動量の時間変化率は系にはたらく全外力に等しいことがわかる．あるいは，重心ベクトル $\boldsymbol{R}$ を t で微分すると，(8.1)より $\dot{\boldsymbol{R}} = \sum_i m_i \dot{\boldsymbol{r}}_i / M = \sum_i \boldsymbol{p}_i / M = \boldsymbol{P}/M$ となるので，$\boldsymbol{P} = M\dot{\boldsymbol{R}}$ を(8.14)に代入すると次のようになる．

$$M\ddot{\boldsymbol{R}} = M\frac{d^2\boldsymbol{R}}{dt^2} = \boldsymbol{F} \tag{8.15}$$

この(8.15)は，形式的には，位置 $\boldsymbol{R}$ にある質量 M の質点に外力 $\boldsymbol{F}$ がはたらくときの運動方程式と同じである．つまり，質点系の並進運動は重心を質点とみなした運動と等価となる．この事実が，大きさのある物体を質点のように扱ってよいことを保証している．

全運動量の保存則

(8.14)の右辺が $\boldsymbol{0}$ のとき，$d\boldsymbol{P}/dt = \boldsymbol{0}$ となるので $\boldsymbol{P}$ は時間によらず一定，つまり，次の**全運動量の保存則**が成り立つ．

$$\boldsymbol{P} = \sum_i \boldsymbol{p}_i = 一定 \tag{8.16}$$

全外力 $\boldsymbol{F} = \boldsymbol{0}$ となるのは，質点系が孤立して外力が存在しない（$\boldsymbol{F}_i = \boldsymbol{0}$，このような系を**孤立系**という）場合か，外力の合力が $\boldsymbol{0}\left(\sum_i \boldsymbol{F}_i = \boldsymbol{0}\right)$ の場合である．なお，$N = 2$ のときは，当然(7.10)に一致する．

例 8.2　ロケットの推進　ロケットと噴射ガスの間の力は内力であるから，全運動量が保存する．噴射ガスがロケットの後方に向かう運動量をもって飛び出すと，全運動量を一定に保つために，ロケットは同じ大きさで前向きの運動量をもって前進する．風船を膨らませて，それを放した後の風船の飛行も同じ原理である．

［例題 8.3　ロケット］

宇宙空間で加速しているロケットの運動を調べよう．まず，時刻 t に質量 M のロケットが固定した座標系（つまり，慣性系）に対して速さ v で動いていたとする（図 8.6(a)）．次に，時刻 $t + dt$ までにロケットから質量 $|dM|$，速さ $v - U$ のガスが噴射され，ロケットの質量は $M - |dM|$，速さは $v + dv$ になった（図 8.6(b)）．ただし，U はロケットに対する噴射ガスの相対速度の大きさである．

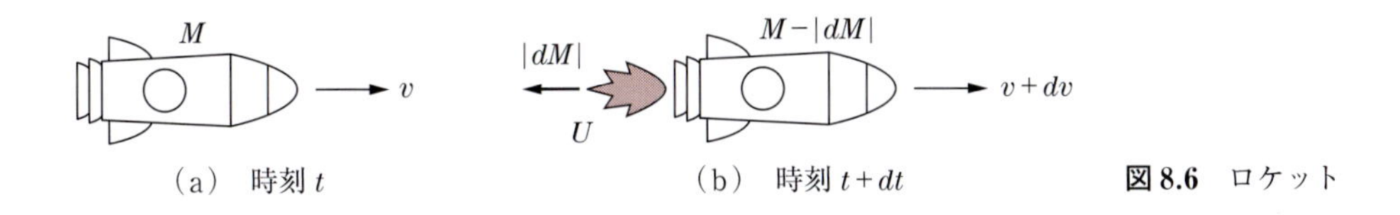

図 8.6　ロケット

(1)　ロケットの運動方程式が次式で与えられることを示せ．

$$M\frac{dv}{dt} = U\left|\frac{dM}{dt}\right| \tag{8.17}$$

(2)　ロケット燃料の燃焼率 $dM/dt = -rM$（r は正の定数）を使って，ロケットの加速度 a が次式で与えられることを示せ（$rM > 0$ より $dM/dt < 0$，よって $|dM/dt| = -dM/dt$ であることに注意）．

$$a = rU \tag{8.18}$$

(3)　ロケットの初速度の大きさをv_{i}，終速度の大きさをv_{f}とし，そのときのロケットの質量をそれぞれM_{i}，M_{f}とすると，次式が成り立つことを示せ．

$$v_{\mathrm{f}} = v_{\mathrm{i}} + U \ln \frac{M_{\mathrm{i}}}{M_{\mathrm{f}}} \tag{8.19}$$

解法のストラテジー　(S1)　系は，「ロケット本体」と時間dtに噴射される「ガス」で構成されている．この系は外力のない宇宙空間にあるから，孤立系である．

(S2)　既知量はロケットの質量M，速さv，噴射ガスの速さU，燃料の燃焼率rで，未知量はロケットの加速度a，終速度v_{f}である．

(S3)　質点系だから，運動方程式は(8.14)を使う．全運動量は保存するから，運動量保存則(8.16)を使う．これらから加速度aと終速度v_{f}を求める式を導く．

(S5)　解のチェックをする．

［解］　(1)　時刻tでの運動量P_0と時刻$t+dt$での運動量$P_1 = P_0 + dP$は，それぞれ$P_0 = Mv$，$P_1 = |dM|(v-U) + (M-|dM|)(v+dv)$だから（$|dM|\,dv$は微小量なのでゼロとする），

$$dP = -U\,|dM| + M\,dv \tag{8.20}$$

運動方程式は(8.14)から$dP/dt = F$で，外力はないから$F=0$，したがって，この左辺のdPに(8.20)を代入すれば，(8.17)になる．

(2)　加速度aはdv/dtだから，燃焼率で(8.17)を書き換えれば(8.18)になる．

(3)　$dP = 0$と，(8.20)で$|dM| = -dM$とおいた式から$M\,dv = -U\,dM$を得るから，これを次のように積分すれば(8.19)となる．

$$\int_{v_{\mathrm{i}}}^{v_{\mathrm{f}}} dv = -U \int_{M_{\mathrm{i}}}^{M_{\mathrm{f}}} \frac{1}{M}\,dM \tag{8.21}$$

解のチェック　(8.17)を$Ma = rUM$と書くと，左辺は力であるから，右辺のrUMはロケットの推進力Tになる．$T = rUM$から，推進力は噴射速度の大きさUや燃料の燃焼速度の大きさrが大きいほど，増大することがわかるが，これは理に適った結果である．また，(8.19)から，ロケットの推進速度の大きさ（速さの増分$v_{\mathrm{f}} - v_{\mathrm{i}}$）は噴射速度の大きさ$U$に比例するが，これも直観的に理解できる結果である．

気づき　(8.19)から推進速度は，M_{f}が小さくなるほど増大することがわかる．これは，ロケットを多段式にして，燃料を使い果たした段を捨てていく多段ロケットの方が，一段ロケットよりも有利であることを意味する．この問題は外力がないとして解いたが，もし地球から鉛直上方に打ち上げられたロケットを考えたければ，外力$F = -Mg$を(8.17)の右辺に加えて$M(dv/dt) = U\,|dM/dt| - Mg$とすればよい．■

8.2.2　回転運動の式

回転運動は「質点の力学」には存在しないので，「質点系の力学」で初めて学ぶことになる．そこで，まず固定点の周りでの質点系の回転を表す運動方程式を求めよう．この式は，角運動量と外力のモーメントとの関係式(6.10)からストレートに導けるので式自体は簡単であるが，質点系を扱うときの基礎になる重要な式なので，よく理解してほしい．

慣性系での式

質点系が原点（固定点）Oの周りで回転運動しているとしよう．この場合，質点系の全角運動量$\boldsymbol{L}$は，系を構成する質点i（質量m_i，位置$\boldsymbol{r}_i$，運動量$\boldsymbol{p}_i$）の角運動量$\boldsymbol{l}_i = \boldsymbol{r}_i \times \boldsymbol{p}_i$の総和

$$\boldsymbol{L} = \sum_i \boldsymbol{l}_i = \sum_i (\boldsymbol{r}_i \times \boldsymbol{p}_i) \tag{8.22}$$

で与えられる．

質点 i の回転運動の式は $\dot{\boldsymbol{l}} = d\boldsymbol{l}_i/dt = \boldsymbol{r}_i \times \boldsymbol{F}_i$（(6.10)）だから，$\dot{\boldsymbol{l}}_i$ について総和をとれば質点系の全角運動量 $\boldsymbol{L}$ に対する $\dot{\boldsymbol{L}}$ の式になるはずである．ここで，$\dot{\boldsymbol{l}}_i = \boldsymbol{r}_i \times \dot{\boldsymbol{p}}_i = \boldsymbol{r}_i \times \boldsymbol{F}_i$ に注意して全外力のモーメント $\boldsymbol{N}$ を

$$\boldsymbol{N} = \sum_i (\boldsymbol{r}_i \times \boldsymbol{F}_i) \tag{8.23}$$

とすれば，結局，**質点系の回転運動の式**は次のようになることがわかる．

$$\dot{\boldsymbol{L}} = \frac{d\boldsymbol{L}}{dt} = \boldsymbol{N} \tag{8.24}$$

つまり，質点系の全角運動量の時間変化率は，質点系を構成する質点 i にはたらく外力 $\boldsymbol{F}_i$ のモーメント（トルク）の総和に等しい．

ここで注意してほしいことは，(8.22)の $\boldsymbol{r}_i$ は慣性系で定義されているから，$\boldsymbol{L}$ も慣性系における全角運動量だということである．したがって，厳密にいえば(8.24)は慣性系での質点系の回転運動の式である．

重心座標系での式

慣性系での全角運動量(8.22)の $\boldsymbol{l}_i = \boldsymbol{r}_i \times \boldsymbol{p}_i = \boldsymbol{r}_i \times (m_i \boldsymbol{v}_i)$ を，重心座標系の $\boldsymbol{r}_i'$ と $\boldsymbol{v}_i'$ で表せば，次の 2 つの項になる．

$$\boldsymbol{L} = \boldsymbol{L}_{\mathrm{G}} + \boldsymbol{L}' \tag{8.25}$$

ただし，$\boldsymbol{L}_{\mathrm{G}}$ と $\boldsymbol{L}'$ は次式で与えられる（演習問題 [8A.9] を参照）．

$$\boldsymbol{L}_{\mathrm{G}} = \boldsymbol{R} \times M\boldsymbol{V} = \boldsymbol{R} \times \boldsymbol{P}, \qquad \boldsymbol{L}' = \sum_i (\boldsymbol{r}_i' \times m_i \boldsymbol{v}_i') = \sum_i (\boldsymbol{r}_i' \times \boldsymbol{p}_i') \tag{8.26}$$

(8.25)の全角運動量 $\boldsymbol{L}$ を(8.24)に代入すると，

$$\frac{d\boldsymbol{L}}{dt} = \frac{d\boldsymbol{L}_{\mathrm{G}}}{dt} + \frac{d\boldsymbol{L}'}{dt} = \boldsymbol{N} \tag{8.27}$$

となり，この $\boldsymbol{N}$ は，

$$\frac{d\boldsymbol{L}_{\mathrm{G}}}{dt} = \boldsymbol{R} \times \boldsymbol{F} = \boldsymbol{N}_{\mathrm{G}} \tag{8.28}$$

$$\frac{d\boldsymbol{L}'}{dt} = \sum_i (\boldsymbol{r}_i' \times \boldsymbol{F}_i') = \sum_i \boldsymbol{N}_i' \tag{8.29}$$

を使って $\boldsymbol{N} = \boldsymbol{N}_{\mathrm{G}} + \sum_i \boldsymbol{N}_i'$ で決まる（$\boldsymbol{F} = d\boldsymbol{P}/dt$，$\boldsymbol{F}_i' = d\boldsymbol{p}_i'/dt$）．

したがって，(8.28)が原点 O の周りでの重心 G の回転を表す式，(8.29)が重心の周りでの質点の回転を表す式で，これらが重心座標系での質点系の回転運動の式になる．

全角運動量の保存則

(8.24)の右辺が $\boldsymbol{0}$ のとき，$d\boldsymbol{L}/dt = \boldsymbol{0}$ となるので $\boldsymbol{L}$ は時間によらず一定，つまり，次の**全角運動量の保存則**が成り立つ．

$$\boldsymbol{L} = \sum_i \boldsymbol{l}_i = \text{一定} \tag{8.30}$$

力のモーメント $\boldsymbol{N} = \boldsymbol{0}$ となるのは，質点系が周囲から孤立して外力が存在しない孤立系（$\boldsymbol{F}_i = \boldsymbol{0}$）の場合か，外力があってもモーメントの総和が $\boldsymbol{0}$（$\sum_i (\boldsymbol{r}_i \times \boldsymbol{F}_i) = \boldsymbol{0}$）の場合である．

例 8.3　地球の公転と自転　(8.25)を太陽の周りで公転している地球に当てはめて考えると，図 8.7 のように $\boldsymbol{L}'$ は地球の自転による角運動量（重心 G の周りの角運動量）であり，$\boldsymbol{L}_{\mathrm{G}}$ は地球の公転による角運動量（慣性系の原点 O にある太陽の周りの角運動量）である．これらの和 $\boldsymbol{L}$ は，地球の公転と自転によって太陽の周りで地球がもつ全角運動量である．◢

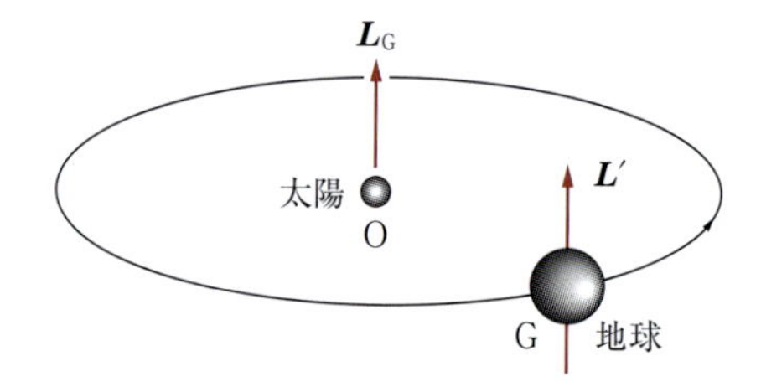

図 8.7　地球の公転と自転

［例題 8.4　連星の角運動量］

図 8.8 のように，相対距離 r を保ちながら角速度 ω で重心 G の周りを回転している**連星**（星 A（質量 m_{A}）と星 B（質量 m_{B}））がある．連星の運動する平面内で，重心 G が点 O の周りを半径 R，角速度 ω_0 で回転しているとすれば，点 O の周りの全角運動量 L は次式で与えられることを示せ．ただし，μ は換算質量である．

$$L = MR^2\omega_0 + \mu r^2\omega \qquad (\text{全質量 } M = m_{\mathrm{A}} + m_{\mathrm{B}}) \tag{8.31}$$

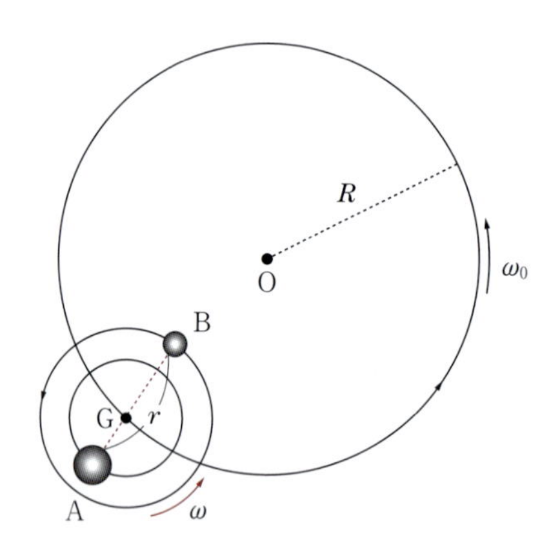

図 8.8　連星の角運動量

解法のストラテジー　(S1)　重心 G の周りの連星の全角運動量 L' と点 O の周りの重心 G の角運動量 L_{G} を別々に考える．

(S2)　既知量は質量 m_{A} と質量 m_{B}，半径 r と R，角速度 ω と ω_0 である．未知量は角運動量 L' と L_{G} である．

(S3)　内力を及ぼし合っている 2 体（連星）の運動は，換算質量 μ をもった物体の 1 体運動と考えてもよい．関係式(8.25)と(8.26)を使い，これらから L' と L_{G} を求める式を導く．

(S5)　解のチェックをする．

［解］　星 A，B と重心 G との距離をそれぞれ r_{A}，r_{B} とすれば，$r_{\mathrm{A}} + r_{\mathrm{B}} = r$ と $m_{\mathrm{A}}r_{\mathrm{A}} = m_{\mathrm{B}}r_{\mathrm{B}}$（演習問題［8A.8］を参照）より $r_{\mathrm{A}} = m_{\mathrm{B}}r/M$，$r_{\mathrm{B}} = m_{\mathrm{A}}r/M$ である．また，換算質量は $m_{\mathrm{A}}m_{\mathrm{B}}/M = \mu$ である．したがって，重心 G の周りの全角運動量 L' は(8.26)から

$$L' = r_{\mathrm{A}}(m_{\mathrm{A}}r_{\mathrm{A}}\omega) + r_{\mathrm{B}}(m_{\mathrm{B}}r_{\mathrm{B}}\omega) = \frac{m_{\mathrm{A}}m_{\mathrm{B}}}{M}r^2\omega = \mu r^2\omega \tag{8.32}$$

となる（7.4 節で述べたように，内力を及ぼし合っている 2 体運動は，換算質量 μ をもった物体の 1 体運動と等価である）．

一方，点Oの周りの重心Gの角運動量L_Gは，(8.26)から$L_G = MR^2\omega_0$となる．点Oの周りの全角運動量Lは$L = L_G + L'$だから，(8.31)となる．

気づき　(8.31)のように書くと，全角運動量が「固定点を回る質量Mの寄与（半径Rで角振動数ω_0）と固定点を回る換算質量μの寄与（半径rで角振動数ω）の和」で与えられることが明瞭になる．このような直観的な解釈が簡単にできるので，重心座標系のメリットが実感できる．■

8.3 剛体のつり合いと平面運動

剛体とは硬い物体を理想化したもので，厳密にいえば，質点系を構成するすべての質点がそれらの距離を変えず，どのような力がはたらいても変形しない物体のことである．そのため，剛体の自由度は6に制限され，質点系の問題の扱いが簡単になる．

8.3.1 つり合いの条件

物体が並進運動も回転運動もしない状態のことを**つり合いの状態**という．ここでは，このような状態になるための条件を考えよう．

まず，重心の並進運動が止まっていればよいから，(8.15)より次式が成り立てばよい．

$$\sum_i \boldsymbol{F}_i = \boldsymbol{0} \qquad (\text{並進なし}) \tag{8.33}$$

このとき重心は止まっている（$\boldsymbol{V} = \boldsymbol{0}$）から，$\boldsymbol{L}_G = \boldsymbol{0}$である（$\boldsymbol{L}_G = \boldsymbol{R} \times M\boldsymbol{V}$）．さらに，回転運動がなければ重心の周りでの質点の角運動量も$\boldsymbol{L}' = \boldsymbol{0}$であり，(8.25)より$\boldsymbol{L} = \boldsymbol{L}_G + \boldsymbol{L}' = \boldsymbol{0}$となるから，(8.23)と(8.24)より

$$\boldsymbol{N} = \sum_i (\boldsymbol{r}_i \times \boldsymbol{F}_i) = \boldsymbol{0} \qquad (\text{回転なし}) \tag{8.34}$$

が成り立つ．

つり合いの条件(8.33)と(8.34)は，どちらもベクトルの式だから，成分で書けばそれぞれ3個の式になる．すなわち，これら6個の式が成り立っていることが，自由度6の剛体のつり合いの条件になる．

8.3.2 平面運動とつり合いの式

いま，棒が床と垂直な壁に立てかけてあるとしよう（図8.9）．棒には床と壁からの垂直抗力N_1, N_2，摩擦力F_1, F_2，重力Wがはたらく．これらの力はすべて鉛直な1つの平面内にあり，棒もこの平面に平行な面内だけで自由に動けるとする（このような動き方を**平面運動**という）．

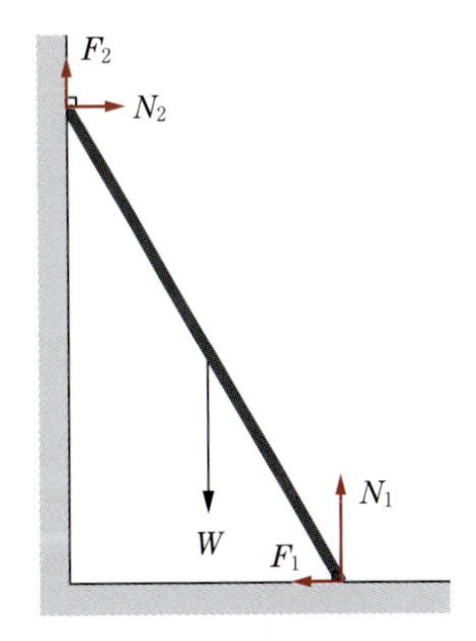

図8.9　平面運動

平面運動を考えるメリットは，自由度3の簡単な剛体運動になるからである（10.1節を参照）．そのため，力を$\boldsymbol{F}_i = (F_{ix}, F_{iy})$，位置ベクトルを$\boldsymbol{r}_i = (x_i, y_i)$とすると，次の3個の式（2個の並

進運動のつり合いの条件式(8.33)と1個の回転運動のつり合いの条件式(8.34)）だけで問題が解けることになる．

$$\sum_i F_{ix} = 0, \qquad \sum_i F_{iy} = 0, \qquad \sum_i (x_i F_{iy} - y_i F_{ix}) = 0 \tag{8.35}$$

[例題 8.5　棒と床との角度]

図8.10の棒（重さ W，長さ $2a$）を次第に傾けていったとき，次式の角度になると棒が滑り出すことを示せ．

$$\tan\theta = \frac{1 - \mu_1\mu_2}{2\mu_1} \tag{8.36}$$

ただし，静止摩擦係数（最大静止摩擦力（静止摩擦における最大摩擦力）と摩擦面にはたらく垂直抗力との比で，接触面の性質で決まる定数）は μ_1（棒と床）と μ_2（棒と壁）である．

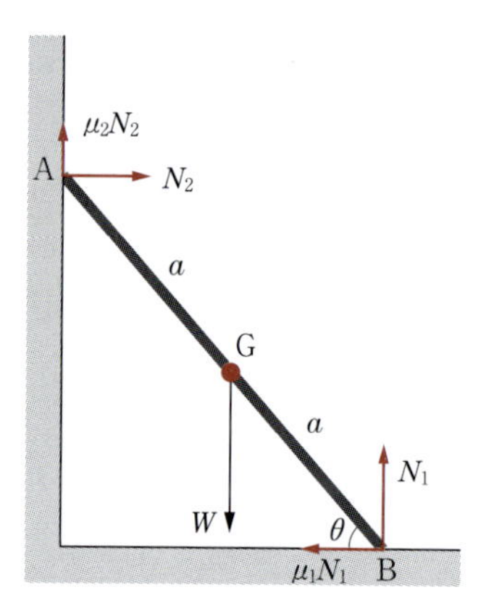

図 8.10　棒と床との角度

[解]　A，Bでの摩擦力を F_1，F_2 とすれば，棒が鉛直に近い状態でつり合っているとき，$F_1 \leq \mu_1 N_1$，$F_2 \leq \mu_2 N_2$ である．棒が傾いていくと，まず $F_1 = \mu_1 N_1$ になるか，あるいは $F_2 = \mu_2 N_2$ になる．

例えば，$F_1 < \mu_1 N_1$，$F_2 = \mu_2 N_2$ では，まだ滑らない．それからもっと傾けていくと，両端で $F_1 = \mu_1 N_1$，$F_2 = \mu_2 N_2$ となる．この状態が，滑るか，滑らないかの境界である．そのとき，棒が床とつくる角を θ とすると，(8.35)より次のような力のつり合いの式を得る．

$$N_2 = \mu_1 N_1 \ (\text{水平方向}), \qquad N_1 + \mu_2 N_2 = W \ (\text{鉛直方向}) \tag{8.37}$$

$$N_1 \cdot 2a\cos\theta = \mu_1 N_1 \cdot 2a\sin\theta + W \cdot a\cos\theta \ (\text{Aの周りの力のモーメント}) \tag{8.38}$$

(8.37)から $N_1 = W/(1 + \mu_1\mu_2)$ を得るので，これを(8.38)に代入すれば，(8.36)となる．■

演　習　問　題

[A：基礎的な問題]

[8A.1]　つり合い　図8.11のように，棒が点Aでピンによって支持されている．棒の点C，Dにそれぞれ下向きに $F_1 = 20$ N，$F_2 = 10$ N の力が加わっている．このとき，棒を水平に保持するために，点Bに上向きに加える力 F の大きさを求めよ．ただし，棒の質量は無視する．　[☞ 8.3.1項]

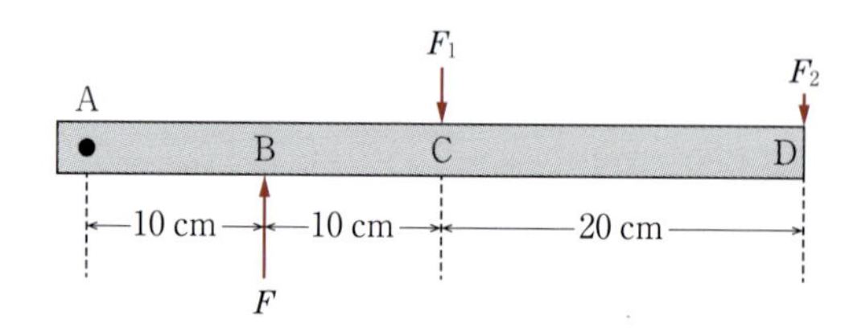

図 8.11　つり合い

[8A.2]　質量中心　x 軸上の $x_1 = -5$ m に $m_1 = 3$ kg の質点があり，$x_2 = 3$ m に $m_2 = 4$ kg の質点がある．このとき，質量中心 x_c を求めよ．　[☞ 8.1.1項]

[8A.3]　カットされた円　図8.12のように，一様な材質でできた点Oを中心とする半径 r の円板（質量 M）から，点O′を中心とする半径 $r/2$ の円板を切り取った．切り取った円板（質量 m'）と残りの円板（質量 m）を合わせたものの重心は，もとの円板の重心の位置Oに一致することを利用して，残りの円板の重心GとOの距離 s が $s = r/6$ であることを示せ．　[☞ 8.3.1項]

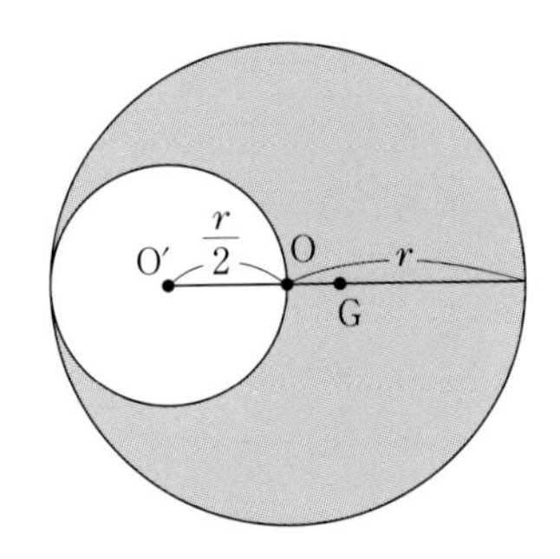

図 8.12　カットされた円

[8A.4]　質量中心の速度と運動量　$m_1 = 2$ kg の質点が速度 $\boldsymbol{v}_1 = (2\boldsymbol{i} - 3\boldsymbol{j})$ m/s をもち，$m_2 =$ 3 kg の質点が速度 $\boldsymbol{v}_2 = (\boldsymbol{i} + 6\boldsymbol{j})$ m/s をもっているとき，次の値を求めよ．

(1)　質量中心の速度 $\boldsymbol{V}$　　(2)　系の全運動量 $\boldsymbol{P}$　　[☞ 8.1.1 項と 8.2.1 項]

[8A.5]　ギックリ腰の予防法　図 8.13(a)のように人がかがんで物体（重量 M）をもち上げるとき，脊柱（せきちゅう）と仙骨（せんこつ）（第 5 腰椎の下）にかかる力を図 8.13(b)のようにモデル化する．$\boldsymbol{R}$ は仙骨が脊柱に作用する力，$\boldsymbol{T}$ は脊柱起立筋が脊柱に及ぼす力である．体重を W，胴体（肩から腰まで）の重さを W_1，頭・首・腕・手の重さの和を W_2 とする．そして，仙骨の力 $\boldsymbol{R}$ の作用点を原点 O とし，そこから力 W_2 の作用点 P までの距離を l，脊柱起立筋の力 $\boldsymbol{T}$ の作用点 P までの距離を $2l/3$，胴体の重心 G (W_1) までの距離を $l/2$（脊柱の中心）として，次の問いに答えよ．

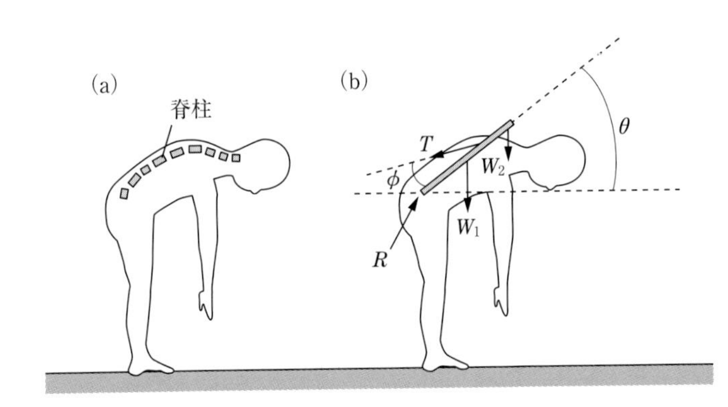

図 8.13　ギックリ腰の予防法

(1)　いま，手には何ももたずに，腰を曲げて脊柱が水平と角度 θ をなすとする．脊柱起立筋は脊柱と 12° ずれた方向に引っ張られるとして，脊柱起立筋の張力の大きさ T と仙骨にはたらく力 $\boldsymbol{R}$ の成分 R_x, R_y を求めよ．

(2)　$W_1 = 0.4W$，$W_2 = 0.2W$ として，体重 $W = 65$ kgw，腰の曲げ角 $\theta = 30°$ のときの T と $R = \sqrt{R_x^2 + R_y^2}$ の値を計算せよ ($\sin 12° = 0.21$，$\sin 18° = 0.31$，$\cos 18° = 0.95$)．

(3)　手に重さ $M = 10$ kgw の物体をもったときに仙骨にかかる力を $\boldsymbol{R}'$ として，その大きさ $R' = \sqrt{R_x'^2 + R_y'^2}$ を求めよ．

(4)　R'/R や $R' - R$ の値から，物体をもったときに仙骨にかかる力を調べ，ギックリ腰について考察せよ．　[☞ 8.3 節]

[8A.6]　斜面上の物体を歩く　水平面と θ の角をなす滑らかな斜面にのせた板（質量 M）の上を，板がすべり動かないように歩きたい．そのためには，ある大きさの加速度 a で歩かなければならない．歩く人の質量を m として，a を求めよ．　[☞ 8.1.1 項]

[8A.7]　花火の軌道　打ち上げ花火は，上空の 1 点からさまざまな方向に，たくさんの質点を等し

い初速度の大きさ v_0 で投射する．これらの質点は各瞬間に同一球面上にあり，その球面は半径が v_0 の速さで拡がり，そして，中心は重力加速度 g に等しい加速度で降下することを示せ．［☞ 8.2.1 項］

［8A.8］ 2 体系の重心 重心の式(8.1)において，$N = 2$ の場合の重心 G は，2 個の質点をつなぐ線分 PQ を $m_2 : m_1$ に内分する点になることを示せ．［☞ 8.1.1 項］

［8A.9］ 全角運動量の式 重心座標系で表した，全角運動量の式(8.25)を導け．

［☞ 8.2.2 項と 8.1.2 項］

［B：標準的な問題］

［8B.1］ カットされた板 図 8.14 のように，正方形（質量 m，一辺の長さ l）の薄くて一様な板の一部（三角形）を切り取ったとき，この板の重心 G を求めよ．ただし，切り取った三角形の重心を G′ とする．

［☞ 8.1.1 項］

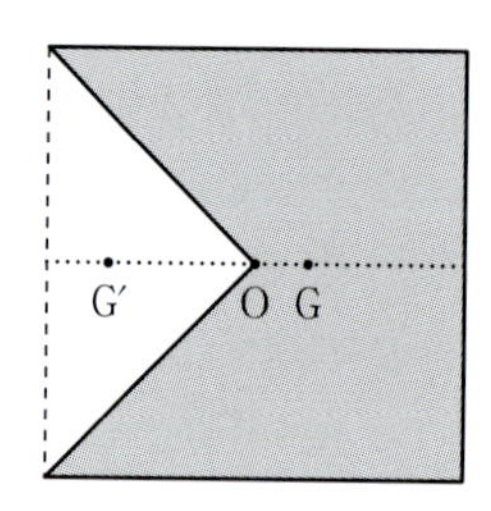

図 8.14 カットされた板

［8B.2］ 3 質点系の質量中心 直角三角形の頂点に置かれた 3 つの質点 m_1, m_2, m_3 からなる系がある．それぞれの質量と座標は $m_1 = 2m, (x_1, y_1) = (1, 0)$ と $m_2 = m, (x_2, y_2) = (3, 0)$ と $m_3 = 4m$, $(x_3, y_3) = (3, 2)$ である．この系の質量中心 (x_c, y_c) を求めよ．［☞ 8.1.1 項］

［8B.3］ 質量中心 質量中心の座標 x_c を次の 2 つの場合に求めよ．

(1) 質量 M で長さ L の一様な棒

(2) 棒の質量は一定でなく，単位長さ当たりの質量が $\lambda = ax$ の棒（a は定数）．［☞ 8.1.1 項］

［8B.4］ チェインの落下 図 8.15 のように，テーブルの端にかたまっている鎖の一端がずれて，その端から鎖がほどけ落ちるとする．鎖の線密度を ρ として，次の値を求めよ．

(1) 鎖が x だけたれ下がったときの速さ v と加速度の大きさ a

(2) (1)までに要した時間 t

(3) (1)のときの力学エネルギーの増減 ΔE ［☞ 8.2.1 項と 5.3.2 項］

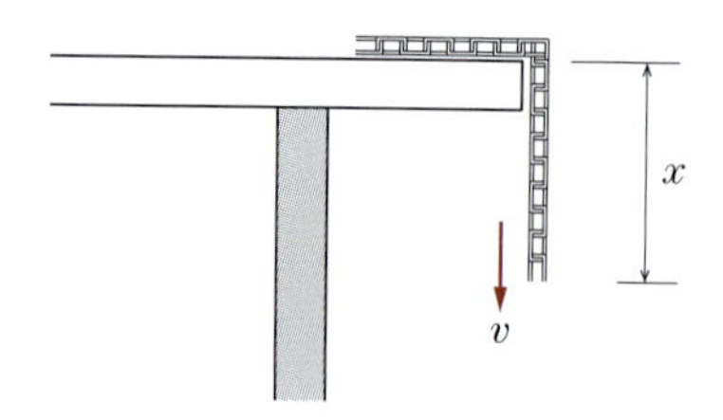

図 8.15 チェインの落下

［8B.5］ ロケットの推進力 初期質量 $M_i = 800\,\mathrm{kg}$，燃焼の燃焼率 $r = 3.25 \times 10^{-3}\,/\mathrm{s}$，噴射速度 $U = 2500\,\mathrm{m/s}$ のロケットがある．このロケットの推進力 T と初期加速度の大きさ a を求めよ．

［☞ 例題 8.3］

［8B.6］ 回転板の上を歩く 自由に回転する水平な円板（半径 R）を考える．この円板上の直径の両端 a と b にそれぞれ A さんと B さんが静止している．いま，a にいる A さん（質量 M_A）が円周に沿って歩き，b にいる B さん（質量 M_B）の所まで来たら，その間に円板は角 α だけ回転した．円板

の質量を無視して，この回転角 α を求めよ． ［☞ 8.2.2 項］

［8B.7］ 複斜面での運動 図 8.16 のように，水平面と θ_1, θ_2 の傾きの 2 つの斜面よりなる固定した複斜面がある．質量が m_1, m_2，斜面との動摩擦係数が μ_1', μ_2' である 2 つの物体を，糸の両端に付ける．そして，その糸を複斜面の頂上に固定された滑らかな滑車にかける．質量 m_1 と m_2 の物体をそれぞれ傾角 θ_1，θ_2 の斜面にのせて運動させるときの加速度 a を求めよ． ［☞ 8.2.1 項と 3.5 節］

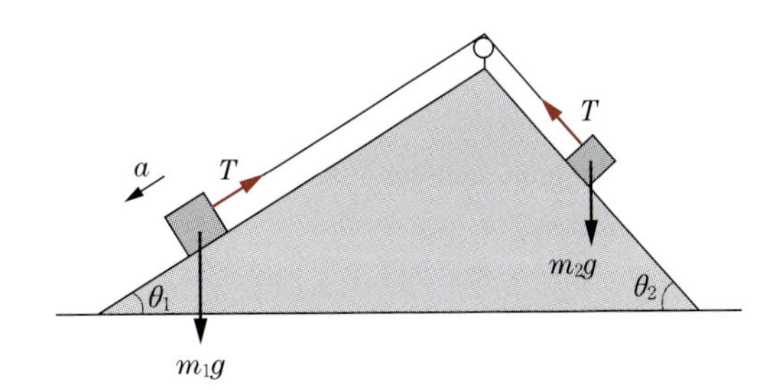

図 8.16 複斜面での運動

［8B.8］ ぎりぎりのつり合い 長さ l の一様な棒（質量 M）が，図 8.17 のように摩擦係数 μ の水平な床と高さ h の鉛直壁の上ふちにかかっている．棒と床との角がちょうど θ のとき，棒にはたらく壁の上ふちでの垂直抗力を R_1，最大静止摩擦力を μR_1，床での垂直抗力を R_2，最大静止摩擦力を μR_2 とすると，次式が成り立つことを示せ（このようなつり合い状態を限界つり合いという）．

$$\cos\theta - \cos^3\theta = \frac{2\mu h}{(1+\mu^2)l} \tag{8.39}$$

［☞ 例題 8.5 と 3.5 節］

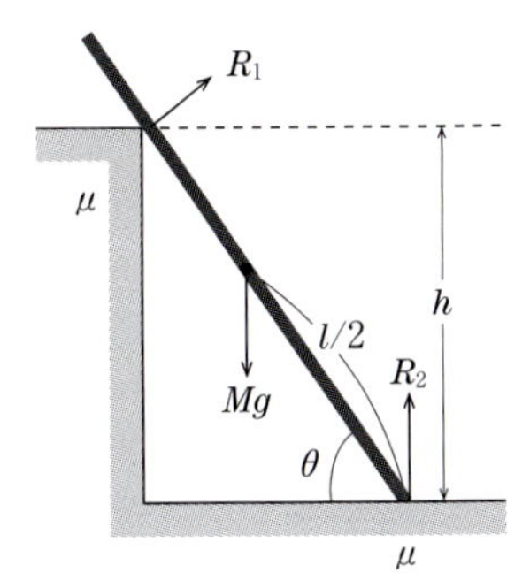

図 8.17 立てかけた棒

第 9 章

剛体の回転運動 ―慣性モーメント―

ビア樽のようにズングリとしたものを回そうとすると，誰でも大きな力が必要と思うが，スリムな物体だと軽く回せると思う．この感覚を測定可能な量にしたものが慣性モーメントといえるだろう．質点の力学での慣性質量のように，質点系の力学では慣性モーメントが重要な役割をする．本章で，慣性モーメントをしっかりと理解しよう．

9.1 固定軸の周りでの回転

2 3

9.1.1 なぜ固定軸を考えるのか

自由度が6もある剛体の運動をそのまま扱うのは難しい．そこで，一般には自由度の数を少しでも減らすために，固定軸の周りでの回転運動を考えることが多い．このようにすれば，剛体の運動も回転角だけで決まる自由度1の最も簡単な運動になるので，初めて剛体の運動を学ぶ人にとっては教育的であり，かつ慣性モーメントを理解する上でも適しているからである．

9.1.2 慣性モーメントの登場

任意の形をした剛体が，図9.1のように固定軸（z 軸とする）の周りを角速度 ω で回転しているとする．この剛体の回転に伴う運動エネルギーを計算してみよう．この場合，剛体を構成している質点 m_i は z 軸の周りに円運動する．m_i から z 軸に下ろした垂線の長さを r_i とすれ

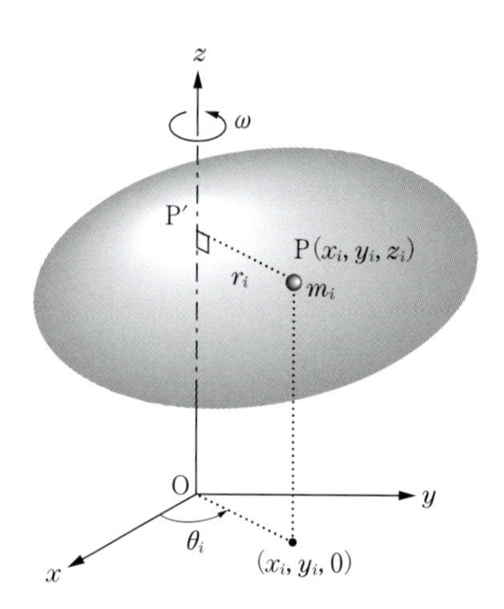

図 9.1 固定軸の周りでの剛体の回転

ば，m_i の速さは $v_i = \omega r_i$ であり，方向は z 軸に垂直な平面内にある．

回転する剛体の運動エネルギー

回転する剛体の運動エネルギー K_{R}（添字 R は rotation（回転）の略）は質点 m_i の運動エネルギーの総和で，次式のように求まる．

$$K_{\mathrm{R}} = \frac{1}{2}m_1v_1^2 + \frac{1}{2}m_2v_2^2 + \frac{1}{2}m_3v_3^2 + \cdots = \sum_i \frac{1}{2}m_iv_i^2 \tag{9.1}$$

$m_iv_i^2 = m_i(r_i\omega)^2 = \omega^2(m_ir_i^2)$ に注意すれば，(9.1)は次のようになる．

$$K_{\mathrm{R}} = \sum_i \frac{1}{2}\omega^2(m_ir_i^2) = \frac{1}{2}\left(\sum_i m_ir_i^2\right)\omega^2 \tag{9.2}$$

ここで，**慣性モーメント**（moment of inertia）とよばれる

$$I = \sum_i m_ir_i^2 \tag{9.3}$$

という量を導入すれば，(9.2)は次のように表せる．

$$K_{\mathrm{R}} = \frac{1}{2}I\omega^2 \tag{9.4}$$

なお，(9.3)は固定軸を z 軸として導いたため I_z と添字を付けたくなるかもしれないが，(9.3)の結果の中に z 軸の情報は残っていないことに注意してほしい．このため，(9.3)は任意の固定軸の周りでの慣性モーメントの定義式になるのである．

慣性モーメントの物理的な意味

回転する剛体の運動エネルギー K_{R} を並進運動の運動エネルギー $K_{\mathrm{T}} = (1/2)MV^2$（添字 T は translation（並進）の略）と比較すると，回転運動の I と ω が並進運動の M と V に対応することがわかる．質量（慣性質量）M が大きいほど物体の運動状態を変えるのは難しい（質量のもつ慣性という性質）のと同じように，慣性モーメントが大きいほど回転状態を変えにくい性質を剛体はもっている．

慣性モーメントを実感しよう

剛体の慣性モーメント I は，その質量だけでなく，剛体の形，質量分布，固定軸のとり方などにも関係する．図 9.2 のように，2 つの異なる方法で棒を回転させてみよう．どちらも同じ質量であるが，中心軸の周りに回転させる方（図 9.2(a)）が，垂直軸の周りに回転させる（図 9.2(b)）より楽なことは経験的に知っているだろう．理由は，中心軸周りの回転では質量が回転軸近くに分布しているので，図 9.2(b)よりも慣性モーメントが小さくなるためである．一般に，慣性モーメントが小さいほど回転させやすいのである．

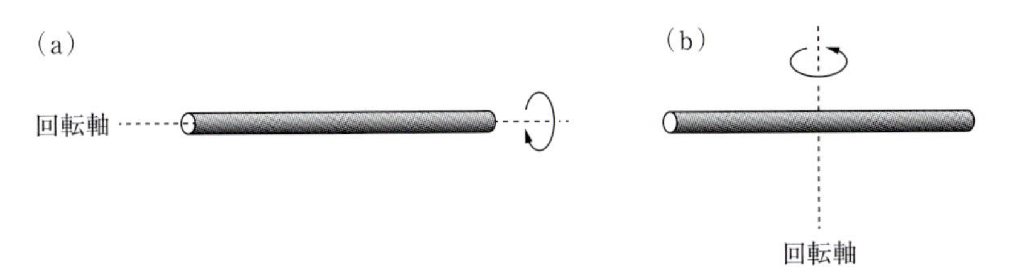

図 9.2 重い棒をどの軸で回すか

例 9.1　全角運動量 $\boldsymbol{L}$　図 9.1 の質点 m_i の角運動量 $\boldsymbol{l}_i = \boldsymbol{r}_i \times \boldsymbol{p}_i$ の大きさは $l_i = r_i p_i \sin 90° = r_i p_i = r_i(m_i v_i)$，向きは z 軸の正方向だから，l_i は $\boldsymbol{l}_i$ の z 成分である．したがって，剛体の全角運動量 $\boldsymbol{L}$ の z 成分 L_z は，慣性モーメントを I_z とすると次のように表せる．

$$L_z = \sum_i l_i = \omega \sum_i (m_i r_i^2) = \omega I_z \tag{9.5}$$

慣性モーメントの単位　kg·m^2

定義式(9.3)より，次元は $[\mathrm{ML}^2]$ である．回転運動の慣性を表す量は質量 m_i の単なる総和ではなく，r_i^2 を重みとして掛けた総和になるが，この重みを付けた総和をモーメントという．

9.2 慣性モーメントの計算法

9.2.1 簡単な例

まず，簡単な回転子のモデル（図 9.3）から始めよう．

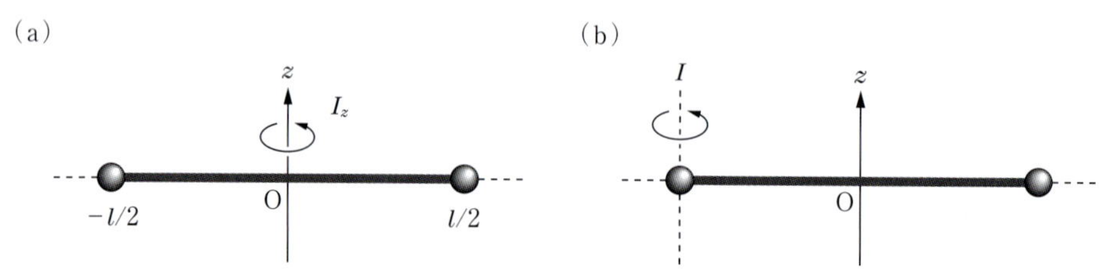

図 9.3　回転子の慣性モーメント

[例題 9.1　回転子]

軽い棒（長さ l）の両端に質点（質量 m）を付けたものを回転子という．次の慣性モーメントを求めよ．

(1)　重心を通り，棒に垂直な z 軸の周りの慣性モーメント I_z（図 9.3(a)）

(2)　棒の左端を通り，(1)の z 軸に平行な軸の周りの慣性モーメント I（図 9.3(b)）

[解]　(1)　棒を x 軸に一致させ，棒の中点を原点 O に選ぶ．(9.3)に $x_1 = l/2$，$x_2 = -l/2$，$m_1 = m_2 = m$ を代入すると次のようになる．

$$I_z = m_1 x_1^2 + m_2 x_2^2 = m\left(\frac{l}{2}\right)^2 + m\left(-\frac{l}{2}\right)^2 = \frac{ml^2}{2} \tag{9.6}$$

(2)　$x_1 = 0$，$x_2 = l$ を(9.3)に代入すると次のようになる．

$$I = m_1(0)^2 + m_2 l^2 = ml^2 \tag{9.7}$$

解のチェック　棒の端での慣性モーメント I と重心での慣性モーメント I_z を比べると，I_z の方が小さい．慣性モーメントは小さい方が回転させやすく，これは確かに，棒の端を軸にして回すよりも，重心の z 軸で回す方が楽であるという経験にも合う．したがって，この結果は妥当である．■

連続体の慣性モーメント

一般に，剛体は質量が連続的に分布した連続体だから，慣性モーメントを(9.3)で直接には計算できない．そこで，位置 r_i のところに微小な質量 $m_i = \Delta m_i$ があるとして(9.3)の総和をとった上で，$\Delta m_i \to 0$ という極限を考えると

$$I = \lim_{\Delta m_i \to 0} \sum_i r_i^2 \, \Delta m_i = \int r^2 \, dm \tag{9.8}$$

のように，総和を積分で表すことができる．そして，剛体の密度を ρ，質量 dm の体積を dV とすれば，$dm = \rho \, dV$ だから(9.8)は次のように表すことができる．

$$I = \int \rho r^2 \, dV \tag{9.9}$$

ここで，$dV = dx \, dy \, dz$ であるから，積分(9.9)は積分変数が 2 つ以上あり，このような積分を**多重積分**という．

実は，慣性モーメントの計算は多重積分の知識が必要になるので，数学でまだ学んでいなければ，今後，学んでおくとよいだろう．ここでは簡単な形状で，かつ，実用上役立つものを計算してみよう．

［例題 9.2　太さが一様で均質な剛体棒］

細い一様な棒（質量 M，長さ l）がある（図 9.4）．左端から距離 a の点 O を通る z 軸周りの慣性モーメントを I_z とすると，次のようになることを示せ．

$$I_z = \frac{M(l^2 - 3la + 3a^2)}{3} \tag{9.10}$$

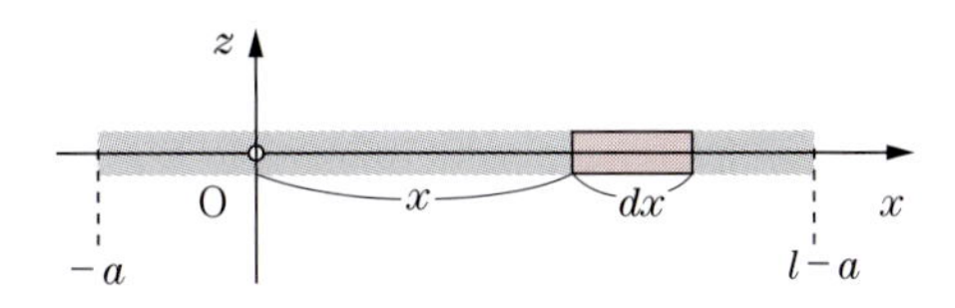

図 9.4　棒の慣性モーメント

［解］　棒に沿って x 軸をとり，点 O を原点とする．棒の線密度（単位長さ当りの質量）ρ は $\rho = M/l$ だから，dx 部分の質量 dm は $dm = \rho \, dx$．これを(9.8)に代入し，$y = 0$ に注意して次の積分

$$I_z = \int x^2 \, dm = \int_{-a}^{l-a} \rho x^2 \, dx = \int_{-a}^{l-a} \frac{M}{l} x^2 \, dx \tag{9.11}$$

を計算すれば(9.10)となる．

解のチェック　棒の中央 ($a = l/2$) では $I_z = Ml^2/12$ で，棒の端 ($a = l$ または $a = 0$) では $I_z = Ml^2/3$ であるから，慣性モーメントの小さな中央を軸にして棒を回す方が楽なはずで，これは実感にも合う結果である．■

［例題 9.3　円板］

薄い一様な円板（質量 M，半径 a，厚さ b）がある（図 9.5(a)）．z 軸の周りの慣性モーメントを I_z とすると，次のようになることを示せ．

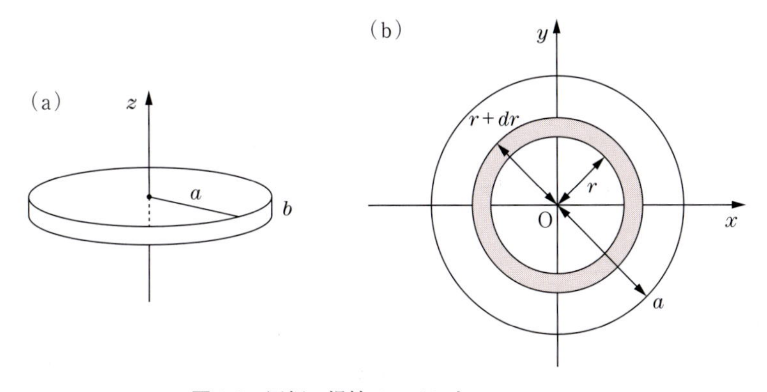

図 9.5　円板の慣性モーメント

$$I_z = \frac{Ma^2}{2} \tag{9.12}$$

［解］ 円板の中に半径が r と $r + dr$ の同心円で区切った円環を考える（図 9.5(b)）．円環の面積 dA は $dA = 2\pi r\,dr$ だから，円環の体積 dV は $dV = b\,dA = b(2\pi r\,dr)$ である．円環の質量 dm は $dm = \rho\,dV$ だから，(9.8) に $x^2 + y^2 = r^2$ を使って積分を計算すれば，次のようになる．

$$I_z = \int r^2\,dm = 2\pi\rho\int_0^a r^3\,dr = \frac{\pi\rho b a^4}{2} \tag{9.13}$$

円板の密度（単位体積当りの質量）ρ は，M を体積（円の面積と厚さの積）$V = \pi a^2 b$ で割った量 $\rho = M/\pi a^2 b$ で，これを (9.13) に代入すれば (9.12) が得られる．

気づき　この結果で興味を引くのは，(9.12) に円板の厚み b が現れないことである．結果が厚みによらないので，円板の厚みが小さくても（薄い円板），大きくても（円柱），慣性モーメントは同じになることがわかる．■

9.2.2　2 つの定理

慣性モーメントに関する 2 つの重要な定理を導こう．

垂直軸の定理

図 9.6 のように，xy 平面内の薄い板状剛体の 1 点（原点 O とする）を垂直に通る z 軸の周りの慣性モーメントを I_z とすると，原点 O を通る x, y 軸の周りの慣性モーメント I_x, I_y の和に等しい．

$$I_z = I_x + I_y \tag{9.14}$$

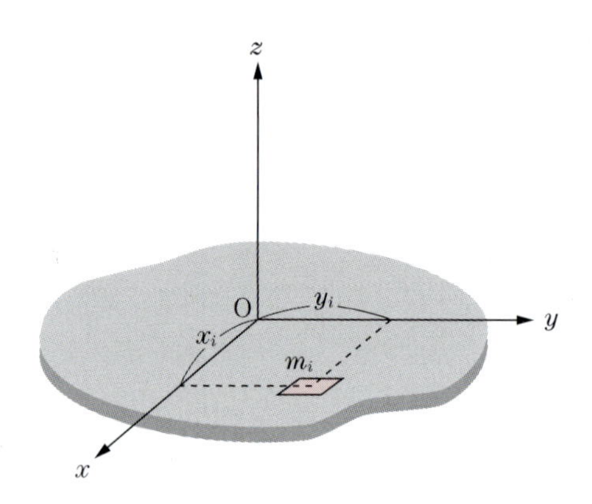

図 9.6　垂直軸の定理

［証明］ (9.3) の z 軸の周りの慣性モーメント I_z は，$r_i^2 = x_i^2 + y_i^2$ より $I_z = \sum_i m_i(x_i^2 + y_i^2)$．右辺は $I_x = \sum_i m_i y_i^2$ と $I_y = \sum_i m_i x_i^2$ の和だから (9.14) を得る．［証明終わり］

例 9.2　平行軸の定理　例題 9.3 で円板の直径周りの慣性モーメントを I とすると，$I_x = I_y = I$ と (9.14) から $I = I_z/2 = Ma^2/4$ となることがわかる．◢

平行軸の定理

図 9.7 のように，ある軸の周りの剛体（質量 M）の慣性モーメントを I，この軸に平行で重心を通る軸の周りの慣性モーメントを I_G とする．2 つの軸の距離を λ とすると，I と I_G の

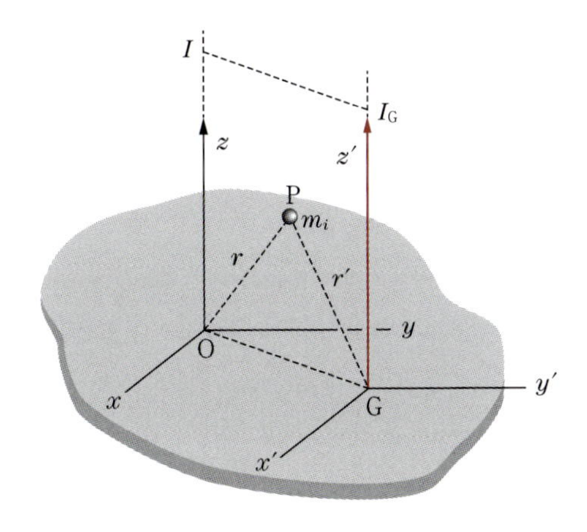

図 9.7　平行軸の定理

間には次式が成り立つ（演習問題［9A.5］を参照）.

$$I = I_G + M\lambda^2 \tag{9.15}$$

一般に I_G の方が I より計算しやすいから，平行軸の定理は便利である．このため，I_G は重要な量である．

例 9.3　平行軸の定理　例題 9.1 の問い (2) の (9.7) は

$$I = I_G + M\lambda^2 = \frac{1}{2}ml^2 + 2m\left(\frac{l}{2}\right)^2 = ml^2 \tag{9.16}$$

表 9.1　慣性モーメント

物　体	重心を通る軸	慣性モーメント
細長い棒(長さ l)	棒に垂直	$I = \frac{1}{12}Ml^2$
長方形の板 (辺の長さ a, b)	辺 b に平行	$I = \frac{1}{12}Ma^2$
	板に垂直	$I = \frac{1}{12}M(a^2 + b^2)$
立方体(辺の長さ a)	面に垂直	$I = \frac{1}{6}Ma^2$
薄い円環(半径 a)	円環面に垂直	$I = Ma^2$
円板(半径 a)	円板面に垂直	$I = \frac{1}{2}Ma^2$
	円板面に平行	$I = \frac{1}{4}Ma^2$
円柱(半径 a, 長さ l)	円柱軸	$I = \frac{1}{2}Ma^2$
	円柱軸に垂直	$I = \frac{1}{12}M(3a^2 + l^2)$
薄い球殻(半径 a)	任意の軸	$I = \frac{2}{3}Ma^2$
球(半径 a)	任意の軸	$I = \frac{2}{5}Ma^2$
回転楕円体 (長半径 a, 短半径 b)	a 軸(対称軸)	$I = \frac{2}{5}Mb^2$
	b 軸	$I = \frac{1}{5}M(a^2 + b^2)$

のように,「平行軸の定理」から簡単に求めることができる（$I_G = I_z$）.

1 2 9.3 回転運動の方程式

図 9.1 のような剛体の z 軸の周りの回転運動は,(9.5)の角運動量 L_z を回転運動の式(8.24)の z 成分に代入した次式で表される（ただし,$\boldsymbol{F}_i$ の x, y 成分は F_{ix}, F_{iy}）.

$$I_z \frac{d\omega}{dt} = N_z, \qquad N_z = \sum_i (x_i F_{iy} - y_i F_{ix}) \tag{9.17}$$

また,角速度 $\omega = d\theta/dt$ に注意すれば,(9.17)は次のようになる.

$$I_z \frac{d^2\theta}{dt^2} = N_z \tag{9.18}$$

［例題 9.4　剛体振り子］

図 9.8 のように,任意の形の剛体が重心 G を通らない水平軸の周りで振動するものを**剛体振り子**という（剛体振り子の簡単なモデルが**ボルダの振り子**とよばれるもので,学生の物理実験でよく利用されるテーマである）. 重心から回転軸（支点 O）までの距離を h,剛体の質量を M,慣性モーメントを I として,微小振動を考えると,振動の周期 T は次式で与えられることを示せ.

$$T = 2\pi\sqrt{\frac{I}{Mgh}} \tag{9.19}$$

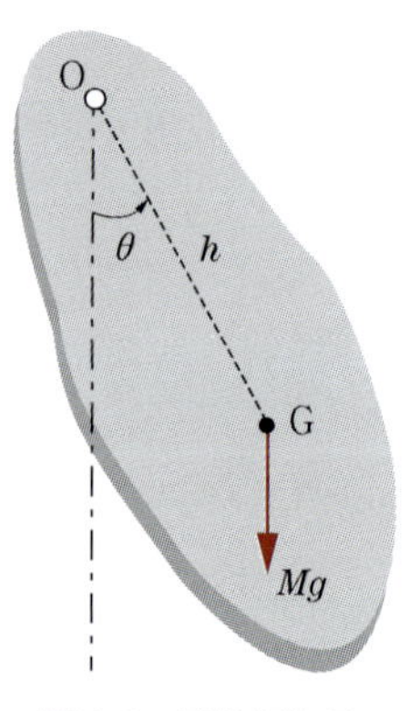

図 9.8　剛体振り子

解法のストラテジー　（S1）水平な回転軸を z 軸とする. 重心 G にはたらく重力による支点 O の周りでのモーメントを考える. 図 9.8 から,腕の長さは $h\sin\theta$ である.

（S2）既知量は剛体の質量 M と距離 h,未知量は周期 T である.

（S3）重力によるモーメント $N = -Mgh\sin\theta$ と回転の式(9.18)を使う.

（S5）解のチェックをする.

［解］　微小振動（$\sin\theta \approx \theta$）のとき,重力によるモーメントは $N = -Mgh\theta$ となるから,回転運動の方程式(9.18)は単振り子の式

$$\frac{d^2\theta}{dt^2} = -\left(\frac{Mgh}{I}\right)\theta \equiv -\omega^2\theta$$

となる. したがって,周期 T は $T = 2\pi/\omega$ より(9.19)となる.

解のチェック　(9.19)を単振動の周期(4.45)と比べると,剛体振り子は,長さ $l = I/Mh$ の単振り子と同じ運動をすることがわかる. 支点 O の周りの慣性モーメント I は,平行軸の定理を使って

$$I = h^2M + I_G = h^2M + \frac{2}{5}Ma^2 \tag{9.20}$$

であるから,周期は(9.19)から次のようになる.

$$T = 2\pi\sqrt{\frac{h}{g}\left(1 + \frac{2a^2}{5h^2}\right)} \tag{9.21}$$

もし $a/h \ll 1$ ならば,単振り子の周期(4.45)と一致するので,物理的に妥当な帰結である. もちろん,$a = 0$（大きさ 0）とおけば,完全に単振り子と一致する. これは,おもりが質点の場合に当たるから当然である.

演習問題

[A：基礎的な問題]

[9A.1] 経済速度 歩くとき，手と足が同じ周期で振れると歩きやすい．手足の振動周期と**歩行周期**（2 歩進むのに必要な時間）の一致する速さ（これを**経済速度**という）が，最もエネルギーを消費しない自然な速度であるといわれている．図 9.9 のように歩幅（1 歩の長さ）と足の長さ l が等しいとすると，歩行の周期 T は（歩幅の 2 倍の長さ）$2l$ を進む時間である．

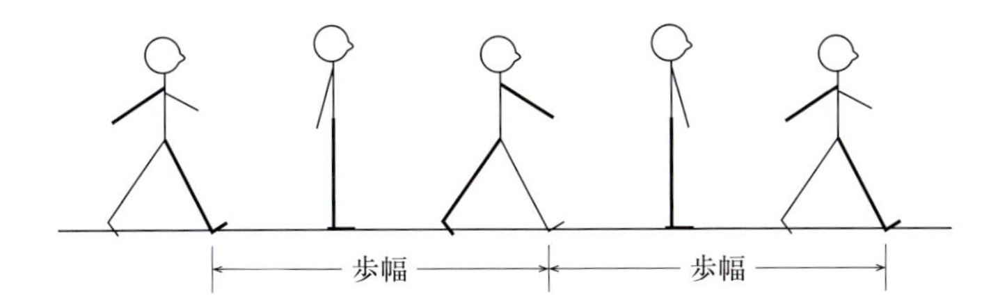

図 9.9 歩行と剛体振り子

(1) このときの経済速度 v は

$$v = \frac{\sqrt{6gl}}{2\pi} \tag{9.22}$$

となることを示せ．ただし，手足は剛体振り子とみなす．

(2) $l = 0.7\,\mathrm{m}$ として，経済速度の大きさ v を求めよ． [☞ 例題 9.4]

[9A.2] アトウッドの装置 図 9.10 のように，滑らかな軸をもつ半径 R，慣性モーメント I の定滑車に質量の無視できる糸をかけ，糸の両端に質量 m_1, m_2 のおもりを付けて手を放す．このとき，おもりの加速度 a，糸の張力 T_1, T_2 を求めよ．なお，このような装置をアトウッドの装置という．

[☞ 9.2 節と 8.3 節]

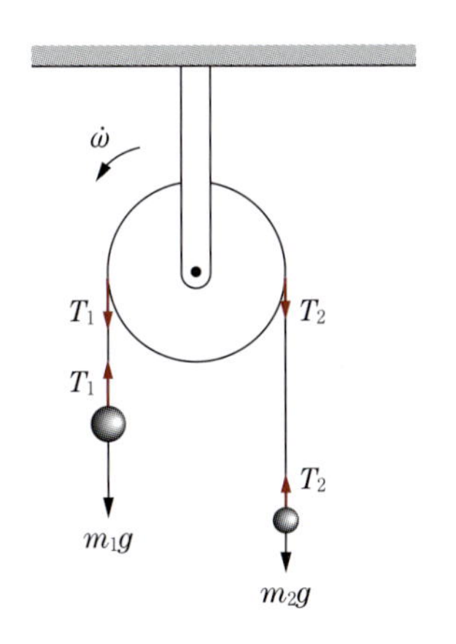

図 9.10 アトウッドの装置

[9A.3] ヘリコプターの回転翼 ヘリコプターの 2 枚の回転翼が 1 分間に 300 回転しているとき，回転の運動エネルギー K_R を求めよ．ただし，翼の長さを $L = 5\,\mathrm{m}$，質量を $M = 180\,\mathrm{kg}$ とする．

[☞ 9.1.2 項]

[9A.4] 球の慣性モーメント 半径 a，質量 M の一様な球において，直径の周りでの慣性モーメントが $I = (2/5)Ma^2$ となることを示せ． [☞ 例題 9.3]

[9A.5] 平行軸の定理 (9.15)の $I = I_\mathrm{G} + M\lambda^2$ を証明せよ． [☞ 9.2.2 項]

[9A.6] 質点系 質量 M と質量 $2M$ が，それらの質量中心の周りで，一定の距離 R だけ離れて角

速度 ω で回転している．このときの回転の運動エネルギー T を求めよ．　[☞ 9.1.2項]

[B：標準的な問題]

[9B.1]　ろくろの回転　一様な円板（質量 M，半径 a）が，中心軸の周りに角速度 ω_0 で回転している．このとき，円板のふちに摩擦力 F を接線方向に加えたら，円板は t_1 秒後に止まった．摩擦力の大きさは一定として，摩擦力 F を求めよ．　[☞ 9.3節]

[9B.2]　円板の振動　図9.11のように，半径 a の円板を，中心Gより h の距離にある弦を水平な回転軸として微小振動させる．このときの円板の周期 T を求めよ．また，$h = a/2$ のとき周期が最小になることを示せ．　[☞ 9.2.2項と例題9.4]

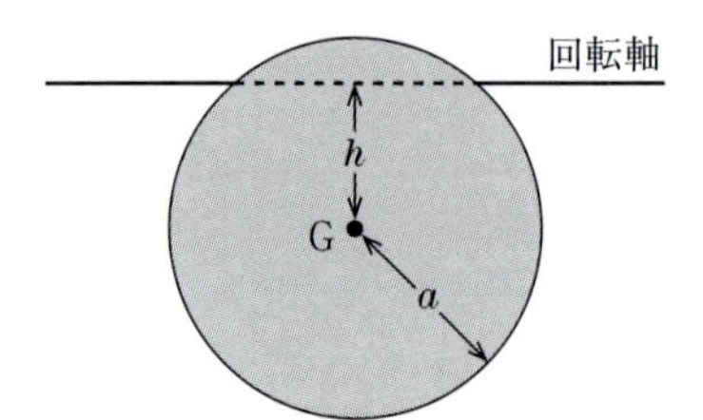

図9.11　円板の振動

[9B.3]　角運動量の保存　滑らかな水平台の上で，半径 a，質量 M の円板がその中心の周りに角速度 ω_0 で回転している．急にその円周上の一点を止めると，その点の周りで回転し始めた．止めた円周上の点の周りの角運動量は保存することを使って，円板の角速度 ω_1 を求めよ．

[☞ 9.1節と9.2.2項]

[9B.4]　衝撃の中心　図9.12のように，剛体振り子（質量 M）の水平な回転軸O（これを z 軸の原点とする）から距離 l の点Pに微小な時間 Δt だけ水平な撃力 F を与えた．座標は x 軸を剛体の中心軸（つまり，Oから重心Gの方向）にとり，y 軸を x, z 軸に垂直にとる．

(1)　このときの水平軸Oにはたらく抗力 $\boldsymbol{R} = (R_x, R_y)$ の y 成分が

$$R_y = \left(\frac{Mhl}{I} - 1\right)F \tag{9.23}$$

で与えられることを示せ．なお，Δt が微小なので x 方向の運動は生じないと考え，$R_x = 0$ とする．ただし，OG間の距離を h，剛体の軸Oの周りの慣性モーメントを I とする．

(2)　抗力が0 ($R_x = R_y = 0$) になる特別な距離 d を求めよ．このときの点Oを，点Pに対する**衝撃の中心**という．　[☞ 9.3節と7.1.2項]

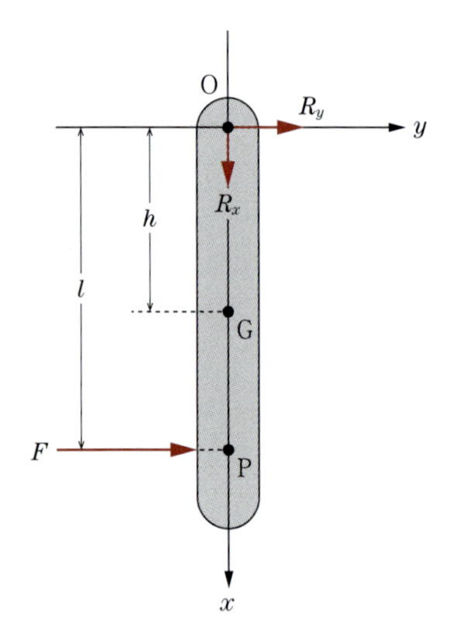

図9.12　衝撃の中心

[9B.5]　粗い水平面上での棒の回転　長さ l の一様な棒（質量 M）が粗い水平面（動摩擦係数 μ'）上でその中心 O の周りに角速度 ω_0 で回転しているとき，この棒が止まるまでの時間 T を求めたい．そのために，図 9.13 のように中心 O から x の距離にある長さ dx の部分に，摩擦力 dF が棒に垂直に作用すると考え，力のモーメント $dN = x\,dF$ を利用して T を導け．　［☞ 9.3 節と 6.2.1 項］

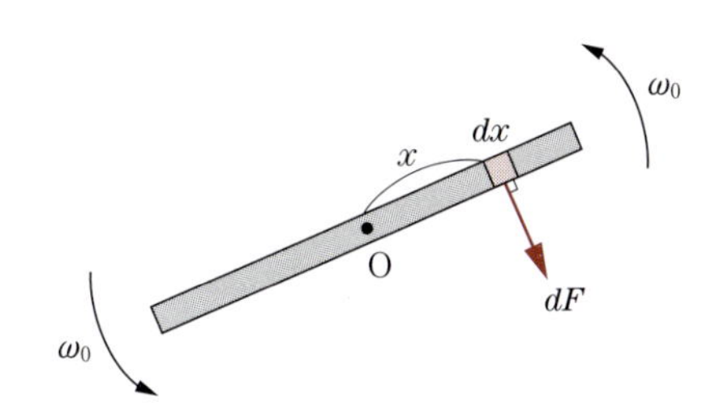

図 9.13　粗い水平面上での棒の回転

[9B.6]　剛体振り子を用いた弾道振り子　図 9.14 のように，水平軸 O をもつ剛体（質量 M）が静止している（軸 O から重心 G までの距離は h）．いま，軸 O から下方 l の点 P に弾丸（質量 m）を水平に射ち込むと，振り子は角 θ だけ振れた．そして，周期 T の微小振動を始めた．このときの弾丸の速さ v を求めよ．ただし，弾丸を射ち込んだ後の重心 G の位置は変化しないものとする．［☞ 9.3 節］

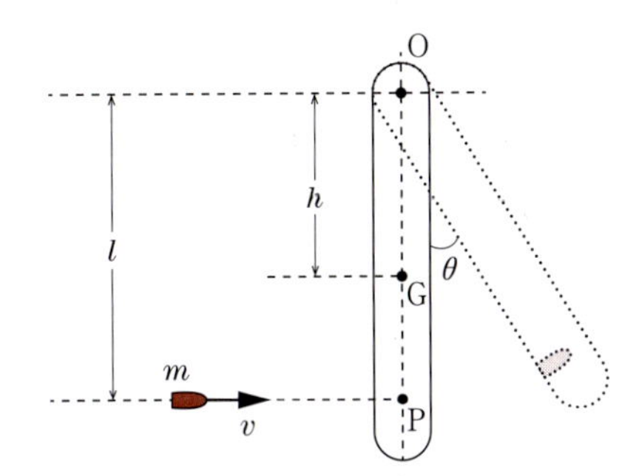

図 9.14　剛体振り子を用いた弾道振り子

第 10 章
剛体の様々な運動

前章でみたように，自由度 1 の固定軸の周りの回転運動であっても，剛体には面白い運動がたくさんあった．そこで，本章では自由度 3 の平面運動まで対象を広げて，さらに興味深い運動をみてみよう．

10.1 剛体の平面運動

2 | 3

8.3 節で解説したように，平面運動とは，重心が常に 1 つの平面内で運動し，回転軸がこの平面に常に垂直になっている運動のことである．このとき，剛体の運動は重心の並進運動と重心の周りの回転運動に分けることができるから，重心座標 $\boldsymbol{R} = (X, Y)$ と回転角 θ の 3 つの変数だけで表される．つまり，自由度 3 の運動になる．

したがって，平面運動は，次の重心の並進運動(8.15)と回転運動(8.24)の式で表すことができる．

$$M\dot{\boldsymbol{V}} = M\ddot{\boldsymbol{R}} = \boldsymbol{F} \qquad \text{（並進運動）} \tag{8.15}$$

$$\dot{\boldsymbol{L}} = \boldsymbol{N} \qquad \text{（回転運動）} \tag{8.24}$$

［例題 10.1　ヨーヨー］

図 10.1 のように，一様な円板（半径 R，質量 M）でつくったヨーヨーに糸を巻き付け，その自由な端を固定し，上端 C で糸を鉛直にしてヨーヨーを放す．

(1)　重心 G が糸の延長上にないため，上端 C を固定してヨーヨーを放すと，振り子のように振動しそうに思える．これは正しいか？

(2)　ヨーヨーの加速度 a と張力 S は次式で与えられることを示せ．

$$a = \frac{2g}{3}, \qquad S = \frac{Mg}{3} \tag{10.1}$$

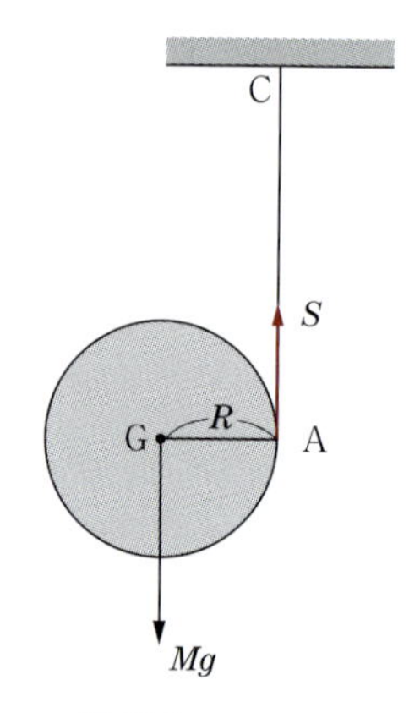

図 10.1　ヨーヨー

［解］　(1)　糸の張力も重力も鉛直にはたらくから，振動を生じさせる水平方向の力はない．そのため，振動するような初期条件を与えない限り，重心 G は鉛直線からずれることはない．

(2)　ヨーヨーの重心が落下する速さを v，角速度を ω とする．ヨーヨーには糸の張力 S と重力 Mg がはたらく．ヨーヨーに巻き付いて，ヨーヨーと接している糸の部分はヨーヨーの一部分と考えれば，糸の鉛直部分から A に作用する力が外力である．

重心の運動方程式は(8.15)から

$$M\frac{dv}{dt} = Mg - S \tag{10.2}$$

重心の周りの回転の運動方程式は(8.24)から

$$I\frac{d\omega}{dt} = SR \tag{10.3}$$

となる．ここで，(10.2)に R を掛けて(10.3)と足し合わせると次式が得られる．

$$MR\frac{dv}{dt} + I\frac{d\omega}{dt} = MgR \tag{10.4}$$

いま，円板上の点 A の速さは 0 だから，$v = R\omega$ に注意（(10.11)を参照）して(10.4)を変形すれば，加速度の大きさ a は次のように表される．

$$a = \frac{dv}{dt} = \frac{MR^2}{MR^2 + I}g \tag{10.5}$$

よって，$I = MR^2/2$ より，(10.5)は $a = 2g/3$，これを(10.2)に代入すると $S = Mg/3$ となる．

解のチェック　加速度の大きさ a が g よりも小さくなるのは，(10.2)からわかるように張力 S のためである．これが，(10.3)を介して慣性モーメント I に変わる．そのため，$a < g$ になる理由は，(10.5)からみれば，慣性モーメント I のためである．糸の張力も回転モーメントも，ヨーヨーに大きさがあるから現れた量であり，両者が相互に関係するのは自然な結果だろう．当然，$S = 0$（$I = 0$）のときは $a = g$ となり，質点の自由落下に対応する．

気づき　ヨーヨーの落下に伴い，重力による位置エネルギーは減少するが，この減少量のすべてがヨーヨーの重心の落下運動のエネルギーになるわけではなく，この差はヨーヨーの回転運動のエネルギーになる（演習問題［10A.6］を参照）．■

10.2 転がる剛体

例えば，自転車が道をまっすぐに進むとき，2 つの車輪の中心は前方へ並進運動するが，車輪上の点は回転運動する．したがって，転がる車輪の運動は，並進と回転の合成運動として理解しなければならない．

10.2.1 滑らずに転がる運動

図 10.2 のように，自転車の車輪が一定の速さ v_G で道路を「滑らずに」回転しながら進んでいるとしよう．車輪の重心 G は一定の速さ v_G で前方へ進み，道路と接している点 P も速さ v_G で進むので，点 P は常に重心 G の真下にある．時間 t の間に，G も P も距離 s だけ前へ進んだとしよう．自転車に乗っている人からみると，その間に車輪（半径 R）は中心軸の周りに角 ϕ（ラジアンで測る）だけ回転するので，最初に地面に接していた点は円周上を長さ s だけ動くことになる．したがって，次式が成り立つ．

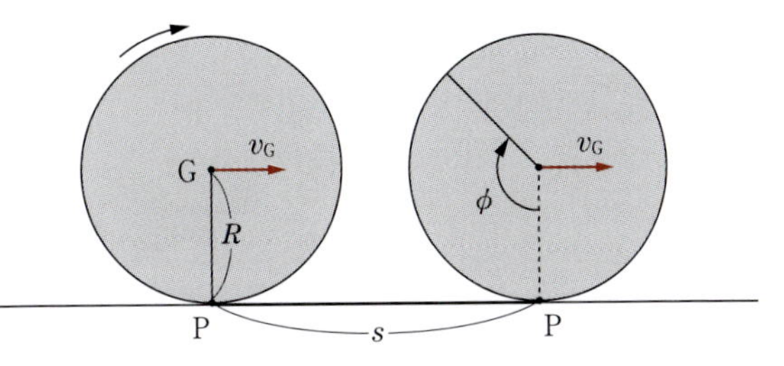

図 10.2　転がる車輪の速さ

$$s = R\phi \tag{10.6}$$

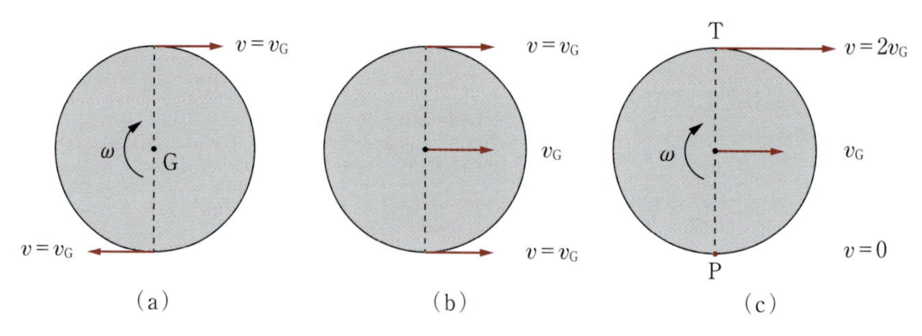

図 10.3　回転と並進運動の合成

車輪の重心の速さ v_G は $v_G = ds/dt$，車輪の角速度 ω は $\omega = d\phi/dt$ であるから，(10.6)を時間について微分すれば次式を得る．

$$v_G = R\omega \qquad (\text{滑らかな転がり運動}) \tag{10.7}$$

車輪の転がり運動は，並進と回転の合成であることを理解するために，図 10.3 をみてほしい．図 10.3(a)は，車軸が静止している回転運動を示したもので，車輪上のすべての点は車軸の周りに角速度 ω で回転している．このとき，車輪上のすべての点は(10.7)で与えられる速さ v_G をもっている．図 10.3(b)は，車輪が全く回転していない並進運動を示したもので，車輪上のすべての点は速さ v_G で右に動いている．図 10.3(c)は図 10.3(a)と図 10.3(b)を合成したもので，実際の転がり運動になる．この合成運動からわかるように，車輪の最下部（点 P）は静止，最上部（点 T）は速さ $2v_G$ で動いている．

(10.6)と(10.7)の式は，回転運動する剛体の問題で「滑らずに」という条件が付くときに必要になるので，よく理解してほしい．

10.2.2　円柱の運動

図 10.4 のように，斜面の上から同じ質量，同じ半径の球と円柱を転がすと，球の方が円柱より速く落ちてくる．この速さの違いは，球と円柱の慣性モーメントの違いから生まれる．これを考えてみよう（例題 10.2 と演習問題［10A.3］を参照）．

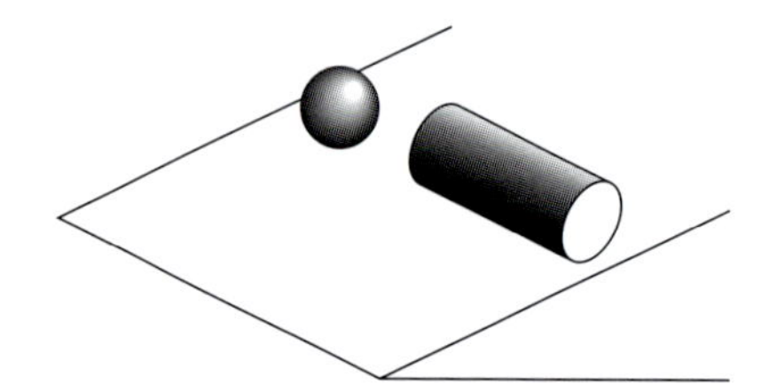

図 10.4　斜面を転がる円柱と球

[例題 10.2　斜面を転がる円柱の運動]

図 10.5(a)のように，粗い斜面（傾角 θ）上を円柱（質量 M，半径 R）が，その軸を水平にして斜面を滑らずに転がり落ちている．円柱にはたらく力は，重力 Mg，垂直抗力 T，摩擦力 F である．円柱の重心 G の座標を (X, Y) とすると，重心の加速度の大きさ $\ddot{X} = a$ は次式で与えられることを示せ．

$$a = \beta g \sin\theta \qquad \left(\beta = \frac{1}{1 + I_G/MR^2}\right) \tag{10.8}$$

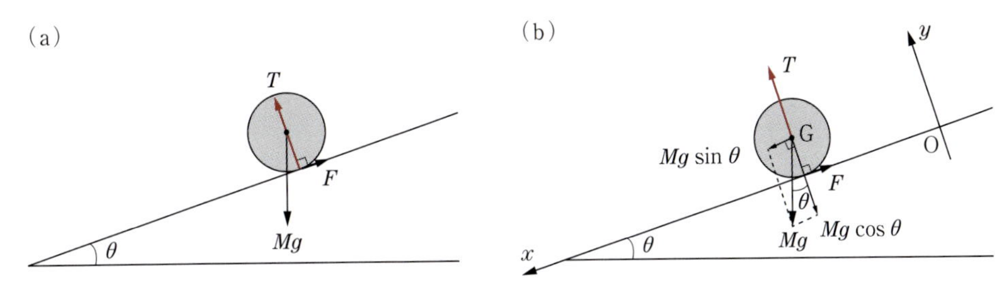

図 10.5 斜面を転がる円柱

解法のストラテジー　(S1) 斜面に沿って下方を x 軸の正の方向，斜面に垂直上向きに y 軸の正方向をとる．円柱にかかる力を描く（図 10.5(b)）．重心に重力 Mg が鉛直下方に，摩擦力 F が斜面上方に，斜面から垂直抗力 T がはたらく．

(S2) 既知量は剛体の質量 M，半径 R と距離 h，慣性モーメント I_G，未知量は X, Y, ω, F, T である．

(S3) 並進運動の式(8.15)と回転運動の式(8.24)を使う．「滑らない」回転だから，(10.7)も使う．

(S5) 解のチェックをする．

[解] 円柱の重心 G(X, Y) の運動方程式は(8.15)から次のようになる．

$$\begin{cases} M\ddot{X} = Mg\sin\theta - F \\ M\ddot{Y} = T - Mg\cos\theta \end{cases} \tag{10.9}$$

一方，中心の周りの力のモーメント N をつくるものは摩擦力 F だけだから（$N = RF$），G の周りの回転の運動方程式は(8.24)から次のようになる．

$$I_G\dot{\omega} = RF \tag{10.10}$$

円柱と斜面の接触点で滑りがないから，(10.7)より次式を得る．

$$\ddot{X} = R\dot{\omega} \tag{10.11}$$

(10.10)と(10.11)から $F = (I_G/R)\ddot{X}$ をつくり，これを(10.9)の F に代入すれば，(10.8)の a が求まる．この a を(10.9)の1番目の式に代入すれば，F が決まる．なお，$\ddot{Y} = 0$（円柱は y 方向に動かない）だから $T = Mg\cos\theta$ である．

解のチェック　慣性モーメント I が大きい物体ほど回転しにくいから，ゆっくり落ちてくるはずである．I が大きいほど β は小さくなるから，加速度 a は小さくなる．したがって，加速度(10.8)は妥当な結果である．$\beta < 1$ となる理由は，(10.9)からわかるように，摩擦力 F で減速されるためである．摩擦力 $F = 0$ とすれば，質点の場合の加速度 $g\sin\theta$ に一致する．いい換えれば，$I_G = 0$ の状態であるが，これは物体の拡がりがない状態（つまり質点）に対応するから矛盾はない．摩擦力と慣性モーメントは(10.10)でつながっているから，β の説明はどちらでやってもよいだろう．

気づき　斜面の傾斜角 θ を 90° の極限にとれば，円柱の運動はヨーヨーに近づくだろう．斜面からの抵抗力 F とひもの張力 S は（物体を減速させるという意味では）同じはたらきをするから，結局，(10.8)で $\theta = 90^\circ$ にとった $a = \beta g$ が(10.1)の $a = 2g/3$ と一致するはずである（各自確かめてほしい）．これは面白い気づきになるだろう．■

コメント 10.1　重心の加速度(10.8)のうまい導出法　接触点 P の周りで回転の式(8.24)を適用する．重心にはたらく斜面に平行な力が $Mg\sin\theta$ であり，腕の長さが a（つまり球の半径）であるから，力のモーメント N は $N = Mg\sin\theta\, a$ である．したがって，(10.10)は

$$I_P\ddot{\theta} = (I_G + Ma^2)\frac{\ddot{X}}{a}$$
$$= (Mg\sin\theta)a \tag{10.12}$$

となる．2番目と3番目の式から $\ddot{X}$ を求めれば，(10.8)を得る．¶

10.2.3　力学的エネルギーの内訳

前項での円柱の加速度 a は，(10.8)から一定であることがわかる．したがって，時刻 t における重心の速さ V と位置 X は，(4.5)と(4.6)から

$$V(t) = at + V_0, \qquad X(t) = \frac{1}{2}at^2 + V_0 t + X_0 \tag{10.13}$$

となる．剛体の加速度 $a = \beta g \sin\theta$ は，質点の加速度 $a = g\sin\theta$ に比べて小さいから，初めに剛体がもっていたポテンシャルエネルギーがどのように運動エネルギーに変わっていくかを調べることは面白いだろう．そこで，剛体が X_0 から X まで斜面を転がり落ちる間に，剛体のポテンシャルエネルギー U，並進運動の運動エネルギー K_{T}，回転運動の運動エネルギー K_{R} がそれぞれどのように変化するかを計算してみよう．

剛体は X_0 から X まで斜面上を転がり落ちるから，高さ h は

$$h = (X - X_0)\sin\theta \tag{10.14}$$

だけ下がったことになる．このため，剛体のもつポテンシャルエネルギー U は次の $\varDelta U$ だけ減少することになる．

$$\varDelta U = Mgh \tag{10.15}$$

このとき，並進運動のエネルギー K_{T} の増加量 $\varDelta K_{\mathrm{T}}$ と回転運動のエネルギー K_{R} の増加量 $\varDelta K_{\mathrm{R}}$ は，それぞれ次のようになる（演習問題［10B.1］を参照）．

$$\varDelta K_{\mathrm{T}} = \beta\,\varDelta U, \qquad \varDelta K_{\mathrm{R}} = (1-\beta)\,\varDelta U \tag{10.16}$$

したがって，次のように力学的エネルギー保存則は厳密に成り立つ．

$$\varDelta K_{\mathrm{T}} + \varDelta K_{\mathrm{R}} = \beta\,\varDelta U + (1-\beta)\,\varDelta U = \varDelta U \tag{10.17}$$

要するに，大きさをもつ剛体は質点と異なり，回転運動を行うので，$\varDelta K_{\mathrm{R}}$ だけその運動（内部運動）のエネルギーに使うのである．

［例題 10.3　重心の速さ V と加速度 a］

転がる円柱の全運動エネルギーを $K = (1/2)I_{\mathrm{p}}\omega^2$ とする．I_{p} は接触点 P の周りの慣性モーメントである．平行軸の定理より $I_{\mathrm{p}} = I_{\mathrm{G}} + MR^2$ なので，K は次式となる．

$$K = \frac{1}{2}I_{\mathrm{G}}\omega^2 + \frac{1}{2}MR^2\omega^2 \tag{10.18}$$

円柱が転がって斜面の下端まで到達したとき，円柱はポテンシャルエネルギーを Mgh だけ失っている（h は斜面の高さ）．このとき，以下の問いに答えよ．

(1)　下端での重心の速度の大きさが次式で与えられることを示せ．

$$V = \sqrt{2gh\beta} \tag{10.19}$$

(2)　加速度が(10.8)と同じになることを示せ．

［解］　(1)　力学的エネルギーの保存則 $K = Mgh$ と，(10.18)の右辺 $= (1/2)(I + MR^2)\omega^2$ の ω を $V = R\omega$ で書き換えた $(1/2)(I + MR^2)(V/R)^2$ が等しいとして計算すれば(10.19)が求まる．

(2)　鉛直方向の変位（高さ）h と斜面に沿った変位 x の関係式 $h = x\sin\theta$ と(10.19)の V を $V^2 = 2ax$ に使えばよい．もちろん，$V = \sqrt{2gx\sin\theta\,\beta}$ を t で微分しても導ける（$dV/dt = (dV/dx)(dx/dt) = (dV/dx)V$）．■

1 2 **10.3** 4

ジャイロスコープ効果

高速で回転しているコマは，重力がはたらいても倒れずに運動する．高速回転している物体が，回転状態を安定に維持しようとする性質を**ジャイロスコープ効果**とよぶ．

10.3.1　コマの回転

コマを高速（角速度 ω）で回してテーブルに置く．回転軸（心棒）を少し傾けると，回転軸は鉛直線と一定の角 θ を保ちながら，軸は角速度 Ω でゆっくりと円錐面を描く（図 10.6）．この回転軸の運動を**歳差運動**（さいさ）とよび，Ω は次式で与えられる．

$$\Omega = \frac{Mgd}{L} = \frac{Mgd}{I\omega} \tag{10.20}$$

ここで，L は回転しているコマのもつ角運動量 $\boldsymbol{L}$ の大きさ（向きは回転軸の指す方向）で，d は重心 G と支点 O との距離である．(10.20) から，Ω は ω に反比例するので，コマの回転が速いほど歳差運動はゆっくり起こることがわかるが，これは経験と一致する．

歳差運動は，重力によるモーメントが角運動量の方向を変化させる結果として生じる．これは角運動量のベクトル性がビジュアルに現れる面白い現象だから，(10.20) の導出を示しておこう．

コマにはたらく力は，重心 G に対してのみで，重力 Mg と支点 O からの抗力 R である．抗力 R は支点 O を通るから支点 O の周りの力のモーメントは 0 であるが，重力 Mg は支点 O の周りに

$$|\boldsymbol{N}| = N = Mgd\sin\theta \tag{10.21}$$

の大きさをもつモーメントを生じる（N を偶力（重力と抗力）によるモーメントとみなしてもよい）．この $\boldsymbol{N}$ は，角運動量 $\boldsymbol{L}$ に対して垂直な水平面内にある（図 10.7）．

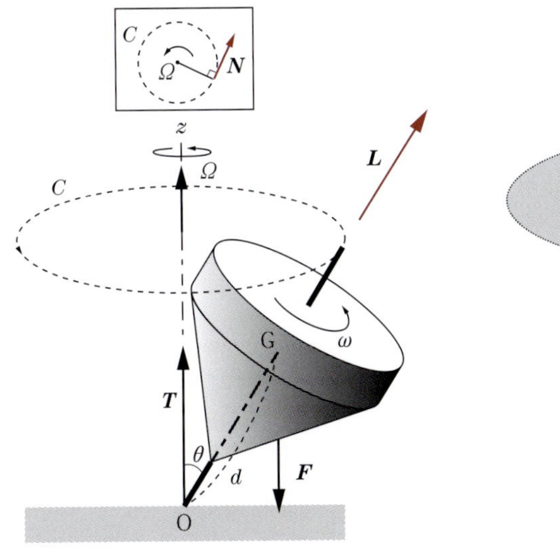

図 10.6　歳差運動するコマ

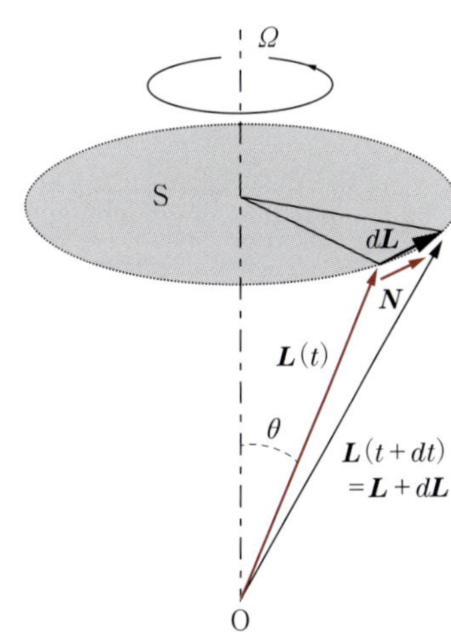

図 10.7　コマの $\boldsymbol{L}$ と $\boldsymbol{N}$

回転の式 $\boldsymbol{N} = d\boldsymbol{L}/dt$ を $d\boldsymbol{L} = \boldsymbol{N}\,dt$ と書くとわかるように，$d\boldsymbol{L}$ と $\boldsymbol{N}$ は同じ向きのベクトルだから，$d\boldsymbol{L}$ と $\boldsymbol{L}$ は直交する．このため，$\boldsymbol{L}$ の大きさは変化せず，$\boldsymbol{L}$ の向きだけが変わる（演習問題［10A.1］を参照）．$d\boldsymbol{L}$ の大きさ dL は，図 10.5 からわかるように，次式で与えられる．

$$dL = |\boldsymbol{L}| = (L \sin\theta)(\Omega\, dt) \tag{10.22}$$

したがって，コマの歳差運動の角速度の大きさ Ω は，$dL = N\,dt$ に(10.21)と(10.22)を代入すれば求まる．

10.3.2　ジャイロスコープ

コマの支点が重心と一致する（つまり，重力による力のモーメントが 0 になる，すなわち，角運動量が保存する）ようにつくられた器械を**ジャイロスコープ**という．このため，回転軸の方向は支持体の動きと無関係で，常に一定になる．この性質を利用してつくられたジャイロコンパスは，船舶や航空機のオートパイロットに使われている．また，船舶や航空機の横揺れを防ぐジャイロスタビライザーにも利用されている．

なお，ジャイロスコープという言葉は「回転を目にみえるようにするもの」という意味で，フーコー（「フーコーの振り子」で有名なフランスの科学者）が名付けたものである．

［例題 10.4　自転車のハンドリング］

走っている自転車のハンドル操作を考えよう（図 10.8(a)）．

(1)　回転している自転車の車輪の角運動量 $\boldsymbol{L}$ の向きを答えよ．

(2)　自転車の乗り手が体をまっすぐ鉛直にし，ハンドルから手を放して両手を水平に広げてまっすぐ走っている．このような直線運動ができる理由を説明せよ．

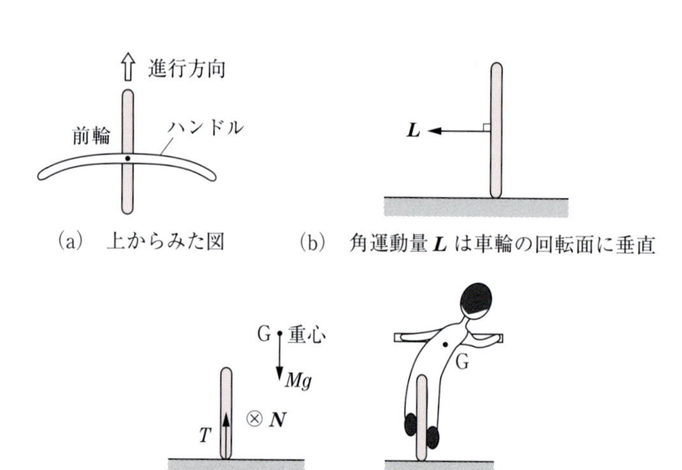

(a)　上からみた図　　(b)　角運動量 $\boldsymbol{L}$ は車輪の回転面に垂直

(c)　後からみた図

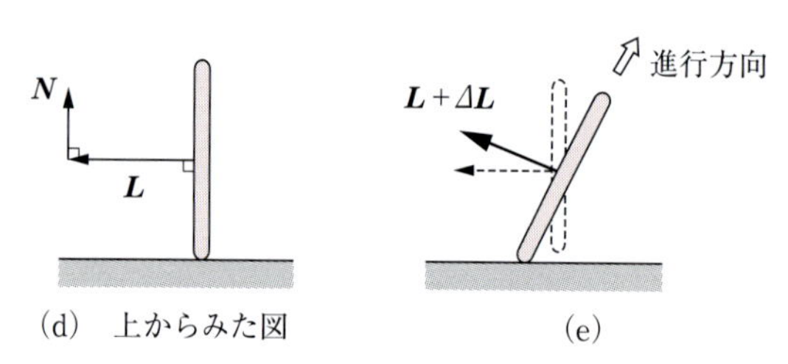

(d)　上からみた図　　(e)

図 10.8　自転車のハンドリング

(3)　自転車の乗り手が体を右に傾けた．乗り手の重心にはたらく重力と地面の垂直抗力からなる偶力のモーメント $\boldsymbol{N}$ の向きを答えよ．

(4)　乗り手が体を右に傾けると，自転車の進行方向が右前方になる理由を説明せよ．

[解]　(1)　$\boldsymbol{L}$ の向きは，車輪の回る向きにネジを回したときに，右ネジの進む向きである．したがって，図 10.8(b)のように右から左の方向である．

(2)　重心の向きが車輪の接地点を通るので，力のモーメントは 0 になり，角運動量が保存する．このため，直進運動が維持される．

(3)　$\boldsymbol{N}$ の向きは，重力 Mg と垂直抗力 T からなる偶力が，自転車を回そうとする向きにネジを回したときに右ネジの進む向きである．したがって，図 10.8(c)のように，後ろから前の方向である．$\boldsymbol{L}$ と $\boldsymbol{N}$ とは互いに直角をなすから，$\boldsymbol{L}$ の長さは変化しない．

(4)　$\boldsymbol{L}$ と $\boldsymbol{N}$ とは互いに直交する（図 10.8(d)）から，$\boldsymbol{L}$ の長さは変化しない．この帰結として，$\boldsymbol{L} + \Delta\boldsymbol{L}$ は車輪に垂直になるので，車輪は右折の向きに回ることになる（図 10.8(e)）．

解のチェック　(4)の結果はコマの歳差運動と同じで，妥当である．

気づき　(2)の背後にある物理はジャイロスコープの仕組みと同じで，ジャイロコンパスを利用したオートパイロットと同じ原理である．両手を広げて自転車を走らせることが，オートパイロットと関係することは面白い．■

演習問題

[A：基礎的な問題]

[10A.1]　角運動量の大きさは一定　角運動量の時間変化を $\boldsymbol{L}(t + dt) - \boldsymbol{L}(t) + d\boldsymbol{L}$ とする．$\boldsymbol{L}\cdot d\boldsymbol{L} = 0$ のとき，$|d\boldsymbol{L}|$ が微小量であれば $|\boldsymbol{L}(t + dt)| = |\boldsymbol{L}(t)|$ となることを示せ．［☞ 10.3.1 項］

[10A.2]　どれが遠くまで転がるか　同じ半径 R と同じ質量 M をもつ 4 つの物体（球，円柱，薄い球殻，円輪）がある．それぞれ異なる慣性モーメント I をもっているが，これらを静止状態から粗い斜面上を滑らずに転がす．このとき，同一時間内に転がる距離は，球（$I = (2/5)MR^2$），円柱（$I = (1/2)MR^2$），薄い球殻（$I = (2/3)MR^2$），円輪（$I = MR^2$）の順序で「短くなる」ことを示せ．［☞ 10.2.2 項］

[10A.3]　球と円柱の落下速度　図 10.4 のように球と円柱を同時に放すと，球の方が速く落ちてくる．この理由を慣性モーメントに基づいて説明せよ．［☞ 例題 10.2］

[10A.4]　滑らない条件　例題 10.2 は，円柱が滑らずに転がり落ちる場合の話である．静止摩擦係数を μ，垂直抗力を T とすると，この場合，$\tan\theta \leq 3\mu$ が成り立つことを示せ．［☞ 10.2.2 項］

[10A.5]　滑りながら落下　例題 10.2 の図 10.5 で，円柱が滑りながら転がり落ちる場合（$\tan\theta > 3\mu$）を考えよう．動摩擦係数を μ'，垂直抗力を T とすると，円柱には $F = \mu' Mg\cos\theta$ の摩擦力がはたらく．円柱の接触点の「滑りの速さ」$u(= \dot{X} - R\omega)$ を具体的に計算せよ．［☞ 10.2.2 項］

[10A.6]　ヨーヨーのエネルギー保存　図 10.1 のヨーヨーが，静止状態から x だけ落下した．このとき，位置エネルギーの減少量 ΔU が重心の運動エネルギー ΔK_{T} と回転運動のエネルギー ΔK_{R} の和に一致することを示せ．［☞ 例題 10.1 と 10.2 節］

[10A.7]　球が転がり上がる高さ　粗い斜面上を，一様な球（半径 a，質量 M）が初速度の大きさ v_0 で滑らずにまっすぐ転がり上がるとする．止まるまでに上がる垂直高度 h を求めて，h が球の半径，質量，斜面の傾斜角に無関係に定まる量であることを示せ．［☞ 10.2.3 項］

[10A.8]　糸の張力　図 10.9 のように細長い一様な棒（質量 M，長さ L）を 2 本の鉛直な糸で吊るす．糸を焼き切った直後の，もう一方の糸の張力 S を求めよ．［☞ 10.1 節と 9.3 節］

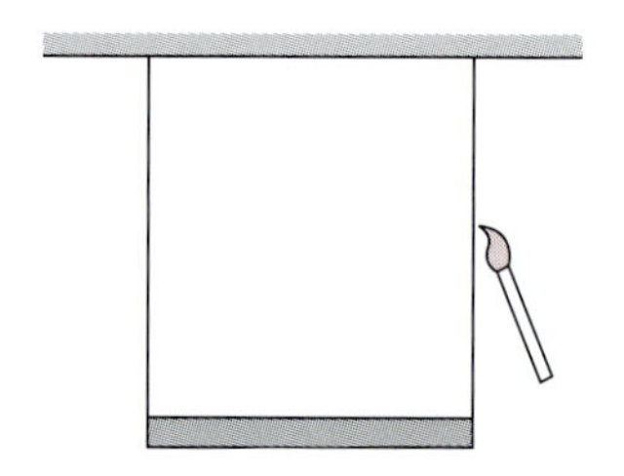

図 10.9　糸の張力

［B：標準的な問題］

［10B.1］　エネルギー保存の式　(10.16)の $\Delta K_{\mathrm{T}} = \beta \Delta U$ と $\Delta K_{\mathrm{R}} = (1-\beta)\Delta U$ を導け．

［☞ 10.2.3 項］

［10B.2］　動摩擦係数　時速 $v = 54\ \mathrm{km/h}$ で走行していたトラック（質量 $M = 5000\ \mathrm{kg}$）がブレーキをかけたら，車輪は滑りながら 6 s 後に止まった．タイヤと路面の動摩擦係数 μ' を求めよ．

［☞ 10.1 節］

［10B.3］　平面運動　図 10.10 のように，一様な棒（質量 M，長さ L）が支点 O の周りで滑らかに回転できるとし，棒を水平に支えていた細い糸を焼き切ったとしよう．このとき，次の値を求めよ．

(1)　糸が切れた瞬間の支点 O の周りの回転の角加速度 $\dot{\omega}$ と重心 G の加速度 A

(2)　棒が鉛直になったときの重心の速さ V

［☞ 10.1 節］

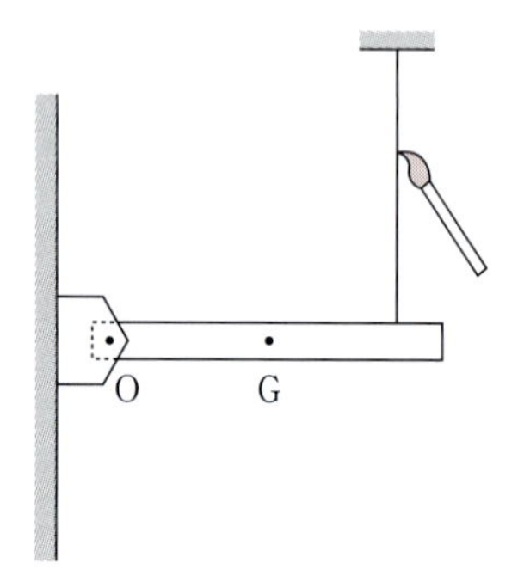

図 10.10　平面運動

［10B.4］　球の転落　図 10.11 のように，小球（質量 M，半径 a）が斜面を点 A から滑らずに転がり，下端 B で斜面を離れて，下の水平面上 D に落下した．斜面の傾斜角を θ，AB の距離を $\mathrm{AB} = s$，BC の距離を $\mathrm{BC} = h$ として，CD の距離 d を求めよ．

［☞ 例題 10.2 と 10.2.3 項］

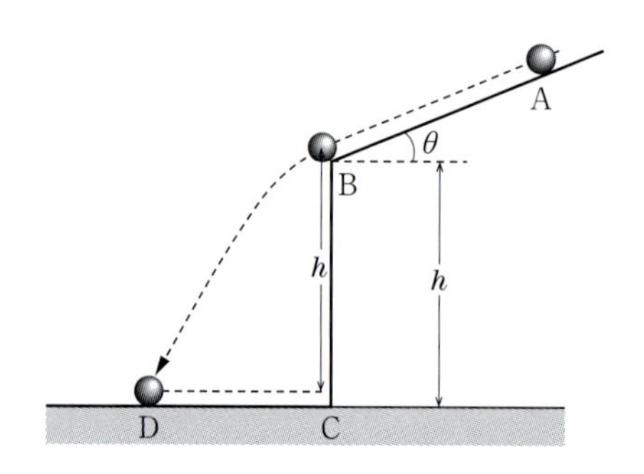

図 10.11　球の転落

［10B.5］　ビリヤードの基本ショット　ビリヤード台に球（質量 M，半径 a）を静かに置く．次に，球の中心 O を通る鉛直面内で，台に平行に撃力 F で中心 O からの高さ h の点を突く．$h = 2a/5$ のと

き，球は滑らずに転がることを示せ．　　　　　　　　　　　　　　　　　　[☞ 10.1 節と 9.3 節]

[10B.6]　ヨーヨーの運動　一様な円板（質量 M，半径 a）の周りに糸を巻き付ける．このとき，次の値を求めよ．

(1) 糸の端をもって円板を降下させるときの，円板の中心の加速度と糸の張力

(2) 中心が一定の位置に止まるように，糸の端に与えるべき加速度と糸の張力　　　[☞ 例題 10.1]

[10B.7]　立てかけた棒の運動　一様な棒（長さ l，質量 M）の一端を滑らかな鉛直壁に立てかけ，壁と α の角をなす状態から静かに手をはなした．床は水平で滑らかだったので，棒は下に向かって動き出した．図 10.12 を参照しながら，次の量を求めよ．ただし，Mg は棒の重心 G にかかる重力，R は壁から棒にはたらく抗力である．

(1)　棒が鉛直となす角が θ のときの角速度 $\dot{\theta}$　　(2)　棒が壁から離れるときの θ　　[☞ 10.1 節]

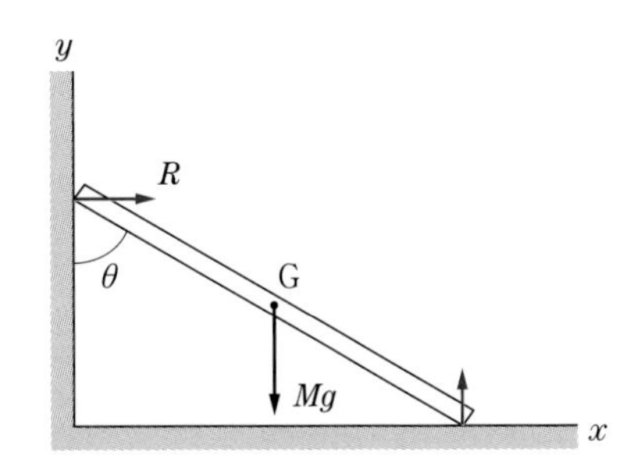

図 10.12　立てかけた棒の運動

第 11 章

運動座標系 ― 非慣性系での運動 ―

離陸中のジェット機の中の乗客は，座席の背もたれに強く押されるような力を感じる．この力は速度が変わるものの中（非慣性系）にいる人だけが感じるもので，静止した地上（慣性系）の人は感じない．私たちは普段，慣性系で定義されたニュートン力学に基づいて物事を考えるが，この力学を非慣性系まで拡張すれば，興味深い現象がいろいろとみえてくる．

11.1 ガリレイ変換

基準とする座標系（K 系とする）に対して，運動する別の座標系（K′ 系とする）を考えよう．例えば，K 系は地面に対して固定された座標系（これが慣性系である），K′ 系は電車に固定された座標系である．図 11.1 のように，2 つの座標系で xyz 座標軸の方向はそれぞれ平行であるとして，K′ 系の原点を K 系でみたときの位置を $\boldsymbol{r}_0(t)$ とする．そして，質点の位置を K 系で $\boldsymbol{r}(t)$，K′ 系で $\boldsymbol{r}'(t)$ とすると，次式が成り立つ．

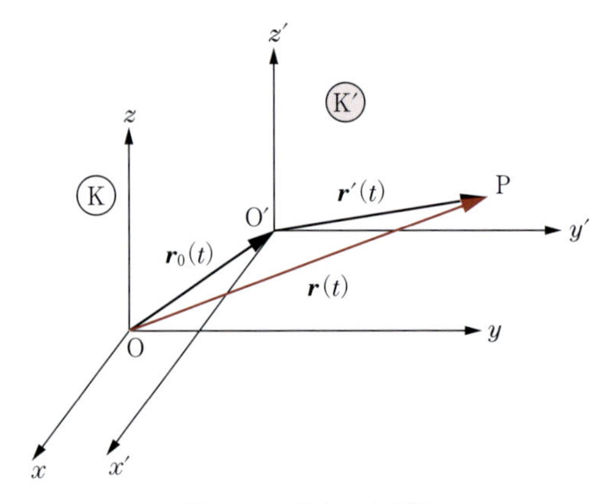

図 11.1 ガリレイ変換

$$\boldsymbol{r}'(t) = \boldsymbol{r}(t) - \boldsymbol{r}_0(t) \qquad (11.1)$$

これを K 系での運動方程式

$$m\ddot{\boldsymbol{r}} = \boldsymbol{F} \qquad (11.2)$$

に代入すれば，(11.2) は K′ 系では次のようになる．

$$m\ddot{\boldsymbol{r}}' = \boldsymbol{F} - m\ddot{\boldsymbol{r}}_0 \qquad (11.3)$$

いま $\ddot{\boldsymbol{r}}_0 = \boldsymbol{0}$ である場合，すなわち「$\dot{\boldsymbol{r}}_0 =$ 一定（等速度）」の場合を考えると，(11.3) は K 系と同じ形の運動方程式 $m\ddot{\boldsymbol{r}}' = \boldsymbol{F}$ になる．このような，等速度で動く座標系同士の座標変換を**ガリレイ変換**という．当然，力 $\boldsymbol{F}$ は座標系によらないから，ガリレイ変換によって運動方程式は変わらないことになる．

[例題 11.1 等速度の列車の中で]

直線の水平なレール上を一定の速さ V で走る列車の中にいる人が，ボールを高さ h から静かに落とした（図 11.2(a)）．ボールの軌道が次のようにみえることを示せ．

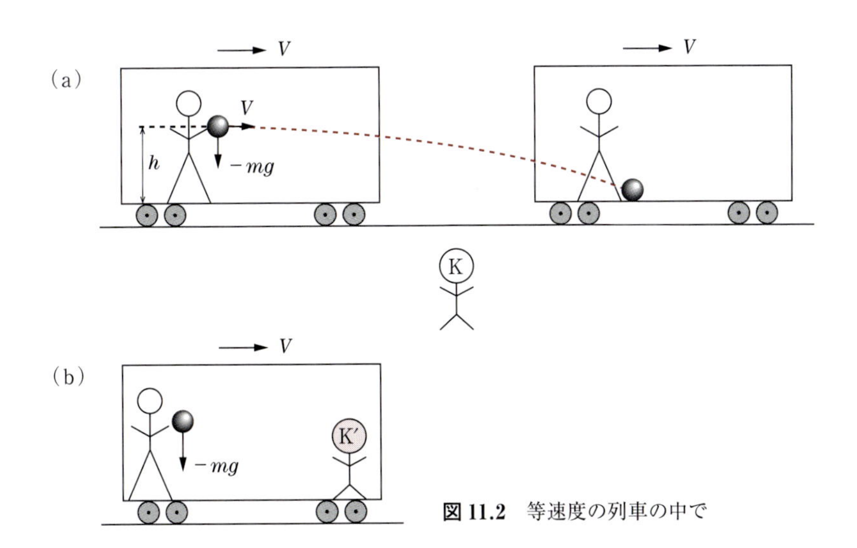

図 11.2 等速度の列車の中で

(1) 地上（K 系）でみていると，ボールの軌道は次の放物線になる．

$$y = -\frac{g}{2V^2}x^2 + h \tag{11.4}$$

(2) 列車内（K′ 系）でみていると，ボールは自由落下運動になる．

$$x' = 0, \qquad y' = -\frac{1}{2}gt^2 + h \tag{11.5}$$

解法のストラテジー　(S1) 地上（K 系）から列車内のボールをみれば，ボールには重力 $-mg$ がはたらき，x 方向に速さ V で動いている（図 11.2(a)）．列車内（K′ 系）でみればボールは静止しており，重力だけがはたらく（図 11.2(b)）．

(S3) K 系と K′ 系はともに慣性系であるから，それぞれに慣性系での運動方程式を立てて軌道を求める．

(S5) 解のチェックをする．

[解] K 系と K′ 系は慣性系だから，x, x' 方向の運動方程式は(4.11)の $m(dv_x/dt) = 0$，y 方向の運動方程式は(4.12)の $m(dv_y/dt) = -mg$ で，(1) と (2) の違いは初期条件の違いだけである．

(1) 初期条件は $x_0 = 0$，$y_0 = h$，$v_{x0} = V$，$v_{y0} = 0$ だから，解(4.15)は(11.4)の放物線に一致する．

(2) 初期条件は $x_0' = 0$，$y_0' = h$，$v_{x0}' = 0$，$v_{y0}' = 0$ だから，(11.5)になる．

解のチェック　一定の速さで一直線に走る電車の中で，私たちは地上と同じように振る舞うことができる．列車内を普通に歩くことができるし，重いものを落とせば，まっすぐ下に落ちる．これらが(11.5)の内容だから，(11.5)は正しい結果である．地上からみれば，放物線を描いて落下する(11.4)の結果も，理に適っている．

気づき　ガリレイ変換で運動方程式が変わらないために，日常の経験と矛盾しないことがわかる．ただし，質点の位置の運動自体は座標系（K 系か K′ 系か）によって異なることが理解できる．■

1 **11.2** 3 4

加速度座標系

K′ 系の原点が加速度をもって動いている場合には（$\ddot{\boldsymbol{r}}_0 \neq \boldsymbol{0}$，これを**加速度座標系**とよぶ），運動方程式(11.3)の右辺の第2項が残るので，運動方程式の形は変わる．しかし，この場合にも「ニュートンの第2法則」がそのまま成り立つようにするために，「(11.3)の右辺にある余分な項 $-m\ddot{\boldsymbol{r}}_0$ も力」とみなして，運動座標系での質点は力 $\boldsymbol{F}' = \boldsymbol{F} - m\ddot{\boldsymbol{r}}_0$ のもとで運動すると考える．

このように，運動座標系（**非慣性系**）で新たに必要となる力を**慣性力**（**見かけの力**）という．原点の加速度運動にともなう慣性力は，質点の位置や速度には依存しない．ジェット機の離陸時に受ける力，電車や自動車が発進・停止するときに乗客に加わる力，エレベーターの動き始めに感じる力などは，すべて慣性力である．

一方，慣性力を全く考える必要がない座標系が**慣性座標系**である．慣性座標系とガリレイ変換で結ばれる座標系は，すべて慣性座標系である．

［例題 11.2　等加速度の列車の中で］

一定の加速度 a で一直線の水平なレール上を走る列車（K′ 系）の中で，ボールを高さ h から静かに落とす（図 11.3(a)）．ボールの軌道が次の直線になることを示せ．

$$y' = \frac{g}{a}x' + h \tag{11.6}$$

［解］　x', y' 軸を列車に固定した座標系として，図 11.3(b)のように列車の進行方向に x' 軸，鉛直上方に y' 軸をとる．ボールには重力 $-mg$ と見かけの力 $-ma$ がはたらくので，運動方程式は $m\ddot{x}' = -ma$，$m\ddot{y}' = -mg$ になる．この運動方程式の解は

$$x' = -\frac{1}{2}at^2, \qquad y' = -\frac{1}{2}gt^2 + h$$

となり，t^2 を消去すれば(11.6)が得られる．

解のチェック　x' 方向の $-ma$ と y' 方向の $-mg$ の合力がボールにはたらくから，合力の方向（$\theta = \tan^{-1}(ma/mg)$）に直線運動するという結果は理に適っている．ボールが落下する位置 $x_{\rm f}'$ は $x_{\rm f}' = -(a/g)h$ である．$a > 0$ ならば落下位置は真下より $-(a/g)h$ だけ後方（$a < 0$ ならば前方）である．

地上の人には，$m\ddot{x} = ma$，$m\ddot{y} = -mg$ が成り立つから，ボールの軌道は $y = -(g/a)x + h$ のようにみえる．ボールの落下位置は $x_{\rm f} = (a/g)h$ であり，進行方向に向かって落下するから，理に適っ

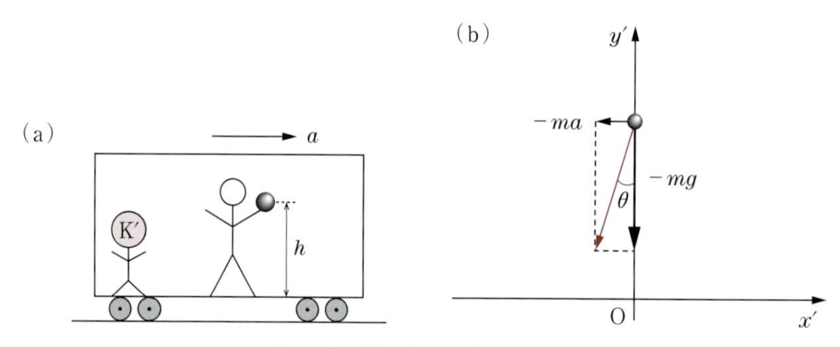

図 11.3　等加速度の列車の中で

た結果である．

気づき　ボールの落下の時間は $y' = 0$ となる時間だから $t = \sqrt{2h/g}$ であるが，これは列車が加速度をもたないとき（つまり，自由落下のとき）の値と同じである．このことから，鉛直方向の運動と水平方向の運動は互いに独立であることが実感できる．■

［例題 11.3　エレベーターの中で投げる］

図 11.4 のように，一定の加速度 a で鉛直に昇っているエレベーターの中で，床から h の高さの所からボールを真横に速さ u で投げたとき，物体は足下から次の L だけ離れた所に落ちることを示せ．

$$L = u\sqrt{\frac{2h}{g+a}} \tag{11.7}$$

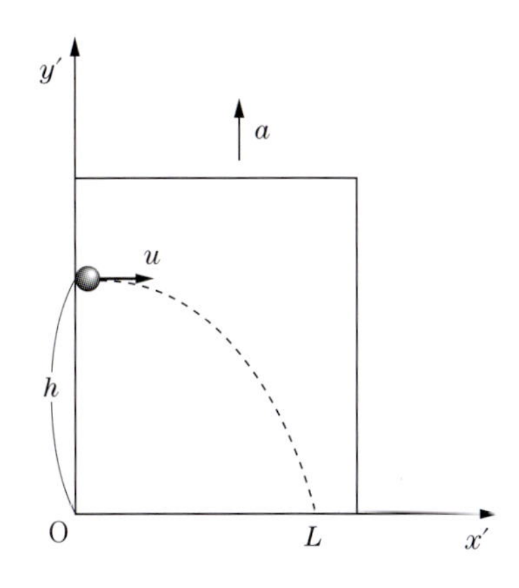

図 11.4　エレベーターの中で投げる

［解］　エレベーター内で，床に沿って x' 軸，鉛直上方に y' 軸をとると，ボールには $-ma$ の見かけの力がはたらくので，次式が成り立つ．

$$m\ddot{x}' = 0, \qquad m\ddot{y}' = -mg - ma = -m(g+a) \tag{11.8}$$

これは重力加速度が $g + a$ になった放物体の運動と同じ（4.2 節を参照）だから，(4.14) より $h = (g+a)t^2/2$ となり，落下時間 t は $t = \sqrt{2h/(g+a)}$ となる．したがって，(4.13) の $L = ut$ より (11.7) を得る．■

11.3 回転座標系

慣性力は，座標軸の方向が回転する回転座標系でも生じる．ここでは，話を簡単にするために，z 軸は同じであるとする．そして，図 11.5 のような固定されている直交座標系，つまり慣性系の K 系 (x, y) に対して角速度 ω で回転している回転座標系の K′ 系 (x', y') を考える．

K 系と K′ 系の単位ベクトルを $\boldsymbol{i}$，$\boldsymbol{j}$ と $\boldsymbol{i}'$，$\boldsymbol{j}'$ とすると，両者の間には

$$\begin{cases} \boldsymbol{i}' = \boldsymbol{i}\cos\omega t + \boldsymbol{j}\sin\omega t \\ \boldsymbol{j}' = -\boldsymbol{i}\sin\omega t + \boldsymbol{j}\cos\omega t \end{cases} \tag{11.9}$$

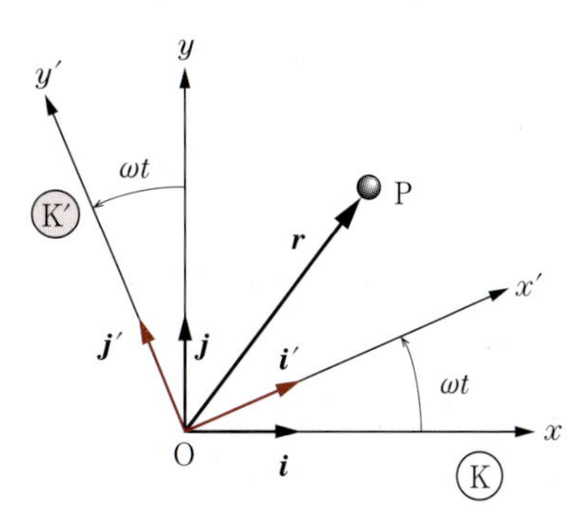

図 11.5　回転座標系

の関係が成り立つ（これは極座標の $\boldsymbol{e}_r$, $\boldsymbol{e}_\theta$ を $\boldsymbol{i}'$, $\boldsymbol{j}'$ に変えたものと同じ）．K系とK′系の原点は同じだから，質点Pの位置を表す位置ベクトルもK系とK′系で同じである．

K系での質点Pの座標を (x, y)，K′系での座標を (x', y') とすると，位置ベクトル $\boldsymbol{r}$ は次のように表せる．

$$\boldsymbol{r} = x\boldsymbol{i} + y\boldsymbol{j} = x'\boldsymbol{i}' + y'\boldsymbol{j}' \tag{11.10}$$

ただし，K′系で運動を考えるときは，単位ベクトル $(\boldsymbol{i}', \boldsymbol{j}')$ の座標を使うことを忘れないようにしてほしい．同様に，質点Pにはたらく力 $\boldsymbol{F}$ も両系で同じだから，K系での力の成分 (F_x, F_y) とK′系での力の成分 $(F_{x'}, F_{y'})$ を用いて次のように表せる．

$$\boldsymbol{F} = F_x\boldsymbol{i} + F_y\boldsymbol{j} = F_{x'}\boldsymbol{i}' + F_{y'}\boldsymbol{j}' \tag{11.11}$$

K′系 (x', y') での運動方程式

慣性系Kで成り立つニュートンの運動方程式 $m(d^2\boldsymbol{r}/dt^2) = \boldsymbol{F}$ ((3.12))，あるいは，これを成分で書いた運動方程式

$$m\ddot{x} = F_x, \qquad m\ddot{y} = F_y \tag{11.12}$$

は，(11.10)の位置ベクトル $\boldsymbol{r} = x\boldsymbol{i} + y\boldsymbol{j}$ を時間 t で2度微分すれば得られる．では，この運動方程式は回転座標系K′でどのように表せるだろうか．

結論を先にいえば，2次元回転座標系での運動方程式は次のようになる．

$$m\ddot{x}' = F_{x'} + 2m\omega\dot{y}' + m\omega^2 x' \tag{11.13}$$

$$m\ddot{y}' = F_{y'} - 2m\omega\dot{x}' + m\omega^2 y' \tag{11.14}$$

式の導出は簡単で，(11.10)の $\boldsymbol{r} = x'\boldsymbol{i}' + y'\boldsymbol{j}'$ を t で2度微分して加速度 $\ddot{\boldsymbol{r}}$ をつくり，力は $\boldsymbol{F} = F_{x'}\boldsymbol{i}' + F_{y'}\boldsymbol{j}'$ とおいて，$m(d^2\boldsymbol{r}/dt^2) = \boldsymbol{F}$ の両辺に代入すれば次式を得る（演習問題［11A.8］を参照）．

$$m(\ddot{x}' - 2\omega\dot{y}' - \omega^2 x') = F_{x'}, \quad m(\ddot{y}' + 2\omega\dot{x}' - \omega^2 y') = F_{y'} \tag{11.15}$$

これらの式が，(11.12)（つまり，ニュートンの運動方程式の形）と厳密に対応する式である．しかし，回転座標系の(11.13)と(11.14)は，(11.15)の左辺に $m\ddot{x}'$, $m\ddot{y}'$ だけを残して，後の項は右辺に移した式で定義されている．これは，なぜだろうか？

その理由は，非慣性系の運動方程式（ここでは(11.15)）を，慣性系だけで定義されるニュートンの運動方程式「質量 × 加速度 = 力」と同じ形に書き換えたいからである．そうすると，(11.15)の $m\ddot{x}'$ と $m\ddot{y}'$ は「質量 × 加速度」であり，$F_{x'} + 2m\omega\dot{y}' + m\omega^2 x'$ と $F_{y'} - 2m\omega\dot{x}' + m\omega^2 y'$ が「力」になる．$F_{x'}$ と $F_{y'}$ が「力」であることはわかるが，それ以外の項も「力」だといわれてもピンとこない．まさにそのとおりで，これらは本当の力ではなく，あえていえば，見かけの力といえるようなものである．

このように書き換えることの意味は，(11.15)のままでは解釈が難しい項が，**見かけの力**という物理的なイメージをもって理解できること，その結果，**真の力**と同等に扱えるようになることである．そして，これによって，非慣性系の運動方程式を形式的に慣性系で成り立つ式「質量 × 加速度 = **力**」（なじみのあるニュートンの運動方程式）の形に書き下すことができ，非慣性系での運動を理解しやすくしてくれるのである．

1 2 3

11.4 見かけの力

回転座標系の運動方程式（(11.13)と(11.14)）の右辺は，すべて力である．そして，第1項は真の力，第2項と第3項は，これから解説するコリオリ力と遠心力である．

11.4.1 遠心力

例えば，遊園地のメリーゴーランドの回転台の上に乗っている質点を考えてみよう．この質点を回転台の上にいる観測者からみたら静止しているので，回転座標系K′でのおもりの速度は $\mathbf{0}$ だから $\boldsymbol{v}' = (v_{x'}, x_{y'}) = (\dot{x}', \dot{y}') = (0, 0)$ であり，これより，加速度も $\mathbf{0}$（$\ddot{x}' = 0$，$\ddot{y}' = 0$）となるので，運動方程式(11.13)と(11.14)は次のようになる．

$$m\ddot{x}' = 0 = F_{x'} + m\omega^2 x', \qquad m\ddot{y}' = 0 = F_{y'} + m\omega^2 y' \tag{11.16}$$

これから

$$F_{x'} = -m\omega^2 x', \qquad F_{y'} = -m\omega^2 y' \tag{11.17}$$

が成り立つので，真の力 $\boldsymbol{F} = (F_{x'},\ F_{y'})$ は(11.11)を用いて次のようになる．

$$\boldsymbol{F} = F_{x'}\boldsymbol{i}' + F_{y'}\boldsymbol{j}' = -m\omega^2(x'\boldsymbol{i}' + y'\boldsymbol{j}') \tag{11.18}$$

これを(11.10)の $\boldsymbol{r}$ で表せば，真の力 $\boldsymbol{F}$ は次のようになる．

$$\boldsymbol{F} = -m\omega^2\boldsymbol{r} \qquad (\text{向心力}) \tag{11.19}$$

この $\boldsymbol{F}$ は $-\boldsymbol{r}$ に比例し，回転の中心を向いているので，**向心力**とよばれる．慣性系からみたときに，円運動を維持するために必要な力である（例題2.4を参照）．この向心力とつり合うように現れる見かけの力 $\boldsymbol{F}'$ が，次式の**遠心力**である（添字cfはcentrifugal forceの略）．

$$\boldsymbol{F}^{\mathrm{cf}} = m\omega^2\boldsymbol{r} \qquad (\text{遠心力}) \tag{11.20}$$

遠心力という呼称は，力が回転中心から外向き（$+\boldsymbol{r}$）にはたらくことに由来する．

なお，遠心力はK′系で物体が静止していても現れる力であることに注意してほしい（次項のコリオリの力との違いに注意）．

[例題 11.4　列車内のおもりの傾き]

一定の速さ v で，列車（質量 M）が半径 R の水平な円軌道を走っているとき，列車内の天井から下げたおもりが，鉛直方向から次の θ だけ傾くことを示せ．

$$\tan\theta = \frac{v^2}{Rg} \tag{11.21}$$

[解]　おもりには，鉛直方向の下向きに重力 Mg，水平方向に遠心力 Mv^2/R がはたらく．おもりを吊り下げている糸はこの合力の方向を向くから，鉛直からの傾きの角 θ は「$\tan\theta =$（遠心力/重力）」で与えられる．■

遠心力が関わる現象

遠心分離器は，密度が異なる物質を分離するための装置で，このような物質を高速で回転させると，遠心力のために，密度の大きい物質は容器の側面に集まる．ウラン分離器もこれに当たる．

スペースシャトルのように地球の周りで円軌道を回っている飛行体の中では，宇宙飛行士にはたらく地球の重力と遠心力がつり合って，見かけの重力は0になる（これを**無重力状態**という）．無重力状態はいろいろと不便なので，宇宙ステーションの中で快適に暮らすには，例えば，宇宙ステーションを自転させ，その遠心力で見かけの重力（人工重力）をつくる必要があるだろう．

11.4.2 コリオリの力

運動方程式(11.13)と(11.14)の第2項目の $(2m\omega\dot{y}', -2m\omega\dot{x}') = (2m\omega v_{y'}, -2m\omega v_{x'})$ は，K′系が角速度 ω で回転しているときに，速度 $\boldsymbol{v}' = (v_{x'}, v_{y'})$ で動いている質点にはたらく見かけの力である（$\boldsymbol{v}' = \boldsymbol{0}$ では現れない）．この力は，最初の発見者であるコリオリの名を冠して**コリオリの力**（$\boldsymbol{F}^{\mathrm{CO}}$ とする）とよばれている（添字COは**Co**riolisの略）．これをベクトルで書けば，次のようになる．

$$\boldsymbol{F}^{\mathrm{CO}} = 2m\omega v_{y'}\boldsymbol{i}' + (-2m\omega v_{x'})\boldsymbol{j}' \quad （コリオリの力） \tag{11.22}$$

$\boldsymbol{F}^{\mathrm{CO}}$ と $\boldsymbol{v}$ のスカラー積は $\boldsymbol{F}^{\mathrm{CO}}\cdot\boldsymbol{v}' = 0$ となるので，コリオリの力は速度 $\boldsymbol{v}'$ と直交する．コリオリの力 $\boldsymbol{F}^{\mathrm{CO}}$ はベクトル積を使って $\boldsymbol{F}^{\mathrm{CO}} = 2m\boldsymbol{v}' \times \boldsymbol{\omega}$ と表されるので（証明は略），力の向きは $\boldsymbol{v}'$ の向きから $\boldsymbol{\omega}$ の向きに右ネジを回すときのネジの進む向きである．したがって，北半球では進行方向に対して常に右向き（南半球では左向き）の力がはたらくことになる．

［例題 11.5　コリオリの力をみる］

内面のなめらかなアクリル管が管端Oの周りで水平に回転している（図11.6(a)）．距離 r の管内を速さ v' で外側に動いているビー玉（質量 m）には，管壁から力 F がはたらく．回転の角速度を ω とすると，F は

$$F = 2m\omega v' \tag{11.23}$$

で与えられることを「力 F のモーメント」を利用して示せ．

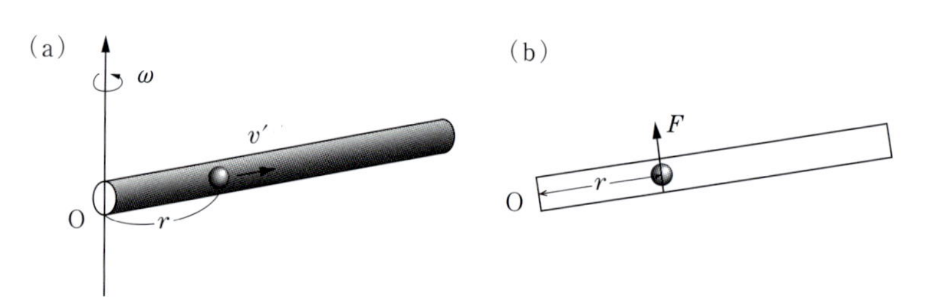

図 11.6　アクリル管内のビー玉

解法のストラテジー　(S1)　ビー玉は，管壁から垂直抗力 F を受ける．この力がビー玉に，管端Oの周りの力 F のモーメント rF を与える（図11.6(b)，真上からみた図）．

(S3)　ビー玉の角運動量 $L = mr^2\omega$ の時間変化率が，力 F のモーメント rF になること（(8.24)）を使って式を立てればよい．

(S5)　解のチェックをする．

[解]　力のモーメント $N = rF$ と(8.24)の $dL/dt = N$ を利用すれば

$$\frac{dL}{dt} = \frac{d(mr^2\omega)}{dt} = 2mr\omega\frac{dr}{dt} = 2mr\omega v' = N = rF \tag{11.24}$$

となるので，F が求まる．

解のチェック　壁面からの力 F は，ビー玉が壁面を押す力の反作用と考えてみよう．もし，アクリル管がなければ，ビー玉はまっすぐに速度 $\boldsymbol{v}'$ で回転板上を進んでいるはずだから，大きさ F のコリオリの力がはたらいていると予想できる．(11.22)から，コリオリの力の大きさは $F^{\mathrm{CO}} = 2m\omega v'$ である（$F^{\mathrm{CO}} = \sqrt{(2m\omega v_y)^2 + (-2m\omega v_x)^2} = 2m\omega v'$）．これは F と同じ大きさである．したがって，この予想は当たっており，(11.24)の結果も正しいと確信できる．

気づき　例えば，ビー玉が滑らかな回転板（非常に大きいとする）上をまっすぐに転がっているとしよう．ビー玉にはたらくコリオリの力は，アクリル管を右側に押す力なので，もしアクリル管がなければ，（円板上にいる人には）ビー玉が右側に逸れていくようにみえる．角速度ベクトル $\boldsymbol{\omega}$ の向きは z 軸の向きで，位置ベクトル $\boldsymbol{r}$ は点Oから測ったビー玉の位置だから，ベクトル積で表したコリオリの力 $\boldsymbol{F}^{\mathrm{CO}} = 2m\boldsymbol{v}' \times \boldsymbol{\omega}$ の向きは，右ネジのルール通り，確かに右向きになることがわかる．■

コリオリの力が関わる現象

コリオリの力の効果は大気現象に顕著に現れる．**台風の渦**が北半球で反時計回りになること，日本上空 12〜16 km 辺りで常に西に向かって吹いている**偏西風（ジェット気流）**の存在，あるいは，赤道付近へ温帯地域から南西に向かって定常的に吹いている**貿易風**の存在は，すべてコリオリの力によるものである．

演 習 問 題

[A：基礎的な問題]

[11A.1]　慣性力　自動車（質量 $M = 800$ kg）が半径 $r = 40$ m の円形道路を時速 $v = 54$ km で走っている．自動車の中におもりをひもで吊り下げたとき，このひもが鉛直となす角 θ，そして，ひもの傾く方向を求めよ．　[☞ 11.4.1 項]

[11A.2]　エレベーターに吊るしたひもの張力　加速度 $0.1g$ で下降しているエレベーターから吊るしたひもに，質量 m kg の物体が結ばれている．ひもの張力 T を求めよ．　[☞ 例題 11.3]

[11A.3]　メリーゴーランド　大きなメリーゴーランドが周期 $T = 10$ s で回転している．メリーゴーランドの中心から $r = 4$ m のところに設置された木馬に子ども（質量 $m = 25$ kg）が乗っている．この子どもに木馬が作用する向心力の大きさ F を求めよ．また，向心力 F と子どもにはたらく重力の大きさ W との比 F/W を求めよ．　[☞ 11.4.1 項]

[11A.4]　車のカーブ　自動車がカーブしたとき，車内の乗客にはたらく向心力は何が作用する力か説明せよ．　[☞ 11.4.1 項]

[11A.5]　赤道のふくらみ　地球は完全な球形ではなく，赤道のところが球形よりふくらんでいる．その理由を説明せよ．　[☞ 11.4.1 項]

[11A.6]　エレベーター内のバネ秤　エレベーターの中にバネ秤をもち込んで物体（質量 m）の重さを測る実験をした．次の(1)〜(5)の場合について，バネの目盛がそれぞれどのように変るかを答えよ．また，バネの目盛の変化から，エレベーターの速さ v または加速度 a が計算できるときは，具体的に v や a の式を示せ．

(1)　一様な速さでゆっくり上昇するとき

(2)　一様な速さで速く下降するとき

(3)　急に下降するとき

(4)　急に上昇するとき

(5)　エレベーターを吊るす綱が切れて自由落下するとき　[☞ 11.1節と11.2節]

[11A.7]　エレベーター内の振り子　問題[11A.6]で，エレベーターに長さ l の単振り子をもち込んで振らせたとする．(1)～(5)の場合について単振り子の周期 T を計算し，単振り子の固有周期 $T_0 = 2\pi\sqrt{l/g}$ と T との比 T/T_0 を求めよ．　[☞ 11.1節と11.2節]

[11A.8]　$x'y'$ 系での運動方程式　テキストの説明に従って，(11.15)を導け．　[☞ 11.3節]

[11A.9]　力のつり合う条件　メリーゴーランドのような回転台（角速度 ω，静止摩擦係数 μ）の上に，足を揃えて立っている人（質量 M）がいる．回転台の中心から $\boldsymbol{r}$ の位置にいるこの人が回転台に対して静止できるのは，図11.7のような4つの力 a, b, c, d がつり合っているためである．

(1)　4つの力 a, b, c, d は，それぞれ重力 $\boldsymbol{W}$，垂直抗力 $\boldsymbol{N}$，摩擦力 $\boldsymbol{F}$，遠心力 $\boldsymbol{F}^{\mathrm{cf}}$ のどれに対応するか答えよ．

(2)　4つの力の大きさを M, μ, g, ω, r などを使って，具体的に表せ．

(3)　4つの力がどのようにつり合っているのかを説明せよ．　[☞ 11.4節と3.5節]

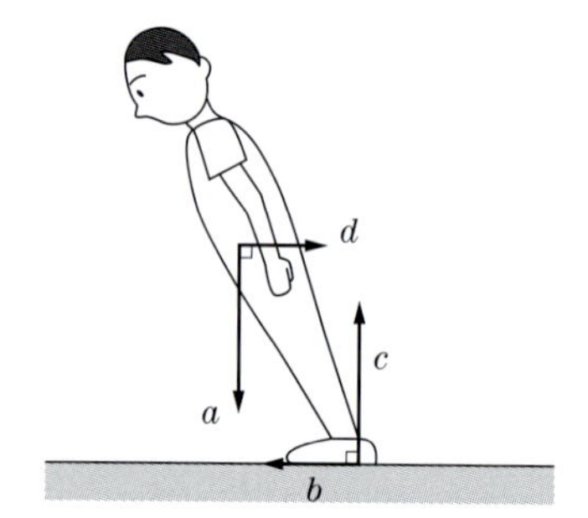

図11.7　力のつり合う条件

[B：標準的な問題]

[11B.1]　列車内の振り子　列車が等速度運動している間，列車の天井から吊り下げられた振り子（長さ l）は鉛直に垂れたままだった．突然，急ブレーキがかかったので，列車には，列車の重量の5％に当たる抵抗がはたらいた．このとき，振り子は鉛直から θ だけ傾いた方向を中心にして周期 T で振動を始めた．θ の値と，振動の周期の比 T/T_0 を求めよ．ただし，$T_0 = 2\pi\sqrt{l/g}$ とする．[☞ 11.2節]

[11B.2]　気球　気球（重量 W）に砂袋（重量 w）を乗せて，加速度 α で鉛直に上昇させる．気球内でバネ秤を使って砂袋を測ったときの砂袋の重さ w' を求めよ．次に，この砂袋を捨てた後の気球の加速度 β を求めよ．ただし，空気の抵抗と砂袋の浮力は無視する．　[☞ 11.2節]

[11B.3]　バケツを振り回す　水の入っているバケツを手でもって鉛直面内で等速円運動させる．

(1)　バケツにはたらく重力を $\boldsymbol{W}$ として，手がバケツに作用する力 $\boldsymbol{F}$ の大きさ F は一定かどうかを答えよ．もし一定でなければ，最大になる位置とそのときの力 F' も答えよ．ただし，バケツは速く回すので，水はこぼれないとする．

(2)　半径 $r = 1.0\,\mathrm{m}$ の円を描くようにバケツを回したとする．バケツが真上にきても，水がこぼれない最小回転数 f を求めよ．　[☞ 11.4.1項]

[11B.4]　コリオリの力　南半球での台風の渦は，どの向きに回るか答えよ．また，その理由も説明せよ．　[☞ 11.4.2項]

[11B.5] カーブを走る列車 列車を時速 $v = 80\,\mathrm{km/h}$ で，半径 $r = 300\,\mathrm{m}$ のカーブを走らせたい．それには，外側のレールを内側のレールよりも h だけ高くしなければならない．レールの間隔を $2d$ として，h を表す式を導け．次に，$2d = 1\,\mathrm{m}$ として h の値を求めよ． [☞ 11.4.1 項]

[11B.6] 列車の転覆を避ける 仮に問題[11B.5]のレールを水平に設置したままで，列車を時速 $v = 100\,\mathrm{km/h}$ で走らせるとしよう．この列車が転覆しないためには，列車の重心 G の高さ H を，ある高さ h' 以下にしなければならない．列車にはたらく遠心力 F_c と重力 W との合力が，レールの内側を通れば転覆しないと考えて，この h' を表す式を導け．次に，$2d = 1\,\mathrm{m}$ として h' の値を求めよ．

[☞ 11.4.1 項]

[11B.7] 円錐振り子 図 11.8 のように上端を固定した長さ l のひも（鉛直線と角 θ をなす）の下端に質量 m のおもりを付けて，水平面内で半径 r の等速円運動をさせる（これを**円錐振り子**（えんすい）という）．おもりには重力 mg とひもの張力 S がはたらいている．回転座標系 K′ を使って，このおもりが円軌道を 1 周する時間 T は次式で表されることを示せ．

$$T = 2\pi\sqrt{\frac{l\cos\theta}{g}} \tag{11.25}$$

[☞ 11.4.1 項]

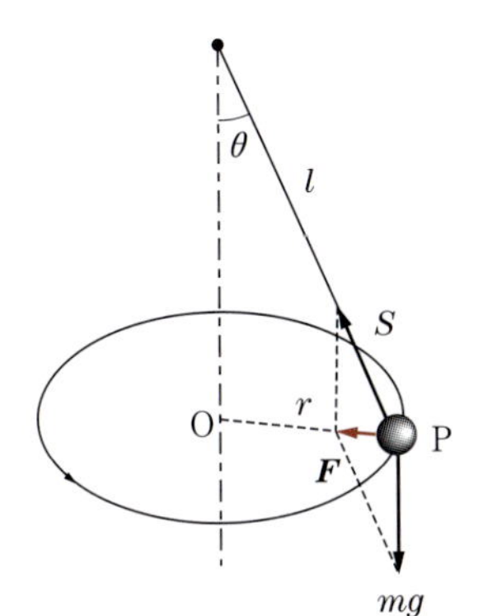

図 11.8 円錐振り子

演習問題の解答

第 1 章

［1A.1］ $\boldsymbol{A}+\boldsymbol{B}$ の向きは北東，$\boldsymbol{A}-\boldsymbol{B}$ の向きは南東，大きさはともに $\sqrt{2}\,|\boldsymbol{A}|=\sqrt{2}\,|\boldsymbol{B}|$.

［1A.2］ (1) $|\boldsymbol{A}|=3$, $|\boldsymbol{B}|=5$　(2) $3\boldsymbol{A}+2\boldsymbol{B}=(3\sqrt{5}-6, 14)$

［1A.3］ $\boldsymbol{A}\cdot\boldsymbol{B}=-31+3s=0$ より $s=31/3$.

［1A.4］ (1) 7ブロック　(2) 正味の変位の大きさは $s=\sqrt{5^2+2^2}=\sqrt{29}=5.39$，向きは東北方向に角度 $\theta=\tan^{-1}(2/5)=21.8°$.

［1A.5］ 変位ベクトルの大きさは $r=5\,\mathrm{m}$，方向は $\tan^{-1}(-3/4)=-36.87°$ より $\theta=180°+(-36.87°)=143.13°$.

［1B.1］ (1) $\boldsymbol{a}+\boldsymbol{b}=5\boldsymbol{i}+\boldsymbol{j}$　(2) $\boldsymbol{a}-\boldsymbol{b}=\boldsymbol{i}+3\boldsymbol{j}-2\boldsymbol{k}$　(3) $\boldsymbol{a}\cdot\boldsymbol{i}=3$　(4) $\boldsymbol{a}\cdot\boldsymbol{b}=3$　(5) $\boldsymbol{a}\cdot\boldsymbol{c}=9$　(6) $\boldsymbol{b}\times\boldsymbol{c}=-3\boldsymbol{i}+\boldsymbol{j}+7\boldsymbol{k}$　(7) $\boldsymbol{a}\times(\boldsymbol{b}\times\boldsymbol{c})=15\boldsymbol{i}-18\boldsymbol{j}+9\boldsymbol{k}$
(8) $\boldsymbol{b}(\boldsymbol{a}\cdot\boldsymbol{c})-\boldsymbol{c}(\boldsymbol{a}\cdot\boldsymbol{b})=9\boldsymbol{b}-3\boldsymbol{c}=15\boldsymbol{i}-18\boldsymbol{j}+9\boldsymbol{k}$. なお，(7)と(8)はベクトル3重積 $\boldsymbol{a}\times(\boldsymbol{b}\times\boldsymbol{c})=\boldsymbol{b}(\boldsymbol{a}\cdot\boldsymbol{c})-\boldsymbol{c}(\boldsymbol{a}\cdot\boldsymbol{b})$ というベクトル公式（BAC - CAB 則ともいう）だから，答が同じになるのは当然である.

［1B.2］ (1) 変位の大きさ $l=2R=10\,\mathrm{m}$，歩いた距離 $s=\pi R=15.7\,\mathrm{m}$　(2) $l'=0\,\mathrm{m}$. $s'=2\pi R=31.4\,\mathrm{m}$

［1B.3］ 水平方向の成分は $H=s\cos(-30°)=s\cos 30°=86.6\,\mathrm{m}$，鉛直方向の成分は $V=s\sin(-30°)=-s\sin 30°=-50.0\,\mathrm{m}$. なお，$V$ の負符号は鉛直上向きを正にしたために付いたもので，落下距離は $|V|=50.0\,\mathrm{m}$ である.

［1B.4］ $v=500\,\mathrm{km/h}$ と $u=120\,\mathrm{km/h}$ を使って速度成分を書くと，$\boldsymbol{v}=(v_x, v_y)=(v, 0)$，$\boldsymbol{u}=(u_x, u_y)=(u\cos 30°, u\sin 30°)$. したがって，$\boldsymbol{V}=(V_x, V_y)=(v_x+u_x, v_y+u_y)=(604, 60)$ より $V=\sqrt{V_x^2+V_y^2}=607\,\mathrm{km/h}$，$\theta=\tan^{-1}(V_y/V_x)=5.67°$.

［1B.5］ 計算を簡単にするために，$A_z=0$ とおいて $\boldsymbol{C}=(A_x\boldsymbol{i}+A_y\boldsymbol{j})\times(B_x\boldsymbol{i}+B_y\boldsymbol{j})$ を具体的に計算する（このようにおいても一般性を失わない）.

$$\begin{aligned}\boldsymbol{C}&=(A_x\boldsymbol{i}+A_y\boldsymbol{j})\times B_x\boldsymbol{i}+(A_x\boldsymbol{i}+A_y\boldsymbol{j})\times B_y\boldsymbol{j}\\&=(A_xB_x\boldsymbol{i}+A_yB_x\boldsymbol{j})\times\boldsymbol{i}+(A_xB_y\boldsymbol{i}+A_yB_y\boldsymbol{j})\times\boldsymbol{j}\\&=(A_xB_x\boldsymbol{i}\times\boldsymbol{i}+A_yB_x\boldsymbol{j}\times\boldsymbol{i})+(A_xB_y\boldsymbol{i}\times\boldsymbol{j}+A_yB_y\boldsymbol{j}\times\boldsymbol{j})\end{aligned}$$

ここで，$\boldsymbol{i}\times\boldsymbol{i}=\boldsymbol{0}$，$\boldsymbol{j}\times\boldsymbol{j}=\boldsymbol{0}$ だから，2つの項（A_xB_x と A_yB_y）は消える. そして，$\boldsymbol{i}\times\boldsymbol{j}=-\boldsymbol{j}\times\boldsymbol{i}=\boldsymbol{k}$ に注意すれば，最終的に次式のように C_z が求まる.

$$\begin{aligned}\boldsymbol{C}&=(A_yB_x\boldsymbol{j}\times\boldsymbol{i})+(A_xB_y\boldsymbol{i}\times\boldsymbol{j})\\&=A_yB_x(\boldsymbol{j}\times\boldsymbol{i})+A_xB_y(\boldsymbol{i}\times\boldsymbol{j})=A_yB_x(-\boldsymbol{k})+A_xB_y(\boldsymbol{k})\\&=(A_xB_y-A_yB_x)\boldsymbol{k}=C_z\boldsymbol{k}\end{aligned}$$

第 2 章

［2A.1］ 平均の速さ L/T に数値を代入すれば，

$$T=\frac{200\,\mathrm{m}}{30\,\mathrm{s}}=\frac{20}{3}\,\mathrm{m/s}=\frac{20}{3}\times 3.6\,\mathrm{km/h}=24\,\mathrm{km/h}$$

これは制限速度 40 km/h よりも小さいから違反していない.

［2A.2］ $r=\sqrt{x^2+y^2}=\sqrt{(-3)^2+4^2}=5\,\mathrm{m}$. 偏角は $\tan^{-1}(y/x)=\tan^{-1}\{4/(-3)\}=-53°$ より $\theta=180°-53°=127°$.

［2A.3］ $x=r\cos\theta=2\cos 30°=\sqrt{3}\,\mathrm{m}$，$y=r\sin\theta=2\sin 30°=1\,\mathrm{m}$.

［2A.4］ $x=r\cos\theta$，$y=r\sin\theta$ と $\boldsymbol{r}=x\boldsymbol{i}+y\boldsymbol{j}$ を使う.
(1) $\boldsymbol{r}=-9.19\boldsymbol{i}+7.71\boldsymbol{j}\,\mathrm{m}$　(2) $\boldsymbol{r}=1.5\boldsymbol{i}+2.6\boldsymbol{j}\,\mathrm{cm}$　(3) $\boldsymbol{r}=-0.173\boldsymbol{i}+0.984\boldsymbol{j}\,\mathrm{km}$

［2A.5］ (1) 6 s 間の変位の大きさは 20 m. 平均の速さの大きさ $\bar{v}$ は $\bar{v}=20\,\mathrm{m}/6.0\,\mathrm{s}=3.3\,\mathrm{m/s}$

(2)　12 秒間の変位は 0 なので，平均の速さの大きさ $\bar{v}$ も 0.

［**2A.6**］　(1)　半径が最小の $3 \to 4$ の区間　　(2)　等速直線運動で加速度が 0 の $2 \to 3$，$4 \to 1$ の区間

［**2A.7**］　左辺 $= [v] = \left[\dfrac{\mathrm{L}}{\mathrm{T}}\right]$

$$右辺 = [v_0 + at] = [v_0] + [at] = [v_0] + [a][t] = \left[\frac{\mathrm{L}}{\mathrm{T}}\right] + \left[\frac{\mathrm{L}}{\mathrm{T}^2}\right][\mathrm{T}] = \left[\frac{\mathrm{L}}{\mathrm{T}}\right]$$

両辺の次元は同じ L/T で一致する.

［**2A.8**］　速さ $v_\mathrm{i} = 0$，$v_\mathrm{f} = 30\,\mathrm{m/s}$ と $t = 30\,\mathrm{s}$ を使って，平均加速度 $\bar{a} = (v_\mathrm{f} - v_\mathrm{i})/t = 30/30 = 1\,\mathrm{m/s^2}$.

［**2A.9**］　$v_1 = 5\,\mathrm{m/s}$，$t_1 = 4 \times 60\,\mathrm{s}$，$v_2 = 4\,\mathrm{m/s}$，$t_2 = 3 \times 60\,\mathrm{s}$ を使う.

(1)　$s = v_1t_1 + v_2t_2 = 2160\,\mathrm{m}$　　(2)　$\bar{v} = s/(t_1 + t_2) = 5.14\,\mathrm{m/s}$

［**2A.10**］「$r^2 = \boldsymbol{r}\cdot\boldsymbol{r} =$ 一定」の両辺を t で微分する. d(一定)$/dt = 0$ だから，$d(\boldsymbol{r}\cdot\boldsymbol{r})/dt = \dot{\boldsymbol{r}}\cdot\boldsymbol{r} + \boldsymbol{r}\cdot\dot{\boldsymbol{r}} = 2\dot{\boldsymbol{r}}\cdot\boldsymbol{r} = 2\boldsymbol{v}\cdot\boldsymbol{r} = 0$. したがって，$\boldsymbol{v} \perp \boldsymbol{r}$.

［**2A.11**］　ジェットコースターは 3 次元空間で運動するが，自由度は 1 である．理由は，出発点を基準にしてレールに沿って測った距離を変数にとれば，この 1 変数の値だけでジェットコースターの位置が一意的に決まるからである.

［**2B.1**］　$\boldsymbol{u} = \boldsymbol{v}_1 - \boldsymbol{v}_2 = (-50, 0) - (0, 50) = (-50, -50)\,\mathrm{m/s}$

［**2B.2**］　$1\,\mathrm{km/h} = 1/(3.6\,\mathrm{m/s})$ を使う.

(1)　車の加速度は

$$a = \frac{v_\mathrm{f} - v_\mathrm{i}}{t} = \frac{140\,\mathrm{km/h}}{8\,\mathrm{s}} = \frac{140 \times 1/(3.6\,\mathrm{m/s})}{8\,\mathrm{s}} = \frac{140}{8 \times 3.6} = 4.86\,\mathrm{m/s^2}$$

(2)　車が走った距離は

$$x = \frac{at^2}{2} = \frac{4.86 \times 8^2}{2} = 155.5\,\mathrm{m}$$

［**2B.3**］　平均加速度は $\bar{a} = \dfrac{v_\mathrm{f} - v_\mathrm{i}}{t} = \dfrac{(0 - 324) \times 1/(3.6\,\mathrm{m/s})}{60\,\mathrm{s}} = \dfrac{-324}{3.6 \times 60} = -1.5\,\mathrm{m/s^2}$. したがって，平均加速度の大きさは $1.5\,\mathrm{m/s^2}$ で，進行方向とは逆向きである.

［**2B.4**］　瞬間の速さ v は $v(t) = \dot{x} = 2 + 0.2t$. これより $v(3) = 2.6\,\mathrm{m/s}$. 瞬間の加速度 a は $a(t) = \dot{v} = 0.2\,\mathrm{m/s^2}$. したがって，$a$ は時間 t によらず常に一定で，$a(3) = 0.2\,\mathrm{m/s^2}$.

［**2B.5**］　$x(t) = 10t$，$y(t) = 50t - 10t^2$ から t を消去すれば，軌道の式は $y = 5x - x^2/10$. 速度の成分は $v_x = \dot{x} = 10$，$v_y = \dot{y} = 50 - 20t$. 加速度の成分は $a_x = \dot{v}_x = 0$，$a_y = \dot{v}_y = -20$.

［**2B.6**］「$v^2 = \boldsymbol{v}\cdot\boldsymbol{v} =$ 一定」の両辺を t で微分する. d(一定)$/dt = 0$ だから $d(\boldsymbol{v}\cdot\boldsymbol{v})/dt = \dot{\boldsymbol{v}}\cdot\boldsymbol{v} + \boldsymbol{v}\cdot\dot{\boldsymbol{v}} = 2\dot{\boldsymbol{v}}\cdot\boldsymbol{v} = 2\boldsymbol{a}\cdot\boldsymbol{v} = 0$. したがって，$\boldsymbol{a} \perp \boldsymbol{v}$.

［**2B.7**］　$\boldsymbol{r} = x\boldsymbol{i} + y\boldsymbol{j} = r\cos\theta\,\boldsymbol{i} + r\sin\theta\,\boldsymbol{j} = r(\cos\theta\,\boldsymbol{i} + \sin\theta\,\boldsymbol{j})$ と書くと，カッコの中は $\boldsymbol{e}_r$ なので $\boldsymbol{r} = r\boldsymbol{e}_r(\omega t)$ である．これを t で微分すれば $\boldsymbol{v} = \dot{\boldsymbol{r}} = d(r\boldsymbol{e}_r(\omega t))/dt = rd(\boldsymbol{e}_r(\omega t))/dt = r\omega\boldsymbol{e}_\theta(\omega t)$ と $\boldsymbol{a} = \dot{\boldsymbol{v}} = d(r\omega\boldsymbol{e}_\theta(\omega t))/dt = -r\omega^2\boldsymbol{e}_r(\omega t)$ を得る．単位ベクトル $\boldsymbol{e}_r, \boldsymbol{e}_\theta$ の向きから，例題 2.5 の結果がわかる.

第 3 章

［**3A.1**］　$a = F/m = 5\,\mathrm{N}/1\,\mathrm{kg} = 5\,\mathrm{m/s^2}$

［**3A.2**］　物体の下方への加速度を a とすれば，物体にかかる外力は，下向きの重力 Mg と下のひもの張力 F，そして上向きの張力 S であるから，(3.4) は $Ma = Mg + F - S$ と書ける．これより，$F - S = M(a - g)$ を得る.

$a > g$ となるように下のひもを強く速く引くと，$F > S$ より下のひもの張力が優勢になって，下のひもが切れる．一方，$a < g$ となるように下のひもをゆっくり引くと，$F < S$ より上のひもが切れる．つまり，急に強く引っ張られると，物体は慣性の法則によって静止状態を保とうとして動かないので，下のひもが切れるのである.

［**3A.3**］ 車は動かない．車と運転手を1つの物体と考えてみるとわかるように，2つの力は内力の関係である．そのため，2つの力は打ち消し合って，車は動かないことになる．

［**3A.4**］ $F = ma = 20\,\mathrm{kg} \times 5.0\,\mathrm{m/s^2} = 100\,\mathrm{N}$

［**3A.5**］ $\boldsymbol{F} = \boldsymbol{F}_1 + \boldsymbol{F}_2 = (5, 4, 3) + (-3, -4, 5) = (5-3, 4-4, 3+5) = (2, 0, 8)\,\mathrm{N}$

［**3A.6**］ オールが水を後ろ向きに押すと，水はボートを前向きに押すので，ボートは前進する．

［**3A.7**］ 物体には水平な力 F の他に，鉛直下向きの重力 mg と斜面に垂直な垂直抗力 N が作用する．鉛直方向の力のつり合いから $N\cos\theta = mg$．水平方向のつり合いから $F = N\sin\theta = mg(\sin\theta/\cos\theta) = mg\tan\theta$．数値を代入すると，$F = mg\tan\theta = (9.8\,\mathrm{N})/\sqrt{3} = 5.7\,\mathrm{N}$.

［**3B.1**］ (1) $F = 0$　(2) $N = mg$　(3) $W = mg$

［**3B.2**］ (1) $N_1 = 7\,\mathrm{kgw}$　(2) $N_2 = 7 - 5 = 2\,\mathrm{kgw}$　(3) $N_3 = 7 - 9 = -2\,\mathrm{kgw} < 0$ となる．これはブロックが床から離れたことを意味するので，$N_3 = 0$.

［**3B.3**］ 降下しているときの運動方程式は $M\alpha = Mg - F$，上昇しているときの運動方程式は $(M - m)\beta = -(M - m)g + F$．2つの式を加えて m について解くと

$$m = \frac{\alpha + \beta}{g + \beta}M$$

［**3B.4**］ 2つの運動方程式 $m_\mathrm{A}\boldsymbol{a}_\mathrm{A} = \boldsymbol{F}_{\mathrm{B}\to\mathrm{A}}$，$m_\mathrm{B}\boldsymbol{a}_\mathrm{B} = \boldsymbol{F}_{\mathrm{A}\to\mathrm{B}}$ と力の関係 $\boldsymbol{F}_{\mathrm{B}\to\mathrm{A}} = -\boldsymbol{F}_{\mathrm{A}\to\mathrm{B}}$ から，

$$\frac{\boldsymbol{a}_\mathrm{A}}{\boldsymbol{a}_\mathrm{B}} = -\frac{m_\mathrm{B}}{m_\mathrm{A}}$$

したがって，反対向きに動き出し，加速度は質量（つまり体重）に反比例する．最初は静止していたので，速度も質量に反比例する．

［**3B.5**］ ロープの張力（塗装工がロープを引く力）を T，台に掛かる力を $W = 30\,\mathrm{kg}$ とする．このとき，台（質量 $m = 10\,\mathrm{kg}$，加速度 a）に対するニュートンの運動方程式は $ma = T - mg - Wg$ …①（a は上向きにとっている）．一方，塗装工（質量 $M = 60\,\mathrm{kg}$，加速度 a）に対するニュートンの運動方程式は $Ma = T + Wg - Mg$ …②.

(1) ①と②から T を消去すれば，加速度

$$a = \frac{2W - M + m}{M - m}g \quad \cdots③$$

を得る．数値を代入すれば，$a = 98/50 = 1.96\,\mathrm{m/s^2}$.

(2) 滑車にかかる力 F は，①と③から張力

$$T = ma + mg + Wg = W\frac{M + m}{M - m}g$$

の2倍 $(2T)$ である．数値を代入すれば，

$$F = 2W\frac{M + m}{M - m}g = 84\,\mathrm{kgw}$$

(3) 張力 T が外力のはたらきをするので，[3A.3]の内力だけの問題とは異なり，実際に運動が生じるのである．なお，$W = 0$（ゆっくり動く場合）のとき①と②より $(m + M)a = 2T - (m + M)g$ となるので，塗装工のロープを引く力（T）の2倍が重力 $(m + M)g$ より大きければ上昇し，小さければ下降することがわかる．

［**3B.6**］ 前後のタイヤの組 A, B にはたらく摩擦力を $F_\mathrm{A}, F_\mathrm{B}$，トラック（質量 M）の加速度を a とすると，運動方程式は $Ma = F_\mathrm{A} + F_\mathrm{B}$ …①．一方，摩擦力には $\mu' Mg = F_\mathrm{A} + F_\mathrm{B}$ …②が成り立つ．①と②から $F_\mathrm{A} + F_\mathrm{B}$ を消去すれば

$$\mu' = \frac{M|a|}{Mg} = \frac{|a|}{g} \quad \cdots③$$

を得る．

$v_\mathrm{f} = 0$，$v_\mathrm{i} = 16\,\mathrm{m/s}$，$t_\mathrm{f} = 8\,\mathrm{s}$，$t_\mathrm{i} = 0$ より，

$$a = \frac{v_\mathrm{f} - v_\mathrm{i}}{t_\mathrm{f} - t_\mathrm{i}} = \frac{-16}{8} = -2\,\mathrm{m/s^2}$$

で，大きさは $|a| = 2\,\mathrm{m/s^2}$ である．負符号は進行方向とは逆向きにはたらくことを意味する（ブレーキ

だから）．したがって，③に a を代入すると $\mu' = |a|/g = 2/9.8 = 0.20$．

第 4 章

[4A.1] 定義(2.7)より，$\bar{v} = x/t = gt/2$．あるいは $\bar{v} = \{v(0) + v(t)\}/2$ と考えてもよい．

[4A.2] 減速の加速度の大きさを β とすると，$2\beta d = v_0^2$ から $\beta = v_0^2/2d$．これに数値を代入すれば $\beta = (40\,\mathrm{m/s})^2/(2 \times 0.2\,\mathrm{m}) = 4000\,\mathrm{m/s^2}$．したがって，力の大きさは $F = m\beta = 600\,\mathrm{N}$．

[4A.3] (1) 0 (2) $a = -g = -9.8\,\mathrm{m/s^2}$

[4A.4] (4.9)の $H = v_0^2/2g + y_0$ より $v_0 \geq \sqrt{2gH}$ であればよい ($y_0 = 0$)．$H = 68\,\mathrm{m}$ と $v_0 = 36.6\,\mathrm{m/s}$ を代入すれば，$\sqrt{2gH} = 36.51\,\mathrm{m/s}$ である．

[4A.5] (4.18)を使う．$x_2 = 3y_1$ より $\tan\theta = 4/3$ である．これから，$\theta = \tan^{-1}(4/3) = 53.13°$ を得る．

[4A.6] (4.15)の左辺は y なので，次元は長さ L である．一方，右辺の 1 項目は

$$\left[\frac{g}{2}\frac{(x-x_0)^2}{v_{x0}^2}\right] = \frac{[\mathrm{LT^{-2}}][\mathrm{L^2}]}{[(\mathrm{LT^{-1}})^2]} = [\mathrm{L}]$$

2 項目は

$$\left[\frac{v_{y0}}{v_{x0}}(x-x_0)\right] = \frac{[\mathrm{LT^{-1}}]}{[\mathrm{LT^{-1}}]}[\mathrm{L}] = [\mathrm{L}]$$

3 項目の y_0 も L なので，両辺はともに長さの次元をもっている．したがって，少なくとも次元的な観点からは(4.15)は正しい式であることがわかる．

[4A.7] $R = cm^x g^y v^z f(\theta)$ から次元解析の式

$$[R] = [c][\mathrm{M}]^x[\mathrm{LT^{-2}}]^y[\mathrm{LT^{-1}}]^z[f] = [\mathrm{M}^x\mathrm{L}^{y+z}\mathrm{T}^{-2y-z}]$$

をつくり，$x = 0$，$y + z = 1$，$-2y - z = 0$ を解く（ただし，$[c] = 1$，$[f] = 1$）．その結果，$R \propto (v^2/g)f(\theta)$ を得る．飛行時間 T も $T = cm^x g^y v^z g(\theta)$ とおいて同様の計算をすれば，$T \propto (v/g)g(\theta)$ を得る．ただし，f と g は θ だけに依存する関数である．

[4A.8] $T = cm^x l^y g^z$ から次元解析の式 $[\mathrm{T}] = [c][\mathrm{M}]^x[\mathrm{L}]^y[\mathrm{LT^{-2}}]^z = [\mathrm{M}^x\mathrm{L}^{y+z}\mathrm{T}^{-2z}]$ をつくり，$x = 0$，$y + z = 0$，$z = -1/2$ を解く（ただし，$[c] = 1$）．その結果，$T \propto \sqrt{l/g}$ を得る．

[4A.9] 最高点到達時間 t_1 は (4.14) の $v_y(t_1) = -gt_1 + v_{y0} = 0$ より，$t_1 = v_{y0}/g = v_0\sin\theta/g$ だから，$T = 2t_1 = 2v_0\sin\theta/g$．一方，距離 L は (4.18) の $x_2 = L$ より $L = v_0^2\sin 2\theta/g = (v_0\cos\theta)T$．これら 2 つの式から，$v_0\sin\theta = gT/2$，$v_0\cos\theta = L/T$ となるので，

$$v_0 = \sqrt{\frac{1}{4}g^2T^2 + \frac{L^2}{T^2}} \quad と \quad \tan\theta = \frac{gT^2}{2L}$$

を得る．

[4A.10] 水平距離 $L = v_0^2\sin 2\theta/g$ が最大になるのは $\sin 2\theta = 1$ だから，最大水平距離は $L = v_0^2/g$．したがって，$g = v_0^2/L$ に $v_0 = 4\,\mathrm{m/s}$，$L = 10\,\mathrm{m}$ を代入すれば，$g = 1.6\,\mathrm{m/s^2}$ を得る．

[4A.11] 力学的エネルギー K は空気抵抗によって減少するので，空中を運動する球の時間が長いほど K は小さくなる（つまり，速度が小さくなる）．このため，下降する球の方が時間はかかる．

[4A.12] $f = 33/60 = 0.55$ 回転/s

[4A.13] $T = 2\pi\sqrt{\dfrac{m}{k}} = 2\pi\sqrt{\dfrac{1.0\,\mathrm{kg}}{100\,\mathrm{kg/s^2}}} = 0.63\,\mathrm{s}$

[4A.14] 質量が増えても L が変わらないので，周期 $T = 2\pi\sqrt{L/g}$ は変わらない．

[4B.1] $T = 2\pi\sqrt{m/k}$ から

$$m = \frac{kT^2}{4\pi^2} = \frac{6\,\mathrm{kg/s^2} \times (3\,\mathrm{s})^2}{4\pi^2} = 1.37\,\mathrm{kg}$$

[4B.2] 振り子が静止しているときは，糸の張力 S と重力 mg の力はつり合うから $S_0 = mg$．一方，最下点を速さ v で通過しているときは，物体は半径 l の円運動をしているので，向心加速度 $a = v^2/l$ が生じている．このときの張力が S なので，物体の運動方程式は $ma = S - mg$ より $mv^2/l = S - mg$．これから，$S = mv^2/l + mg$ を得る．したがって，$S/S_0 = 1 + (v^2/lg)$ である．

[**4B.3**]　(1)　$t_1 = v_0/g = 20/9.8 = 2.04\,\mathrm{s}$　　(2)　$H = v_0^2/g = 20.41\,\mathrm{m}$　　(3)　速度 $v(t) = -gt + v_0$ に $t = 2\,\mathrm{s}$ を代入すると $v(2) = -2g + v_0 = 0.4\,\mathrm{m/s}$．加速度は $a = -g = -9.8\,\mathrm{m/s^2}$．

[**4B.4**]　一定の速さで上昇しているのは，気球の浮力と重力がつり合っているためである．したがって，$y = v_0 t$ が成り立つ．

(1)　$y = h$ となる時間は $t = h/v_0 = 1832\,\mathrm{s}$．

(2)　$(1/2)mv^2 = (1/2)mv_0^2 + mgh$ より $v = \sqrt{2gh + v_0^2} = 424\,\mathrm{m/s}$．

[**4B.5**]　(1)　$x_\mathrm{A}(t) = a\sin\omega_\mathrm{A}t$,　$x_\mathrm{B}(t) = a\sin\omega_\mathrm{B}t$.　$\Delta x = x_\mathrm{B}(0.20) - x_\mathrm{A}(0.20) = -0.234a = -1.17\,\mathrm{cm}$.

(2)　$\dot{x}_\mathrm{A}(t) = a\omega_\mathrm{A}\cos\omega_\mathrm{A}t$, $\dot{x}_\mathrm{B}(t) = a\omega_\mathrm{B}\cos\omega_\mathrm{B}t$. $V = \dot{x}_\mathrm{B}(0.20) - \dot{x}_\mathrm{A}(0.20) = -4.688a = -23.44\,\mathrm{m/s}$.

[**4B.6**]　(4.33)を $v_y(t) = -(g/b)(1 - e^{-bt}) = v_\mathrm{t}(1 - e^{-bt})$ と書く $(v_{y0} = 0)$．

(1)　時定数 τ は $e^{-b\tau} = e^{-1}$ から決まるので，$\tau = 1/b = -v_\mathrm{t}/g = 8/980 = 8.16 \times 10^{-3}\,\mathrm{s}$ となる，

(2)　$0.9v_\mathrm{t} = v_\mathrm{t}(1 - e^{-bt})$ となる t を求める．$e^{-bt} = 0.1$ より $-bt = \ln 0.1 = -2.30$．したがって，$t = 2.30/b = 2.30\tau = 18.8 \times 10^{-3}\,\mathrm{s} = 18.1\,\mathrm{ms}$．

[**4B.7**]　(1)　$x = v_0 t$ と $y = (1/2)gt^2$ から t を消去すれば $y = gx^2/2v_0^2$．　(2)　定数 $A = g/2v_0^2$

(3)　$x = 3.0\,\mathrm{m}$ と $y = 0.21\,\mathrm{m}$ を $v_0^2 = gx^2/2y$ に代入すれば $v_0 = 14.5\,\mathrm{m/s}$ を得る．

[**4B.8**]　軌道の傾斜を求めるために，軌道の式(4.36)を x で微分すると

$$\frac{dy}{dx} = \frac{1}{v_{x0}}\left(v_{y0} + \frac{g}{b}\right) - \frac{g}{b}\frac{1}{v_{x0} - bx} \quad \cdots ①$$

落下点の x は，軌道の式(4.36)で $y = 0$ とおいて（さらに，$v_{x0} = v_0\cos\alpha$，$v_{y0} = v_0\sin\alpha$ とおいて）

$$\frac{1}{v_{x0}}\left(v_{y0} + \frac{g}{b}\right)x + \frac{g}{b^2}\log\left(1 - \frac{b}{v_{x0}}x\right) = 0 \quad \cdots ②$$

より，α に従って決まる．しかし，最大到達距離の場合は $dx/d\alpha = 0$ であるから，②を α で微分して $dx/d\alpha = 0$ とおいて整理すれば

$$\frac{1}{\sin\alpha\cos\alpha} + \frac{g}{bv_0\cos\alpha} = \frac{g}{b}\frac{1}{v_0\cos\alpha - bx} \quad \cdots ③$$

を得る．落下点では $dy/dx = -\tan\beta$ だから，①の左辺を $dy/dx = -\tan\beta$，①の右辺に③を代入すれば $-\tan\beta = \tan\alpha - (1/\sin\alpha\cos\alpha)$ となるので，書き換えると $\tan\alpha\tan\beta = 1/\cos^2\alpha - \tan^2\alpha = 1$ になる．したがって，

$$\tan(\alpha + \beta) = \frac{\tan\alpha + \tan\beta}{1 - \tan\alpha\tan\beta} = \infty$$

より $\alpha + \beta = \pi/2$．つまり，β は α の余角である．

[**4B.9**]　$\log(1 - z) = -z - z^2/2 - z^3/3 - \cdots$ を用いて，軌道の式(4.36)の右辺にある log の項を展開すれば

$$y = \frac{v_{0y}}{v_{0x}} + \frac{1}{v_{0x}}\frac{g}{b}x + \frac{g}{b^2}\left(-\frac{bx}{v_{0x}} - \frac{b^2x^2}{2v_{0x}^2} - \frac{b^3x^3}{3v_{0x}^3} - \cdots\right) \quad \cdots ①$$

①の右辺を x^3 の項まで残すと

$$y = \frac{v_{0y}}{v_{0x}} - \frac{gx^2}{2v_{0x}^2} - \frac{bgx^3}{3v_{0x}^3}$$

なので，(4.49)となる．

[**4B.10**]　鉛直上向きに y 軸をとると，運動方程式は $m\dot{v} = -mg + kv^2$ である．終端速度は合力が 0 となる速度だから，右辺を 0 とおいて $v_\mathrm{t} = \sqrt{mg/k}$ である．時刻 t における速度は，運動方程式を v で積分して $v(t) = -v_\mathrm{t}(1 - e^{\alpha t})/(1 + e^{\alpha t})$　$\cdots$①．ここで $\alpha = -2g/v_\mathrm{t}$ とおいた．次に，①を $dy = v\,dt$ を用いて積分すれば，$y(t) = h - v_\mathrm{t}\{t - (v_\mathrm{t}/g)\ln[2/(1 + e^{\alpha t})]\}$ を得る．

[**4B.11**]　運動方程式は $M\dot{v} = -(av + bv^2)$．左辺を $d/dt = v(d/ds)$ で書き換えると $Mv(dv/ds) = -(a + bv)v$　$\cdots$①となる（s は進行距離）．①を変数分離すれば $Mdv/(a + bv) = -ds$ となるので，積分すると $(M/b)\ln(a + bv) = -s + C$　$\cdots$②を得る．C は積分定数である．ここで，初期条件は $s = 0$, $v = v_0$, 最終状態は $s = L$, $v = 0$ なので，②は $(M/b)\ln(a + bv_0) = C$ と $(M/b)\ln a = -L$

$+C$ となる．したがって，これら 2 式の差をとれば，

$$L = \frac{M}{b}\ln\frac{a+bv_0}{a}$$

を得る．

第 5 章

[**5A.1**]　廊下を水平に歩いているときは，力の向きと変位は直交しているから仕事は 0．このため，全行程での仕事は，結局 $m = 2\,\mathrm{kg}$ の物体をもって 2 階から 1 階まで行くときの仕事と同じになる．したがって，2 階と 1 階の高さが $h = 3\,\mathrm{m}$ なので，$W_{2\to1} = -mgh = -2\,\mathrm{kg} \times 9.8\,\mathrm{m/s^2} \times 3\,\mathrm{m} = -58.8\,\mathrm{J}$ である．負の仕事だから，手は物体に負の仕事をした，つまり，手は物体から（正の）仕事をされたことになる．

[**5A.2**]　(1)　$W_1 = mgh = 2\,\mathrm{kg} \times 9.8\,\mathrm{m/s^2} \times 1\,\mathrm{m} = 19.6\,\mathrm{J}$　　(2)　$W_2 = -mgh = -19.6\,\mathrm{J}$
(3)　$W_3 = 0\,\mathrm{J}$　　(4)　$P = mgv = 2\,\mathrm{kg} \times 9.8\,\mathrm{m/s^2} \times 3\,\mathrm{m/s} = 58.8\,\mathrm{W}$

[**5A.3**]　張力 T の方向と木片の移動方向は垂直なので，仕事 W は $W = 0\,\mathrm{J}$．

[**5A.4**]　高さ 1 m の斜面を乗り越えるのに必要な自転車の速さ v は，$v = \sqrt{2gh}$ より大きくなければならない．$v = \sqrt{2gh} = \sqrt{2 \times 9.8\,\mathrm{m/s^2} \times 1\,\mathrm{m}} = 4.4\,\mathrm{m/s} > 4\,\mathrm{m/s}$ だから，越えられない．

[**5A.5**]　速さは同じなので，運動エネルギーは質量に比例する．したがって，$K_2/K_1 = m_2/m_1 = 5/2 = 2.5$．つまり，運動エネルギー K_2 は K_1 の 2.5 倍になる．

[**5A.6**]　速さ $v(t) = v_0 - at = 40 - at$ に条件 $v(5) = 0$ を課せば，加速度は $a = 8\,\mathrm{m/s^2}$ であることがわかる．したがって，力は $F = ma = 20\,\mathrm{kg} \times 8\,\mathrm{m/s^2} = 160\,\mathrm{N}$．そして，仕事は $W = mv^2/2 = 20\,\mathrm{kg} \times (40\,\mathrm{m/s})^2/2 = 16000\,\mathrm{J}$．

[**5A.7**]　力学的エネルギー保存則から，速さは同じになる．

[**5A.8**]　(1)　$F = -kx$ より $k = F/|x| = 200\,\mathrm{N}/0.2\,\mathrm{m} = 1000\,\mathrm{N/m}$．
(2)　$W = (1/2)kx^2 = (1/2) \times 1000 \times (0.2)^2 = 20.0\,\mathrm{J}$

[**5A.9**]　半径 R（地球半径）の円を描いて，遠心力（11.4.1 項）と重力がつり合っていれば，$Mv^2/R = Mg$ より $v = \sqrt{gR} = \sqrt{9.8 \times 6400} = 7.92\,\mathrm{km/s}$ を得る．この速度より遅い場合は地表から重力をより強く受け，この速度より速い場合は遠心力の方が強くなるために地表から離れる．周期 T は $T = 2\pi R/v = 5077.3$ 秒 $= 84.6$ 分である．

[**5A.10**]　仕事と運動エネルギーの関係によって，摩擦力のした仕事 W は $W = -mv^2/2$ である．

[**5A.11**]　(1)　エネルギー保存則 $mgL = mv^2/2$　…①．張力 S は重力と遠心力につり合うから，$S = mg + mv^2/L$　…②．①を使って②の v^2 を消せば，$S = 3mg$ を得る．
(2)　最高点では速さが 0 なので，向心力は 0 である．したがって，張力も 0 である．

[**5A.12**]　$v = \sqrt{2gh} = \sqrt{2 \times 9.8\,\mathrm{m/s^2} \times 0.4\,\mathrm{m}} = 2.8\,\mathrm{m/s}$

[**5B.1**]　力学的エネルギー保存則から $(1/2)mv_0^2 = mgh$　…①．初速度の大きさが $2v_0$ のとき，運動エネルギー K は $K = (1/2)m(2v_0)^2 = 2mv_0^2$　…②．①を②に代入すると $K = 4mgh = mg(4h) = mgH$ より $H = 4h$ となる．

[**5B.2**]　仕事率 $P = mgv$ から，速さ v は次のようになる．

$$v = \frac{P}{mg} = \frac{1000\,\mathrm{W}}{5\,\mathrm{kg} \times 9.8\,\mathrm{m/s^2}} = 20\,\mathrm{m/s}$$

[**5B.3**]　(1)　仕事 $W = mgh = 20\,\mathrm{kg} \times 9.8\,\mathrm{m/s^2} \times 1\,\mathrm{m} = 196\,\mathrm{J}$　　(2)　力の向きと変位は直交しているから，仕事 $W = 0$．

[**5B.4**]　水平な道路だから，ポテンシャルエネルギーは変わらず，運動エネルギーだけが変わる．したがって，$mv^2/2 = Fd$ が成り立つ（$F = \mu mg$）．これから走行距離は

$$d = \frac{v^2}{2\mu g} = \frac{(17\,\mathrm{m/s})^2}{2 \times 1 \times (9.8\,\mathrm{m/s^2})} = 14.7\,\mathrm{m} = 15\,\mathrm{m}$$

[**5B.5**]　仕事は

$$W = \frac{mv^2}{2} = \frac{60\,\mathrm{kg} \times (8\,\mathrm{m/s})^2}{2} = 1920\,\mathrm{J}$$

［**5B.6**］ 物体にはたらく力は $F = ma = mg\sin\theta + \mu mg\cos\theta$ …①．この力による仕事 Fd が運動エネルギー $mv^2/2$ に等しいから，$d = mv^2/2F = v^2/2a$ …②．加速度 a は①から $a = g(\sin\theta + \mu\cos\theta) = 9.8(\sin 30° + 0.3\cos 30°) = 7.4\ \mathrm{m/s^2}$．したがって，②から $d = 6.8\ \mathrm{m}$ である．

［**5B.7**］ 重心の運動を考えればよい．初めのつり合い状態での力学的エネルギー $E_i = U_i + K_i$ は $U_i = -Mg(L/4)$，$K_i = 0$，最終状態の力学的エネルギー $E_f = U_f + K_f$ は $U_f = -Mg(L/2)$，$K_f = (1/2)Mv^2$．エネルギー保存則 $E_i = E_f$ から $v = \sqrt{gL/2}$ となる．

［**5B.8**］ モーターはエレベーターを上に引き上げる力 F を供給しなければならない．したがって，運動方程式 $(M + m)a = F - f - (M + m)g$ …①．

(1) v が一定なので $a = 0$ である．よって，①より $F = f + (M + m)g$．数値を代入すれば $F = 3000\ \mathrm{N} + 1600\ \mathrm{kg} \times 9.80\ \mathrm{m/s^2} = 18680\ \mathrm{N}$．(5.9) の $P = \boldsymbol{F}\cdot\boldsymbol{v}$ で，$\boldsymbol{F}$ と $\boldsymbol{v}$ は同じ向きなので $P_1 = Fv = 18680\ \mathrm{N} \times 4\ \mathrm{m/s} = 74720\ \mathrm{W} = 74.720\ \mathrm{kW}$．

(2) $a \neq 0$ なので，①より $F = f + (M + m)(a + g) = 20280\ \mathrm{N}$．仕事率 $P_2 = Fv = 20280v\ \mathrm{W}$．ただし，$v$ は m/s で表したエレベーターの速さ．この結果から，必要な仕事率は速さに比例して増大することがわかる．

［**5B.9**］ 車を静止状態から v まで加速するのに必要なエネルギーは，運動エネルギー $E = (1/2)mv^2$．これに数値を入れると

$$E = \frac{1}{2}mv^2 = \frac{1}{2} \times 900\ \mathrm{kg} \times (16.7\ \mathrm{m/s})^2 = 2.02 \times 10^4\ \mathrm{J}$$

エンジンが仮に効率 100 % であれば，1 L のガソリンは 3.4×10^7 J のエネルギーを供給するから，効率 $e = 20$ % では 1 L 当たり $0.2 \times 3.4 \times 10^7\ \mathrm{J} = 6.8 \times 10^6\ \mathrm{J}$ のエネルギーになる．したがって，車を加速するのに使うガソリンの量は

$$V = \frac{E}{6.8 \times 10^6\ \mathrm{J/L}} = \frac{2.02 \times 10^4\ \mathrm{J}}{6.8 \times 10^6\ \mathrm{J/L}} = 0.003\ \mathrm{L}$$

［**5B.10**］ バネがする仕事は

$$W = \frac{1}{2}k(x_f - x_i)^2 = \frac{1}{2} \times 60\ \mathrm{N/m} \times (2.0 \times 10^{-2}\ \mathrm{m})^2 = 1.2 \times 10^{-2}\ \mathrm{J}$$

［**5B.11**］ (4.39) の単振り子の式 $ml\ddot{\theta} = -mg\sin\theta$ の両辺に速さ $v = l\dot{\theta}$ を掛けて

$$左辺 = ml^2\ddot{\theta}\dot{\theta} = \frac{d(ml^2\dot{\theta}^2/2)}{dt}, \qquad 右辺 = -mgl\sin\theta\,\dot{\theta} = mgl\frac{d\cos\theta}{dt}$$

と書き換えてから，次のように t で不定積分する．

$$\int \frac{d}{dt}\left(\frac{ml^2\dot{\theta}^2}{2}\right)dt = \int \frac{d}{dt}(mgl\cos\theta)\,dt$$

その結果，$(1/2)ml^2\dot{\theta}^2 = mgl\cos\theta + C$（$C$ は積分定数）…①となる．振り子が最下点を通るとき $(\theta = 0)$，ポテンシャルエネルギー $U(\theta)$ は仮定より 0 $(U(0) = 0)$ である．このときの速度 $v(\theta)$ を $v(0) = l\dot{\theta}$ とすれば，最下点で振り子がもつ運動エネルギー $K(\theta)$ は $K(0) = (1/2)mv^2$ である．したがって，エネルギー保存則 $K(0) + U(0) = E$ より $(1/2)mv^2 = E$ …②を得る．$\theta = 0$ のとき，①は $(1/2)mv^2 = mgl + C$ だから②より $E = mgl + C$ となり，積分定数が $C = E - mgl$ と決まる．これを使って①を書き換えると，(5.36) となる．

［**5B.12**］ $x = A\sin(\omega t + \phi)$，$\dot{x} = \omega A\cos(\omega t + \phi)$ を使って，運動エネルギー $K = m\dot{x}^2/2$ と位置エネルギー $U = kx^2/2$ を計算し $K = U$ とおくと，$\cos^2(\omega t + \phi) = \sin^2(\omega t + \phi)$ を得る．これは $\omega t + \phi = \pi/4$ を意味するから，最大変位は $x = A\sin\pi/4 = A/\sqrt{2}$ となる．

［**5B.13**］ 特解はどんな方法でもよいから，とにかく (5.33) を満足する解を 1 つみつければよい．物理的に考えて，この振動系は十分に時間が経てば，外力の振動数 ω_e で揺れるだろうと予想できる．そこで特解を (5.34) と仮定して，運動方程式 (5.33) に代入し，$\cos\omega_e t$ と $\sin\omega_e t$ で整理すると

$$\{(\omega^2 - \omega_e^2)a\cos\phi_1 + 2\gamma\omega_e a\sin\phi_1 - F_e\}\cos\omega_e t + \{(\omega^2 - \omega_e^2)a\sin\phi_1 - 2\gamma\omega_e a\cos\phi_1\}\sin\omega_e t = 0 \tag{A.1}$$

を得る．これを満足させるためには，$\cos\omega_e t$ と $\sin\omega_e t$ にかかるカッコの中がそれぞれ 0 であればよ

いから

$$(\omega^2-\omega_e^2)a\cos\phi_1+2\gamma\omega_e a\sin\phi_1=F_e \tag{A.2}$$

$$(\omega^2-\omega_e^2)a\sin\phi_1-2\gamma\omega_e a\cos\phi_1=0 \tag{A.3}$$

である．(A.2) $\times\cos\phi_1$ + (A.3) $\times\sin\phi_1$ より $(\omega^2-\omega_e^2)a=F_e\cos\phi_1$ …①，(A.2) $\times\sin\phi_1$ − (A.3) $\times\cos\phi_1$ から $2\gamma\omega_e a=F_e\sin\phi_1$ …②を得る．したがって，①^2 + ②^2 より振幅 a，② ÷ ①より位相の遅れ ϕ_1 が(5.35)のように決まる．

[5B.14] 雨粒は終端速度 v_t で落下しているから，速度は常に一定 $v_A=v_B=v_t$ である．そのため，運動エネルギーは $K_A=K_B$ だから力学的エネルギーの変化量は $\Delta E=(K_B+U_B)-(K_A+U_A)=U_B-U_A$．したがって，$\Delta E=mgy_B-mgy_A=-mgh$ となり，mgh だけエネルギーの減少が生じたことになる．

[5B.15] 点 P でのエネルギー保存則 $mv^2/2=mgy$ …①．法線方向の運動方程式は $mv^2/r=mg\cos\theta-N$ …②．ただし，$\cos\theta=(r-y)/r$．①と②から $N=mg(r-3y)/r$ を得る．$y>r/3$ では $N<0$ なので，球面上では運動できない．したがって，$y=r/3$ のとき，つまり，$\cos\theta=2/3$ の角度である．

第 6 章

[6A.1] 点 O の周りの力のモーメントの大きさは $N=-F_1R_1+F_2R_2=-(2\,\mathrm{N})\times(1\,\mathrm{m})+(5\,\mathrm{N})\times(0.5\,\mathrm{m})=0.5\,\mathrm{N\cdot m}$．$N$ の値が正なので，反時計回りに回転する．

[6A.2] 人工衛星（質量 m）の運動方程式は $ma=GmM/r^2$ …①（M は地球の質量）．①から，加速度 $a=GM/r^2$ は人工衛星の質量 m に無関係で，半径 r の 2 乗に反比例することがわかる．したがって，$a_A/a_B=r_B^2/r_A^2=1/4$．

[6A.3] 例題 6.3 の「ひも」を「腕」とみなして，角運動量保存則を使えばよい．運動エネルギーの増加は腕の筋力のする仕事による．

[6A.4] テーブルと接している点でのヨーヨーの速さは 0 だから，接触点の周りでの回転運動の法則は $I\dot{\omega}=N$ である．いまの場合，$N<0$（時計回り）なのでヨーヨーは右に動く．

[6A.5] GM は定数で，$GM=Fr^2/m$ の次元は $[\mathrm{L^3T^{-2}}]$ である．含まれているのは動径距離 r の長さと軌道周期 t の時間だけである．したがって，「r^3/t^2 = 一定」となる．

[6A.6] 長さ dx をもつ棒の小片の質量を dM とすると，$dM=(M/L)dx$ である．長さ L の棒が m に作用する力は，dM からの寄与を足し合わせれば求まるから，dM と m との距離を x として次の積分をすればよい．

$$F=Gm\int_h^{h+L}\frac{M}{L}\frac{dx}{x^2}=\frac{GmM}{L}\left[-\frac{1}{x}\right]_h^{h+L}=\frac{GmM}{h(L+h)}$$

なお，$L\to 0$ の極限で，この力は $1/h^2$ のように変化するが，これは 2 つの質点間の力として予想されることである．また，$h\gg L$ の場合も力は $1/h^2$ のように変化する．これは，物体がそれら固有の大きさに比べてはるかに遠く離れている場合，物体は質点のように振る舞うことを意味する．

[6A.7] 質点が地球中心から x の距離の点にあるときに受ける引力 F は，質点の質量 m，地球の質量 M，密度 ρ，地表の重力加速度 g を使って $(M=\rho(4\pi/3)R^3)$，

$$F=\frac{Gm\left(\dfrac{4\pi}{3}x^3\rho\right)}{x^2}=\frac{GmM}{R^3}x=\frac{mg}{R}x$$

と書けるので，運動方程式 $m\ddot{x}=-F$ は $\ddot{x}=-(g/R)x$ となる．したがって，運動は角振動数 $\omega=\sqrt{g/R}$，周期 $T=2\pi\sqrt{R/g}$ の単振動になる．

[6A.8] 角運動量 $\boldsymbol{l}$ と位置ベクトル $\boldsymbol{r}$ のスカラー積を計算すると，$\boldsymbol{r}\cdot\boldsymbol{l}=\boldsymbol{r}\cdot(\boldsymbol{r}\times\boldsymbol{p})=\boldsymbol{p}\cdot(\boldsymbol{r}\times\boldsymbol{r})=0$ より $\boldsymbol{l}$ と $\boldsymbol{r}$ は直交している．このため，質点の位置ベクトルは，$\boldsymbol{l}$ に垂直な平面内に常に含まれることになる．

[6A.9] 太陽の自転の角速度は遅くなる．しかし，角運動量は保存するから，角運動量は変わらない．

[6A.10] (1) 全体重 M がつま先にかかるので，床から抗力 $N=M$ がはたらき，同時に F_1 と

F_2 もはたらく．点 O の周りの力のモーメントのつり合いの式は $l_1F_1\cos\theta_1 = l_2F_2\cos\theta_2$ …①，力のつり合いの式は $N + F_1\cos\theta_1 = F_2\cos\theta_2$ …②．いま，$\cos\theta_1 \approx 1$，$\cos\theta_2 \approx 1$ なので，①は $l_1F_1 = l_2F_2$ …③，②は $N + F_1 = F_2$ …④となる．これら 2 つの式から F_2 を消去すれば $F_1 = l_2N/(l_1 - l_2)$ …⑤．

(2)　$l_1 = 20\,\mathrm{cm}$，$l_2 = 15\,\mathrm{cm}$，$N = 50\,\mathrm{kgw}$ を⑤に代入して計算すれば，$F_1 = 150\,\mathrm{kgw}$ を得る．

[6A.11]　質点の角運動量 $\boldsymbol{l} = \boldsymbol{r}\times\boldsymbol{p} = \boldsymbol{r}\times(m\boldsymbol{v})$ に $\boldsymbol{v} = v_r\boldsymbol{e}_r + v_\theta\boldsymbol{e}_\theta$ を代入する．(6.21)と比べるとわかるように $v_r = \dot{r}$，$v_\theta = r\dot{\theta}$ である．そして，$\boldsymbol{r}\times\boldsymbol{e}_r = \boldsymbol{0}$，$\boldsymbol{r}\times\boldsymbol{e}_\theta = r\boldsymbol{k}$ と $v_\theta r = r\dot{\theta} = r\omega$ に注意すれば，$\boldsymbol{l} = \boldsymbol{r}\times(m\boldsymbol{v}) = mv_\theta r\boldsymbol{k} = mr^2\omega\boldsymbol{k}$ となる．したがって，角運動量の大きさ l は $l = |\boldsymbol{l}| = mr^2\omega$ である．

[6B.1]　(1)　肘の周りの力のモーメントが 0 という条件から $aF = bT + cW$．したがって，$F = (1/a)(bT + cW)$ …①．

(2)　数値を①に代入して計算すれば，$F = 32\,\mathrm{kgw}$ を得る．$F/W = 8$ より，二頭筋が出している力の大きさは，物体の重さ W の 8 倍で，かなり大きいことがわかる．

[6B.2]　(1)　問題[6A.7]のように単振動するから，A から B に達する時間 t_1 はその半周期に等しい．したがって，$t_1 = \pi\sqrt{R/g}$．

(2)　速さを v とすると，遠心力と重力のつり合いからの式 $mv^2/R = mg$ から $v = \sqrt{gR}$．したがって，時間 t_2 は $t_2 = \pi R/v = \pi\sqrt{R/g}$．

[6B.3]　地表の重力加速度 $g = MG/R^2$ を使って，運動方程式の GM に gR^2 を代入すれば $mr\omega^2 = GmM/r^2 = mgR^2/r^2$．これより，$r = (gR^2/\omega^2)^{1/3}$ …①．周期 $T = 24\,\mathrm{h}\times(60\,\mathrm{min/h})\times(60\,\mathrm{s/min}) = 8.64\times10^4\,\mathrm{s}$ は，自転の角速度を ω として $T = 2\pi/\omega$ であるから，①の ω に $\omega = 2\pi/T$ を代入すれば $r = (T^2R^2g/4\pi^2)^{1/3} = 4.23\times10^4\,\mathrm{km}$ を得る．したがって，速さは $v = r\omega = 3.07\,\mathrm{km}$ となる．一方，高さは $h = r - R = 3.59\times10^4\,\mathrm{km}$ である．

[6B.4]　太陽に対する惑星の相対的な角運動量は $m\boldsymbol{r}\times\boldsymbol{v}$ である．遠日点 a および近日点 p における $\boldsymbol{v}$ は $\boldsymbol{r}$ に垂直である．それゆえ，これらの点における角運動量の大きさは $L_\mathrm{a} = mv_\mathrm{a}r_\mathrm{a}$ および $L_\mathrm{p} = mv_\mathrm{p}r_\mathrm{p}$ である．角運動量の方向は紙面の裏から表へ向かう向きである．角運動量は保存されるので，$mv_\mathrm{a}r_\mathrm{a} = mv_\mathrm{p}r_\mathrm{p}$．よって，$v_\mathrm{a} = (r_\mathrm{p}/r_\mathrm{a})v_\mathrm{p}$．

[6B.5]　運動方程式 $mv^2/r = F$ と $F = GMm/r^n$ より，$GM = v^2r^{n-1}$ である．$vT = 2\pi r$ を使って v を消すと，$GM = 4\pi^2r^{n+1}/T^2$ である．ケプラーの第 3 法則から $T^2 \propto r^3$ だから，$GM = 4\pi^2r^{n-2} =$「一定」である．したがって，$n = 2$ である．

[6B.6]　運動方程式 $m\ddot{x} = F_x = -kx$ と $m\ddot{y} = F_y = -ky$ はともに角振動数 $\omega = \sqrt{k/m}$ の単振動 $x = A\sin(\omega t + \alpha)$ と $y = B\sin(\omega t + \beta)$ を表す．これら 2 つの式より t を消去すると，軌道の式

$$\frac{x^2}{A^2} + \frac{y^2}{B^2} - \frac{2xy}{AB}\cos(\alpha - \beta) = \sin^2(\alpha - \beta) \quad \cdots①$$

を得る．①は $\alpha - \beta = n\pi$（n は整数）のとき直線を表すが，それ以外は楕円になる．x 方向と y 方向にそれぞれ振動しながら質点の軌道が楕円を描くので，①を楕円振動という．

[6B.7]　中心力の大きさを $f(r)$ とすると，ポテンシャルは

$$U = -\int_{r_0}^{r} f(r)\,dr$$

だから，(6.17)は $m\ddot{r} = -dU/dr + m(h^2/r^3)$ と書ける（ただし，$F_r = f(r)$，$r^2\dot{\theta} = h$ とおく）．したがって，

$$m\ddot{r} = -\frac{d}{dr}\left(U + \frac{mh^2}{2r^2}\right) \quad \cdots①$$

を得る．①は，ポテンシャル $U^* = U + mh^2/2r^2$ の中で直線運動する質点の運動方程式と同じものである．このときのエネルギーは

$$E = \frac{1}{2}mv^2 + U = \frac{1}{2}m(\dot{r}^2 + r^2\dot{\theta}^2) + U = \frac{1}{2}m\dot{r}^2 + \frac{mh^2}{2r^2} + U = \frac{1}{2}m\dot{r}^2 + U^*$$

である．r 方向の運動が許されるのは，$E - U^*(r) = (1/2)m\dot{r}^2 \geq 0$ より $E - U^*(r) \geq 0$ を満たす

領域だけである．

第 7 章

[7A.1]　運動量保存則 $m\boldsymbol{v}_1 = m\boldsymbol{u}_1 + m\boldsymbol{u}_2$ より $\boldsymbol{v}_1 = \boldsymbol{u}_1 + \boldsymbol{u}_2$ …①．弾性衝突なのでエネルギー保存則 $mv_1^2/2 = mu_1^2/2 + mu_2^2/2$ が成り立つから $v_1^2 = u_1^2 + u_2^2$ …②．①の 2 乗をとると，$v_1^2 = (\boldsymbol{u}_1 + \boldsymbol{u}_2)^2 = u_1^2 + 2\boldsymbol{u}_1\cdot\boldsymbol{u}_2 + u_2^2$．この左辺に②を代入すれば $\boldsymbol{u}_1\cdot\boldsymbol{u}_2 = 0$ を得る．したがって，$\boldsymbol{u}_A, \boldsymbol{u}_B$ は直交する．

[7A.2]　台車 A の運動方程式は $m_A\boldsymbol{a} = \boldsymbol{F} + \boldsymbol{F}_{B\to A}$ …①．台車 B の運動方程式は $m_B\boldsymbol{a} = \boldsymbol{F}_{A\to B}$ …②．内力の間には作用・反作用の法則が成り立つから $\boldsymbol{F}_{A\to B} = -\boldsymbol{F}_{B\to A}$ …③．②と③を①に代入すれば，加速度は $\boldsymbol{a} = \boldsymbol{F}/(m_A + m_B)$ …④．加速度の大きさは $a = F/(m_A + m_B) = 60\,\mathrm{N}/15\,\mathrm{kg} = 4\,\mathrm{m/s^2}$．

[7A.3]　衝突直前の運動量は $Mv_i = 1000\,\mathrm{kg} \times (-16.7\,\mathrm{m/s}) = -16700\,\mathrm{kg\cdot m/s}$ で，衝突直後の運動量は $Mv_f = 0$．これから，運動量変化は $\Delta p = Mv_f - Mv_i = 16700\,\mathrm{kg\cdot m/s}$．したがって，$\Delta p = F\,\Delta t$ より $F = \Delta p/\Delta t = 16700\,\mathrm{kg\cdot m/s}/0.1\,\mathrm{s} = 1.67 \times 10^5\,\mathrm{N}$．

[7A.4]　運動量保存則 $mv_1 + mv_2 = mu_1 + mu_2$ より $v_1 + v_2 = u_1 + u_2$ …①．弾性正面衝突だから，反発係数は $e = 1$ である．そこで，(7.18)の

$$e = -\left|\frac{u}{v}\right| = -\frac{u_1 - u_2}{v_1 - v_2}$$

より $v_1 - v_2 = -u_1 + u_2$ …②を得る．①と②の和から $u_2 = v_1 = 2.0\,\mathrm{m/s}$，これを①に代入すれば $u_1 = v_2 = -0.5\,\mathrm{m/s}$．

[7A.5]　力積 $J = F\,\Delta t$ より

$$F = \frac{J}{\Delta t} = \frac{2\,\mathrm{N\cdot s}}{1/800\,\mathrm{s}} = 1600\,\mathrm{N}$$

[7A.6]　運動量保存則 $mv = (m + M)u$ より

$$u = \frac{m}{m + M}v = \frac{m}{M(1 + m/M)}v \quad \cdots①$$

いま $m/M \ll 1$ だから，①は

$$u = \frac{m}{M}v \quad \cdots②$$

②に数値を代入すれば

$$u = \frac{mv}{M} = \frac{2 \times 10^3 \times 120}{5.98 \times 10^{24}} = 4.01 \times 10^{-20}\,\mathrm{m/s}$$

[7A.7]　(1)　衝突後の運動エネルギー $K = (m + M)V^2/2$ と衝突前の運動エネルギー $K_0 = mv^2/2$ との比 K/K_0 は，(7.19)の v と(7.21)を使って書き換えると

$$\frac{K}{K_0} = \frac{(m + M)V^2}{mv^2} = \frac{m}{m + M}$$

(2)
$$\Delta K = \frac{K_0 - K}{K_0} = 1 - \frac{K}{K_0} = \frac{M}{m + M} = \frac{2}{0.008 + 2} = 0.996$$

より，99.6 %．

(3)　熱などになった．

[7A.8]　運動量保存則の $\boldsymbol{v}_0 = \boldsymbol{v}_1' + \boldsymbol{v}_2'$ …①とエネルギー保存則の $v_0^2 = v_1'^2 + v_2'^2$ …②から $\boldsymbol{v}_1'\cdot\boldsymbol{v}_2' = 0$ である．$\boldsymbol{v}_1'$ が x 軸と 30° をなしているから，$\boldsymbol{v}_2'$ は x 軸と 60° をなす．$(\boldsymbol{v}_1')_y = (\boldsymbol{v}_2')_y$ より $v_1' \sin 30° = v_2' \sin 60°$ だから $v_1' = \sqrt{3}v_2'$ …③．これを②に代入すれば $v_2' = (1/2)v_0$，③より，$v_1' = (\sqrt{3}/2)v_0$．

[7A.9]　衝突後の速さを u とすると，(7.10)の運動量保存則は $(m_1 + m_2)u = m_1v_1$ …①．衝突前と後のエネルギー差 ΔE は $\Delta E = m_1v_1^2/2 - (m_1 + m_2)u^2/2$ …②．①を使って②から u を消去すれば，(7.34)を得る．

[7A.10]　鎖全体の運動量の変化の割合を考え，これを外力に等しいとおく．外力は上端で鎖を引き上げる力 F と，鉛直部分に対する重さ $-\lambda xg$ である．テーブル上に固まっている部分にはたらく重

力と床からの力は打ち消し合う．運動している部分の質量は $m = \lambda x$ だから，その速度を v とすると運動方程式は $d(\lambda xv)/dt = F - \lambda xg$ …①．①の左辺の微分を実行すると①は $\lambda v^2 + \lambda xa = F - \lambda xg$ となるので，$F = \lambda(xg + xa + v^2)$ …②を得る（$\dot{x} = v$, $\dot{v} = a$）．

(1)　v は一定だから加速度 $a = 0$．したがって，②より $F = \lambda(xg + v^2)$．

(2)　$F = \lambda(xg + xa + v^2)$

[7B.1]　衝突前の質量 m と質量 M の速さを v_1, $v_2 = 0$, 衝突後の m, M の速さを u_1, u_2 とすると，

$$u_1 = \frac{m - eM}{m + M} v_1$$

である．ただし，$v_1 = V$, $u_1 = V_F$ とする．失われる運動エネルギーは

$$\Delta K = \frac{1}{2} \frac{mM}{m + M} (1 - e^2) v_1^2$$

である．ΔK がジュール熱 h に等しい（$\Delta K = h$）という関係式から $e = \sqrt{1/2}$ が求まるので，この e を u_1 に代入すれば $u_1 = -3.656$ m/s を得る．

[7B.2]　運動量保存則より $m_1 v_1 = m_1 u_1 \cos\theta_1 + m_2 u_2 \cos\theta_2$ …①．ここで，$m_1 = m_p$, $m_2 = M$, $\theta_1 = 90°$ とすると，①は $m_p v_1 = M u_2 \cos\theta_2$ となるので，両辺を 2 乗して $m_p^2 v_1^2 = M^2 u_2^2 \cos^2\theta_2$ …②．$(1/2) m_p v_1^2 = 1$ MeV, $(1/2) m_p u_1^2 = 0.8$ MeV, $(1/2) M u_2^2 = 0.2$ MeV を使って①を書き換え，さらに $\cos^2\theta_2 = (M + m_p)/2M$ を使えばよい．その結果，$M = 9m_p$ を得る．

[7B.3]　高さ h からの落下時間 $t = \sqrt{2h/g}$ を基準にすると，小球の 1 回目のバウンドで最高点 $h_1 = e^2 h$ に達する時間 t_1 は $t_1 = \sqrt{2h_1/g} = et$, 2 回目のバウンドで最高点 $h_2 = e^4 h$ に達する時間 t_2 は $t_2 = \sqrt{2h_2/g} = e^2 t, \cdots$ である．したがって，全時間 T は $T = t + 2t_1 + 2t_2 + \cdots$ で与えられるから

$$T = t + 2e(1 + e + e^2 + \cdots)t = t + \frac{2e}{1 - e} t = \frac{1 + e}{1 - e} \sqrt{\frac{2h}{g}} \quad \cdots①$$

①から e を求める式をつくり，$h = 50$ cm, $T = 30$ s を代入すれば $e \approx 0.98$ を得る．

[7B.4]　(1)　1 粒子当たり mv の運動量が失われるから，全体で毎秒 nmv の運動量が失われる．これは nmv の力が壁に作用することを示すから，壁には $F_1 = nmv$ N の力が加えられる．

(2)　1 粒子当たり $mv - (-mv) = 2mv$ の運動量変化があるので，全体で毎秒 $2nmv$ の運動量変化がある．したがって，壁は $F_2 = 2nmv$ N の力を受ける．

[7B.5]　衝突前に A がもつ固定点 O の周りの角運動量は mav_0 である．一方，衝突後にこの系の固定点の周りの角運動量は $mav + 2maV$ である．両者は角運動量保存則より等しくなければならないから，$mav_0 = mav + 2maV$ …①．また，完全弾性衝突だから力学的エネルギーも保存されるので $mv_0^2/2 = mv^2/2 + 2(mV^2/2)$ …②．①と②の連立方程式を解くと，衝突後の小球 A の速さは $v = -v_0/3$, 小球 B, C の速さは $V = 2v_0/3$ になる．

第 8 章

[8A.1]　力のモーメントがつり合うので，$10F = 20F_1 + 40F_2$ より $F = 2F_1 + 4F_2 = 2 \times 20 + 4 \times 10 = 80$ N.

[8A.2]　$x_c = \dfrac{m_1 x_1 + m_2 x_2}{M} = \dfrac{3 \times (-5) + 4 \times 3}{7} = \dfrac{-3}{7} = -0.429$ m

[8A.3]　O の周りの力のモーメントがつり合うことを使えばよい．O′ には重量 $m'g$, G には重量 mg がかかっているので，$m'g(r/2) = mgs$ …①．円板の密度を ρ とすると $m' = \pi(r/2)^2\rho$, $M = \pi r^2 \rho = 4m'$ より $m = M - m' = 3m'$ である．これらを①に代入すれば

$$s = \frac{r}{2} \frac{m'}{m} = \frac{r}{2} \frac{m'}{3m'} = \frac{r}{6}$$

を得る．

[8A.4]　(1)　m_1 と m_2 の位置ベクトルを $\boldsymbol{r}_1$, $\boldsymbol{r}_2$ とすると，質量中心の位置ベクトルは

$$\boldsymbol{R} = \frac{m_1 \boldsymbol{r}_1 + m_2 \boldsymbol{r}_2}{M} \quad \cdots①$$

これを時間で微分すると，質量中心の速度は

$$V = \frac{m_1 \boldsymbol{v}_1 + m_2 \boldsymbol{v}_2}{M} \quad \cdots ②$$

数値を入れれば

$$V = \frac{7\boldsymbol{i} + 12\boldsymbol{j}}{5} = (1.4\boldsymbol{i} + 2.4\boldsymbol{j})\ \mathrm{m/s}$$

である．

(2)　系の全運動量 $\boldsymbol{P} = M\boldsymbol{V}$ は②から $\boldsymbol{P} = m_1\boldsymbol{v}_1 + m_2\boldsymbol{v}_2$. したがって，$\boldsymbol{P} = (7\boldsymbol{i} + 12\boldsymbol{j})$ m/s である．

[8A.5]　水平方向の力のつり合いから $R_x - T\cos(\theta - 12°) = 0$ …①，鉛直方向の力のつり合いから $R_y - T\sin(\theta - 12°) - W_1 - W_2 = 0$ …②，仙骨の点 O の周りの力のモーメントのつり合いから $T\sin 12°(2l/3) - W_1\cos\theta(l/2) - W_2\cos\theta\, l = 0$ …③.

(1)　③より

$$T = \frac{3}{4}\frac{\cos\theta}{\sin 12°}(W_1 + 2W_2) = \frac{3}{4}\frac{\cos\theta}{0.21}(W_1 + 2W_2) = 3.57\cos\theta(W_1 + 2W_2) \quad \cdots ④$$

④を①と②に代入すると

$R_x = 3.57\cos\theta\cos(\theta - 12°)(W_1 + 2W_2)$，$R_y = 3.57\cos\theta\sin(\theta - 12°)(W_1 + 2W_2) + W_1 + W_2$ …⑤

(2)　$W_1 = 0.4W$，$W_2 = 0.2W$ と $W = 65$ kgw，$\theta = 30°$ を④に代入すると，$T = 3.57\cos 30°(W_1 + 2W_2) = 3.57 \times 0.87 \times (W_1 + 2W_2) = 3.11 \times (W_1 + 2W_2) = 3.11 \times 0.8W = 2.5W = 162.5$ kgw となる．⑤より $R_x = T\cos 18° = 0.95T = 154.4$ kgw，$R_y = T\sin 18° + W_1 + W_2 = 0.31T + 0.6W = 89.4$ kgw．したがって，$R = \sqrt{R_x{}^2 + R_y{}^2} = 178.4$ kgw.

(3)　$T = 3.11 \times (W_1 + 2W_2 + 2M) = 3.11 \times (0.8W + 10) = 192.8$ kgw. $R'_x = T\cos 18° = 0.95 \times 192.8 = 183.1$ kgw，$R'_y = T\sin 18° + W_1 + W_2 + M = 0.31T + 0.6W + M = 69.64 + 39 + 10 = 108.8$ kgw．したがって，$R' = \sqrt{R'^2_x + R'^2_y} = 213.0$ kgw.

(4)　$R'/R = 1.2$ となる．重さ 10 kgw の物体をもっても，仙骨にかかる力は 10 kgw ではなく，$R' - R = 34.6$ kgw と 3 倍以上になる．このように，仙骨にかかる力はもち上げる物体の大きさに比べてかなり大きくなるので，比較的軽そうにみえる物体をもち上げるときにギックリ腰にならないように，仙骨（の上の第 5 腰椎）に負担がかからないような姿勢をとるように心がける必要がある．

[8A.6]　斜面に沿って下方に x 軸をとる．人と板それぞれの質量中心の位置を x_1, x_2 とすると，全系の運動方程式は $m\ddot{x}_1 + M\ddot{x}_2 = (m + M)g\sin\theta$ となる．初速度 0 として $\ddot{x}_2 = 0$ とすると，板は動かないで止まっている．それには，この人は

$$a = \ddot{x}_1 = \frac{m + M}{m}g\sin\theta$$

の加速度で歩けばよい．

[8A.7]　初速度が v_{0x}, v_{0y}, v_{0z} の質点の t 秒後の位置 $x = v_{0x}t$，$y = v_{0y}t$，$x = v_{0z}t - gt^2/2$ を，$v_0^2 = v_{0x}^2 + v_{0y}^2 + v_{0z}^2$ の両辺に t^2 を掛けた式に代入すると，$x^2 + y^2 + (z + gt^2/2)^2 = (v_{0x}t)^2 + (v_{0y}t)^2 + (v_{0z}t)^2$ より $x^2 + y^2 + (z + gt^2/2)^2 = (v_0t)^2$ となる．これは，中心が $(0, 0, -gt^2/2)$，半径が v_0t の球面の方程式である．したがって，各質点は同じ球面上にあり，球の半径は速さ v_0 で広がり，中心は加速度 g で落下する．

[8A.8]　$N = 2$ とおいた重心の式(8.1)の両辺に $m_1 + m_2$ を掛けた $(m_1 + m_2)\boldsymbol{R} = m_1\boldsymbol{r}_1 + m_2\boldsymbol{r}_2$ から $m_1(\boldsymbol{R} - \boldsymbol{r}_1) = m_2(\boldsymbol{r}_2 - \boldsymbol{R})$ を得る．これは $\overline{\mathrm{PG}} = |\boldsymbol{R} - \boldsymbol{r}_1|$，$\overline{\mathrm{GQ}} = |\boldsymbol{r}_2 - \boldsymbol{R}|$ より，$\overline{\mathrm{PG}} : \overline{\mathrm{GQ}} = m_2 : m_1$ となるので，重心 G が線分 $\overline{\mathrm{PQ}}$ を $m_2 : m_1$ に内分する点になることがわかる．

[8A.9]　(8.4) の相対座標 $\boldsymbol{r}_i'$ と (8.9) の相対速度 $\boldsymbol{v}_i'$ を用いれば，$\boldsymbol{L}$ は $\boldsymbol{L} = \sum_i\{(\boldsymbol{R} + \boldsymbol{r}_i') \times m_i(\boldsymbol{V} + \boldsymbol{v}_i')\}$ となる．この右辺を計算すれば $\boldsymbol{R} \times M\boldsymbol{V} + \boldsymbol{R} \times (\sum_i m_i\boldsymbol{v}_i') + \sum_i(\boldsymbol{r}_i' \times m_i\boldsymbol{V}) + \sum_i(m_i\boldsymbol{r}_i' \times \boldsymbol{v}_i')$ …①となる．しかし，①のうち 2 つの項は次のように $\boldsymbol{0}$ になる．(8.7) より $\sum_i(\boldsymbol{r}_i' \times m_i\boldsymbol{V}) = \sum_i(m_i\boldsymbol{r}_i' \times \boldsymbol{V}) = (\sum_i m_i\boldsymbol{r}_i') \times \boldsymbol{V} = \boldsymbol{0}$. 同様に，(8.8) より $\boldsymbol{R} \times (\sum_i m_i\boldsymbol{v}_i') = \boldsymbol{0}$. したがって，①の残りの 2 つの項は(8.26)の右辺になる．

[8B.1]　三角形の重心 G′ は，頂点 O から（中線の長さ $l/2$ の）2/3 のところにあるので，$\overline{\mathrm{OG'}} =$

$(2/3)(l/2) = l/3$. 切り取った三角形の質量 $(m/4)$ の3倍が残りの部分だから，$\overline{\mathrm{OG}} = x$ とすれば，力のモーメントのつり合い $(m/4) \times (l/3) = (3m/4)x$ が成り立つ．したがって，$x = l/9$.

[8B.2]　x_c は $x_\mathrm{c} = \sum_i m_i x_i/M$ より $x_\mathrm{c} = (2m \times 1 + m \times 3 + 4m \times 3)/7m = 17/7$, y_c は $y_\mathrm{c} = \sum_i m_i y_i/M$ より $y_\mathrm{c} = (2m \times 0 + m \times 0 + 4m \times 2)/7m = 8/7$. したがって，質量中心の位置ベクトル $\boldsymbol{R}$ は $\boldsymbol{R} = (17/7)\boldsymbol{i} + (8/7)\boldsymbol{j}$ となる．

[8B.3]　(1)　単位長さ当たりの質量（線密度）を λ とすると，一様な棒に対しては $\lambda = M/L$ である．棒を長さ dx の要素に分割すると，各要素の質量は $dm = \lambda\, dx$ である．したがって，剛体の質量中心は次式で与えられる．

$$x_\mathrm{c} = \frac{1}{M}\int_0^L x\, dm = \frac{1}{M}\int_0^L x\lambda\, dx = \frac{\lambda}{M}\left[\frac{x^2}{2}\right]_0^L = \frac{\lambda L^2}{2M} \quad \cdots①$$

①に $\lambda = M/L$ を代入すれば，$x_\mathrm{c} = L/2$ となる．なお，対称性から $x_\mathrm{c} = L/2$ であることは明らかである．

(2)　①の積分の被積分関数 $(x\lambda)$ の λ に，$\lambda = ax$ を入れて定積分の計算をすれば，$x_\mathrm{c} = aL^3/3M$ …②を得る．棒の全質量は

$$M = \int dm = \int_0^L \lambda\, dx = \int_0^L ax\, dx = \frac{aL^2}{2}$$

である．これを②に代入すれば，a が消えて $x_\mathrm{c} = 2L/3$ となる．

[8B.4]　(1)　運動中の部分の質量は ρx で，これにはたらく作用する力は重力 ρxg であるから，この部分の速さを v とすると運動方程式は $d(\rho xv)/dt = \rho xg$　…①．$d/dt = v(d/dx)$ として①の左辺を書き換え，両辺に x/ρ を掛けると，$xv(d(xv)/dx) = x^2 g$ となる．これは，$(1/2)(d(xv)^2/dx) = x^2 g$ と書けるので，積分して $x = 0$ で $v = 0$ とおけば $(xv)^2/2 = x^3 g/3$ を得る．これから $v = \sqrt{2gx/3}$　…②．①の左辺の微分を計算すると $v^2 + xa = xg$ となるので，これに②の v を代入すれば $2gx/3 + xa = xg$. したがって，加速度は $a = g/3$ である．

(2)　時間 t は次式で求まる．

$$t = \int_0^x \frac{dt}{dx}dx = \int_0^x \frac{dx}{v} = \int_0^x \frac{dx}{\sqrt{2gx/3}} = \sqrt{\frac{6x}{g}}$$

(3)　$\mathit{\Delta} E$ の計算は，質量 $m = \rho x$ の部分が速さ v を得て，その質量中心の位置が $x/2$ だけ下がったと考えれば，$\mathit{\Delta} E = \rho xv^2/2 - \rho x(x/2)g = -\rho gx^2/6$ となる．このようなエネルギーの減少が起こるのは，動き出す部分のところで，完全非弾性衝突と同じことが起こっているからである．

[8B.5]　推進力 T は $T = rUM_i = (3.25 \times 10^{-3}\,1/\mathrm{s}) \times (2500\,\mathrm{m/s}) \times (800\,\mathrm{kg}) = 6500\,\mathrm{N}$，加速度の大きさ a は $a = T/M_i = 6500\,\mathrm{N}/800\,\mathrm{kg} = 8.125\,\mathrm{m/s^2}$ である．

[8B.6]　円板の角速度を $-d\theta/dt$ とする．また，A の円板に対する角速度を $d\phi/dt$ とする．静止した地上（慣性系）からみた A の速さは $R(d\phi/dt - d\theta/dt)$，B の速さは $-R(d\theta/dt)$ だから，角運動量 L は $L = M_\mathrm{A}R^2(d\phi/dt - d\theta/dt) - M_\mathrm{B}R^2(d\theta/dt)$　…①．初め静止していたから，$L = 0$ である．したがって，①より $(M_\mathrm{A} + M_\mathrm{B})(d\theta/dt) = M_\mathrm{A}(d\phi/dt)$　…②を得る．②を積分すると $(M_\mathrm{A} + M_\mathrm{B})\theta = M_\mathrm{A}\phi + C$ となるが，積分定数 C は $\theta = 0$ のとき $\phi = 0$ の条件から $C = 0$ である．よって，$\theta = M_\mathrm{A}\phi/(M_\mathrm{A} + M_\mathrm{B})$ となる．$\phi = \pi$ を代入すると，回転角 $\alpha = \pi M_\mathrm{A}/(M_\mathrm{A} + M_\mathrm{B})$ を得る．

[8B.7]　質量 m_1 と m_2 の垂直抗力は $N_1 = m_1 g\cos\theta_1$，$N_2 = m_2 g\cos\theta_2$ で，摩擦力は $\mu_1' N_1$，$\mu_2' N_2$ である．糸の張力を T とすると，運動方程式は $m_1 a = m_1 g\sin\theta_1 - T - \mu_1' N_1 = m_1 g\sin\theta_1 - T - \mu_1' m_1 g\cos\theta_1$ と $m_2 a = T - m_2 g\sin\theta_2 - \mu_2' N_2 = T - m_2 g\sin\theta_2 - \mu_2' m_2 g\cos\theta_2$ である．これらの両辺を加えて T を消去し，$m_1 + m_2$ で割れば次式を得る．

$$a = \frac{g}{m_1 + m_2}\{m_1(\sin\theta_1 - \mu_1'\cos\theta_1) - m_2(\sin\theta_2 - \mu_2'\cos\theta_2)\}$$

[8B.8]　限界つり合いでの垂直抗力が R_1, R_2 だから，つり合いの式は水平方向が $\mu R_2 + \mu R_1\cos\theta = R_1\sin\theta$　…①，鉛直方向が $R_2 + R_1\cos\theta + \mu R_1\sin\theta = Mg$　…②．そして，力のモーメントの式は $Mg(l/2)\cos\theta = R_1 h/\sin\theta$　…③．①より R_2 を R_1 で表し，②に入れて R_2 を消去し，R_1 と Mg の比を求める．③からも R_1 と Mg の比が出るから，両者を比較すれば(8.39)が求まる．

第 9 章

［**9A.1**］ (1) 剛体振り子の周期 T は，(9.19)の $T = 2\pi\sqrt{I/Mgh}$ である．ここで，肩の周りの慣性モーメント I は，重心の位置を $h = l/2$ とすると，平行軸の定理から $I = I_G + (l/2)^2M = Ml^2/3$ である ($I_G = Ml^2/12$)．この I を周期 T に代入すれば $T = 2\pi\sqrt{2l/3g}$ …①．歩行周期が①だから，経済速度 v は $v = 2l/T$ より(9.22)になる．

(2) $l = 0.7\ \mathrm{m}$ を(9.22)に代入すれば

$$v = \frac{\sqrt{6gl}}{2\pi} = \frac{\sqrt{6 \times 9.8\ \mathrm{m/s^2} \times 0.7\ \mathrm{m}}}{2\pi} = 1.02\ \mathrm{m/s} = 3.67\ \mathrm{km/h}$$

［**9A.2**］ おもりの運動方程式は $m_1a = m_1g - T_1$ と $m_2a = T_2 - m_2g$ で，滑車の回転運動は $I\dot{\omega} = R(T_1 - T_2)$ である．また，糸が滑らないとき $a = R\dot{\omega}$ である．3つの運動方程式と滑らない条件から，

$$加速度：\quad a = \frac{R^2(m_1 - m_2)}{I + R^2(m_1 + m_2)}g$$

$$張力：\quad T_1 = \frac{1 + 2R^2m_2}{I + R^2(m_1 + m_2)}m_1g, \qquad T_2 = \frac{1 + 2R^2m_1}{I + R^2(m_1 + m_2)}m_2g$$

を得る．

［**9A.3**］ 慣性モーメントは $I = 2(ML^2/3) = 3000\ \mathrm{kg \cdot m^2}$，角速度は $\omega = (2\pi \times 300)/60 = 10\pi$ だから，回転の運動エネルギーは $K_R = I\omega^2/2 = 1.5 \times 10^6\ \mathrm{J}$ である．

［**9A.4**］ 例題9.3の円板の結果を利用するために，球を z 軸に垂直な平面で厚さ dz の薄い円板に分けて考える．中心から z のところにある円板の半径は $r(z) = \sqrt{a^2 - z^2}$ である．このとき，厚さ dz の円板の体積は $\pi r^2\, dz$ であるから，この円板の質量 dm は密度を ρ とすれば，$dm = \rho\pi(a^2 - z^2)dz$ である．質量 dm で半径 $r(z)$ の円板の慣性モーメント dI は，(9.12) より $dI = (dm/2)r^2 = \rho\pi(a^2 - z^2)^2dz/2$ である．この dI を z で積分すれば

$$I_z = \frac{\rho\pi}{2}\int_{-a}^{a}(a^2 - z^2)^2\, dz = \frac{2}{5}Ma^2$$

となる ($\rho = 3M/4\pi a^3$)．

［**9A.5**］ 質量 m_i の質点Pの位置を，原点Oからは (x_i, y_i, z_i)，重心Gからは (x_i', y_i', z_i') とすると，2つの慣性モーメントは $I = \sum_i m_i(x_i^2 + y_i^2)$ …①と $I_G = \sum_i m_i(x_i'^2 + y_i'^2)$ …②．重心の座標を (x_G, y_G, z_G) とすれば，$x_i = x_G + x_i'$ と $y_i = y_G + y_i'$ であるから，これらを①の右辺に代入すると $I = \sum_i m_i\{(x_G + x_i')^2 + (y_G + y_i')^2\}$ …③．③の右辺は $\sum_i m_i(x_G^2 + y_G^2) + 2x_G\sum_i m_ix_i' + 2y_G\sum_i m_iy_i' + \sum_i m_i(x_i'^2 + y_i'^2)$ …④．ここで，条件式(8.7)を成分で書けば $\sum_i m_ix'_i = 0$ と $\sum_i m_iy'_i = 0$ であるから，④の中の2つの交差項は消える．したがって，$x_G^2 + y_G^2 = \lambda^2$ より(9.15)を得る．

［**9A.6**］ $T = (1/2)I_1\omega^2 + (1/2)I_2\omega^2$ に $I_1 = M(2R/3)^2$，$I_2 = 2M(R/3)^2$ を代入する．その結果，$T = (1/3)M\omega^2R^2$ を得る．

［**9B.1**］ 運動方程式 $I\dot{\omega} = -aF$ と $I = a^2M/2$ より $\dot{\omega} = -2F/aM$．これを積分すれば $\omega(t) = \omega_0 - (2F/aM)t$ …①．$t = t_1$ で $\omega(t_1) = 0$ となるので，摩擦力 F は①より $F = aM\omega_0/2t_1$ である．

［**9B.2**］ 水平軸周りの円板の慣性モーメントを I とすると，直径周りの慣性モーメントは $a^2M/4$ だから，平行軸の定理から $I = a^2M/4 + h^2M = (a^2/4 + h^2)M$．周期 T は(9.19)より

$$T = 2\pi\sqrt{\frac{I}{Mgh}} = 2\pi\sqrt{\frac{1}{g}\left(\frac{a^2}{4h} + h\right)}$$

周期 T を最小にするには，$dT/dh = 0$ を満たす h を求めればよい．

$$\frac{dT}{dh} = 2\pi\left(-\frac{a^2}{4h^2} + 1\right)\Bigg/\sqrt{\frac{1}{g}\left(\frac{a^2}{4h} + h\right)} = 0$$

これより，$-a^2/4h^2 + 1 = 0$．したがって，T が最小になるのは $h = a/2$ のときである．

［**9B.3**］ 止めた円周上の点の周りでの角運動量は保存するので，止めた後の円板の角速度は $(a^2/2)M\omega_0 = \{(a^2/2)M + a^2M\}\omega_1$ より $\omega_1 = (1/3)\omega_0$．ただし，ω_1 にかかる慣性モーメントは「平行

軸の定理」で求めた．

［**9B.4**］ (1) 撃力の加わる時間を Δt とすると，撃力近似の式(7.6)から $Mv = F\,\Delta t + R_y\,\Delta t$ …①が成り立つ．回転運動の式(8.24)を慣性モーメント I で表した $I(d\omega/dt) = lF$ を $I\,\Delta\omega = lF\,\Delta t$ と変形して，$\Delta\omega = \omega - 0 = \omega$（つまり，$t = 0$ で $\omega = 0$ だったのが，Δt 後に ω となった）を代入すれば $I\omega = lF\,\Delta t$ より $\omega = (lF\,\Delta t)/I$ …②．また $v = h\omega$ …③である．①より $R_y\,\Delta t = Mv - F\,\Delta t$，これに③を代入すると $R_y\,\Delta t = Mh\omega - F\,\Delta t$ となるので，②を使って $R_y\,\Delta t = \{(Mhl/I) - 1\}F\,\Delta t$ …④．④から抗力は(9.22)になることがわかる．

(2) (9.22)から $(Mhl/I) - 1 = 0$ のとき $R_y = 0$ になるので，$d = I/Ml$ である．

［**9B.5**］ 線密度を $\rho\ (= M/l)$ とすると，中心から x の距離にある長さ dx の部分の質量は $\rho\,dx$ で，摩擦力 $dF = \mu'(\rho\,dx)g$ が棒に垂直な方向にはたらく．このモーメントは $dN = x\,dF$ であるから，全モーメント N は

$$N = \int x\,dF = 2\int_0^{l/2} x\mu'(\rho\,dx)g = \frac{\mu'\rho l^2 g}{4} = \frac{\mu' Mg}{4} \quad \cdots①$$

角速度を ω とすると，回転の運動方程式は $I(d\omega/dt) = -N$ …②．棒の慣性モーメント $I = Ml^2/12$ と①を②に代入すれば $d\omega/dt = -3\mu' g/l$ …③．③を積分して $\omega(t) = \omega_0 - (3\mu' g/l)t$ …④．止まるまでの時間 T は $\omega(T) = 0$ で決まるから，④より $T = 2l\omega_0/3\mu' g$ となる．

［**9B.6**］ 振り子の慣性モーメントを I とし，弾丸を射ち込んだときに得た角速度を ω とすると，衝突時の角運動量保存則は $mvl = (I + ml^2)\omega$ …①．衝突後のエネルギー保存則は $(I + ml^2)\omega^2/2 = (M + m)gh(1 - \cos\theta)$ …②．①と②より，速さの2乗

$$v^2 = 4\frac{M + m}{(ml)^2}(I + ml^2)gh\sin^2\left(\frac{\theta}{2}\right) \quad \cdots③$$

を得る．一方，微小振動の周期は

$$T = 2\pi\sqrt{\frac{I + ml^2}{(M + m)gh}} \quad \cdots④$$

③と④から I を消去すれば，次式を得る．

$$v = \frac{M + m}{\pi ml}ghT\sin\left(\frac{\theta}{2}\right)$$

第 10 章

［**10A.1**］ $\boldsymbol{L}\cdot d\boldsymbol{L} = 0$ に注意して角運動量の大きさ $|\boldsymbol{L}(t)|$ を計算すると，

$$|\boldsymbol{L}(t + dt)| = \sqrt{\boldsymbol{L}^2(t) + 2\boldsymbol{L}\cdot d\boldsymbol{L} + (d\boldsymbol{L})^2} = \sqrt{\boldsymbol{L}^2(t) + 0 + (d\boldsymbol{L})^2}$$

となる．ここで，微小量 $d\boldsymbol{L}$ は $(d\boldsymbol{L})^2 = 0$ とおけるので，$|\boldsymbol{L}(t + dt)| = \sqrt{\boldsymbol{L}^2(t)} = |\boldsymbol{L}(t)|$ となる．この帰結として，図10.7のように $\boldsymbol{L}$ の先端が水平面S内で半径 $L\sin\theta$ の円を描くことになる（この円運動以外に $|\boldsymbol{L}(t + dt)| = |\boldsymbol{L}(t)|$ を保持する運動はない）．

［**10A.2**］ 半径を R，質量を M，慣性モーメントを I，斜面の傾角を θ とすると，(10.8)から加速度は

$$\ddot{x} = \frac{g\sin\theta}{1 + I/MR^2}$$

だから，時刻 t の間に落ちる距離 x は

$$x = \frac{1}{2}\frac{g\sin\theta}{1 + I/MR^2}t^2$$

である．つまり，x は I が小さいほど大きくなる．球，円柱，薄い球殻，円輪の順に慣性モーメントは大きくなるから，落下距離はこの順に短くなる．

［**10A.3**］ 加速度の式(10.8)からわかるように，慣性モーメント I が小さい物体ほど加速度が大きくなるので，速く落ちてくる．球の方が円柱よりも慣性モーメントは小さいから速く落ちる．

［**10A.4**］ 重心の加速度 $\ddot{X} = (2/3)g\sin\theta$ と(10.9)の $M\ddot{X} = Mg\sin\theta - F$ より，摩擦力 F は $F = (1/3)Mg\sin\theta$ …①．一方，垂直抗力 T は(10.9)の $M\ddot{Y} = T - Mg\cos\theta$ で $\ddot{Y} = 0$ とおいて，$T = Mg\cos\theta$ …②．摩擦力 F は最大静止摩擦力 μT を超さないから，$F \leq \mu T$ に①と②を代入すればよい．

[10A.5]　摩擦力は $F = \mu' T = \mu' Mg\cos\theta$ なので，(10.9) の $M\ddot{X} = Mg\sin\theta - \mu' Mg\cos\theta$ から $\ddot{X} = g(\sin\theta - \mu'\cos\theta) = g\cos\theta(\tan\theta - \mu')$　…①．$\tan\theta > 3\mu > 3\mu' > \mu'$ より $\sin\theta - \mu'\cos\theta > 0$ である．したがって $\ddot{X} > 0$ なので，重心は①の定加速度で落下する．①を積分して，$t = 0$，$\dot{X} = 0$ の条件を課せば $\dot{X} = g(\sin\theta - \mu'\cos\theta)t$　…②．一方，(10.10) の $I_G\dot{\omega} = RF$ から $\dot{\omega} = (2\mu' g\cos\theta)/R$．これを積分して $t = 0$，$\omega = 0$ の条件を課せば $\omega = (2\mu' g\cos\theta)t/R$　…②．したがって，$u = \dot{X} - R\omega = g(\sin\theta - 3\mu'\cos\theta)t$ となる．この結果から，重心速度 $\dot{X}$ も回転の角速度 ω も滑りの速度 u もすべて時間に比例して大きくなることがわかる．

[10A.6]　$x = at^2/2$，$V = at$ より $V^2 = 2ax$　…①．①を使えば，重心の運動エネルギーは $\Delta K_T = MV^2/2 = Max$　…②となる．一方，回転運動のエネルギーは $\Delta K_R = I\omega^2/2$ を $\omega = V/R$ で書き換え，①を使うと $\Delta K_R = I(V/R)^2/2 = Iax/R^2 = Max/2$　…③となる ($I = MR^2/2$)．②と③を足すと，$\Delta K_T + \Delta K_R = 3Max/2$．これに加速度 $a = 2g/3$ ((10.8)を参照) を代入すれば，$\Delta K_T + \Delta K_R = Mgx = \Delta U$ であることがわかる．

[10A.7]　球は，高度差 h のところまで上がって止まる．滑らないで転がるとき摩擦力は仕事をしないから，エネルギー保存則 $Mv_0^2/2 + I\omega_0^2/2 = Mgh$　…①が成り立つ．角速度 $\omega_0 = v_0/a$ と慣性モーメント $I = (2/5)Ma^2$ を①に代入すれば，$(7/10)Mv_0^2 = Mgh$ となる．したがって，$h = (7/10)v_0^2/g$．h は a, M, 傾斜角 を含んでいないので，これらに依存しないことがわかる．

[10A.8]　棒の重心の運動方程式は $Ma = Mg - S$　…①．重心周りの回転の式は $I\dot{\omega} = (L/2)S$　…②．糸と結ばれた棒の端の加速度 α は $\alpha = a - (L/2)\dot{\omega}$　…③．片方の糸が切れた瞬間は加速度 $\alpha = 0$ であると考えてよいから，①の a と②の $\dot{\omega}$ を③に代入すると ($I = ML^2/12$)，$\alpha = g - (4S/M) = 0$ となり $S = Mg/4$ を得る．

[10B.1]　$X - X_0 = s$ とおくと，$2sa = V^2 - V_0^2$　…①が成り立つ．これを使って ΔK_T を表せば，$\Delta K_T = MV^2/2 - MV_0^2/2 = (M/2)(V^2 - V_0^2) = Msa$　…②となる．$a = \beta g\sin\theta$，$h = s\sin\theta$　…③を使って②を書き換えると，$\Delta K_T = Ms\beta g\sin\theta = \beta Mgh = \beta\Delta U$ となる ($Mgh = \Delta U$)．一方，$\Delta K_R = I\omega^2/2 - I\omega_0^2/2$ を $\omega = V/R$，$\omega_0 = V_0/R$ と①と③で書き換えると，$\Delta K_R = (I\beta gh)/R^2 = I\beta Mgh/MR^2 = I\beta\Delta U/MR^2$．ここで $I/MR^2 = 1/\beta - 1$ を使えば，$\Delta K_R = (1 - \beta)\Delta U$ となる．

[10B.2]　前後のタイヤのペア A と B に作用する摩擦力を F_A, F_B，トラックの加速度を a とすると，運動方程式は $Ma = F_A + F_B$　…①．摩擦力は $Mg\mu' = F_A + F_B$　…②を満たす．①と②より $F_A + F_B$ を消去すれば，$\mu' = a/g$ を得る．加速度の値は $a = (54\,\mathrm{km/h})/(6\,\mathrm{s}) = (15\,\mathrm{m/s})/(6\,\mathrm{s}) = 2.5\,\mathrm{m/s^2}$ である．したがって，$\mu' = 0.26$ となる．

[10B.3]　(1)　支点 O の周りの回転運動の式は $I\dot{\omega} = N$　…①．慣性モーメント $I = ML^2/3$ と力のモーメント $N = Mg(L/2)$ を①に代入すれば，回転の角加速度は $\dot{\omega} = 3g/2L$．重心の速さ V と ω は $V = (L/2)\omega$ でつながるから $\dot{V} = (L/2)\dot{\omega}$ が成り立つ．したがって，重心 G の加速度は $a = (L/2)\dot{\omega} = 3g/4$．

(2)　エネルギー保存則を使う．棒が鉛直になったとき，重心 G は初めの水平な状態から $L/2$ だけ下がるので，この位置エネルギー $U = Mg(L/2)$ が運動エネルギー $K = I\omega^2/2$ に変わる．$U = K$ から $\omega = \sqrt{3g/L}$．したがって，$V = (L/2)\omega$ より，$V = \sqrt{3gL}/2$.

[10B.4]　点 B での小球の速度を v_1，角速度を ω_1 とすると，エネルギー保存則は $Mv_1^2/2 + I\omega x_1^2/2 = Mgl\sin\theta$　…①．①より $v_1 = \sqrt{(10/7)gl\sin\theta}$．点 B を離れてからの「球の中心」は質点のように運動する．落下距離は h だから，落下時間 t は $h = (v_1\sin\theta)t + gt^2/2$ を t に対して解けばよいので $t = (-v_1\sin\theta + \sqrt{v_1^2\sin^2\theta + 2gh})/g$　…②．CD の距離は $d = (v_1\cos\theta)t + a\sin\theta$　…③で与えられるから，③に②を代入すれば

$$d = \left(-1 + \sqrt{1 + \frac{7h}{5l\sin^3\theta}}\right)\frac{10}{7}l\sin^2\theta\cos\theta + a\sin\theta$$

を得る．なお，③で $t = 0$ とおくと $d = a\sin\theta$ となるが，これは B を離れるときの球の中心と B との距離で，球の大きさが考慮されているためである（球は質点ではない）．

[10B.5]　突いた点の中心からの高さを h とし，その直後の中心の速度を v_0，角速度を ω_0 とすると，運動方程式は $Mv_0 = F$，$I\omega_0 = Fh$，($I = 2Ma^2/5$)　…①．①より $v_0 = F/M$，$\omega_0 = 5Fh/2Ma^2$　…②．

v_0 と $a\omega_0$ の大小によって滑りの事情は異なるが，$v_0 = a\omega_0$ になるのは $5h = 2a$ のときである．

したがって，$h = 2a/5$ のとき，$v_0 = a\omega_0$ で，滑りがなく，球は滑らずに転がり出す．

[10B.6]　鉛直下方に x 軸をとり，中心の座標を x，円板の回転角速度を ω，糸の張力を T とすると，運動方程式は $M\ddot{x} = Mg - T$ …①，回転の式は $I\dot{\omega} = aT$ …②である（$I = Ma^2/2$）．

(1)　上端を固定した場合，糸がほどけただけ重心が落下するので $\ddot{x} = a\dot{\omega}$ である．これを2式に使うと，$\ddot{x} = (2/3)g$，$T = (1/3)Mg$ を得る．

(2)　上端に加速度 α を与えて重心を静止させる場合は，$\ddot{x} = 0$ である．したがって，①より $T = Mg$，このとき②は $\dot{\omega} = 2g/a$ となるので $\alpha = a\dot{\omega} = 2g$ を得る．

[10B.7]　(1)　重心Gの座標を (x, y) とすると $x = (l/2)\sin\theta$，$y = (l/2)\cos\theta$ …①．運動エネルギーの保存則が成り立つから，$M(\dot{x}^2 + \dot{y}^2)/2 + I\dot{\theta}^2/2 = Mg(y_0 - y)$ …②．ただし，$I = Ml^2/12$，$y_0 = (l/2)\cos\alpha$．①から $\dot{x}, \dot{y}$ をつくり，②に代入すると $(1/2)M(l/2)^2\dot{\theta}^2 + (1/2)M(l^2/12)\dot{\theta}^2 = Mg(l/2)(\cos\alpha - \cos\theta)$ を得る．これは $\dot{\theta}^2 = (3g/l)(\cos\alpha - \cos\theta)$ となるので，$\dot{\theta} = \sqrt{(3g/l)(\cos\alpha - \cos\theta)}$ …③．

(2)　壁からの抗力を R とすると，水平方向の運動方程式は $M\ddot{x} = R$ …④．ところで，①を時間 t で2度微分すると $\ddot{x} = (l/2)(\ddot{\theta}\cos\alpha - \dot{\theta}^2\sin\theta)$ …⑤であるが，③を時間 t で微分した $\ddot{\theta} = (3g/2l)\sin\theta$ と③の $\dot{\theta}^2$ を⑤に代入すると，$\ddot{x} = (3g/4)\sin\theta(3\cos\theta - 2\cos\alpha)$．これを④に代入すると，$R = (3Mg/4)\sin\theta(3\cos\theta - 2\cos\alpha)$．$R = 0$ となるのは $\cos\theta = (2/3)\cos\alpha$ のときで，それより θ が大きいと $R < 0$ となるので，棒は $\theta = \cos^{-1}\{(2/3)\cos\alpha\}$ の角度で壁を離れることになる．

第 11 章

[11A.1]

$$\tan\theta = \frac{mv^2/r}{mg} = \frac{v^2}{rg}$$

に数値を代入すれば

$$\tan\theta = \frac{(15\,\mathrm{m/s})^2}{40\,\mathrm{m} \times 9.8\,\mathrm{m/s^2}} = 0.57$$

より $\theta = \tan^{-1} 0.57 = 29.9° \fallingdotseq 30°$．ひもは進行方向に垂直で，円の外側の方に $30°$ 傾く．

[11A.2]　ニュートンの運動方程式 $ma = mg - T$ より $T = m(g - a) = m \times 0.9g = m \times 0.9 \times 9.8\,(\mathrm{kg \cdot m/s^2}) = m \times 8.82\,\mathrm{N} = 8.82m\,\mathrm{N}$ である．

[11A.3]　角速度 ω は $\omega = 2\pi/T = 2\pi/10\,\mathrm{s} = 0.63\,\mathrm{s^{-1}}$ なので，向心加速度の大きさ a は $a = r\omega^2 = 4\,\mathrm{m} \times (0.63\,\mathrm{s^{-1}})^2 = 1.6\,\mathrm{m/s^2}$．したがって，向心力の大きさ F は $F = ma = 30\,\mathrm{kg} \times 1.6\,\mathrm{m/s^2} = 48\,\mathrm{N}$．一方，重力の大きさ W は $W = 30\,\mathrm{kg} \times 9.8\,\mathrm{m/s^2} = 294\,\mathrm{N}$．両者の比は $F/W = 48\,\mathrm{N}/294\,\mathrm{N} = 0.16$．

[11A.4]　乗客に座席が作用する横向きの力．

[11A.5]　赤道付近では，地球の自転に伴う遠心力が一番強いので，地球の中心から等距離にある地殻にはたらく見かけの重力が，赤道部分で一番弱くなるため．

[11A.6]　(1)と(2)は「一様な速さ」だから，加速度は0で見かけの力は生じない．したがって，目盛りは変化しない．

(3)　バネ秤が物体に及ぼす力を N とする．上向きを正の方向と決めると，運動方程式は $m(-a) = N - mg$ …①．したがって，$N = mg - ma$ …②より，バネ秤の目盛りは $m(g - a)$ を指す．

(4)　この場合，①は $ma = N - mg$ …③となるから，$N = mg + ma$．したがって，目盛りは $m(g + a)$ を指す．

(5)　自由落下の場合，加速度は $a = g$ となるから，②より $N = 0$．つまり，秤に力ははたらいていないようにみえる．

[11A.7]　(1)と(2)の場合は，周期は変わらない．

(3)　慣性系での振り子（長さ l）の固有周期は

$$T_0 = 2\pi\sqrt{\frac{l}{g}}$$

問題の周期は

$$T_{\uparrow} = 2\pi\sqrt{\frac{l}{g-a}}$$

であるから，

$$T_{\uparrow} = 2\pi\sqrt{\frac{l}{g(1-a/g)}} = \frac{T_0}{g(1-a/g)}$$

より

$$\frac{T_{\uparrow}}{T_0} = \frac{1}{g(1-a/g)}$$

つまり，周期は T_0 の $1/g(1-a/g)$ 倍になる．

(4)　問題の周期は

$$T_{\downarrow} = 2\pi\sqrt{\frac{l}{g+a}}$$

であるから，

$$T_{\downarrow} = 2\pi\sqrt{\frac{l}{g(1+a/g)}} = \frac{T_0}{g(1+a/g)}$$

より

$$\frac{T_{\downarrow}}{T_0} = \frac{1}{g(1+a/g)}$$

つまり，周期は T_0 の $1/g(1+a/g)$ 倍になる．

(5)　周期は無限大．つまり，振り子は振動しない．

[11A.8]　(11.10)の $\boldsymbol{r} = x'\boldsymbol{i}' + y'\boldsymbol{j}'$ を t で微分すると次式になる．

$$\frac{d\boldsymbol{r}}{dt} = \frac{d}{dt}(x'\boldsymbol{i}' + y'\boldsymbol{j}') = \dot{x}'\boldsymbol{i}' + x'\frac{d\boldsymbol{i}'}{dt} + \dot{y}'\boldsymbol{j}' + y'\frac{d\boldsymbol{j}'}{dt}$$
$$= (\dot{x}' - \omega y')\boldsymbol{i}' + (\dot{y}' + \omega x')\boldsymbol{j}' \quad \cdots①$$

ここで，$d\boldsymbol{i}'/dt = \omega\boldsymbol{j}'$，$d\boldsymbol{j}'/dt = -\omega\boldsymbol{i}'$ という関係式を使った．さらに，①を時間 t で微分すると次のようになる．

$$\frac{d^2\boldsymbol{r}}{dt^2} = \left\{\frac{d}{dt}(\dot{x}' - \omega y')\right\}\boldsymbol{i}' + (\dot{x}' - \omega y')\frac{d\boldsymbol{i}'}{dt} + \left\{\frac{d}{dt}(\dot{y}' + \omega x')\right\}\boldsymbol{j}' + (\dot{y}' + \omega x')\frac{d\boldsymbol{j}'}{dt}$$
$$= (\ddot{x}' - 2\omega\dot{y}' - \omega^2 x')\boldsymbol{i}' + (\ddot{y}' + 2\omega\dot{x}' - \omega^2 y')\boldsymbol{j}' \quad \cdots②$$

②の両辺に m を掛ければ，左辺は力 $m(d^2\boldsymbol{r}/dt^2) = \boldsymbol{F}$ だから，次式となる．

$$\boldsymbol{F} = m(\ddot{x}' - 2\omega\dot{y}' - \omega^2 x')\boldsymbol{i}' + m(\ddot{y}' + 2\omega\dot{x}' - \omega^2 y')\boldsymbol{j}' \quad \cdots③$$

③の左辺に $\boldsymbol{F} = F_{x'}\boldsymbol{i}' + F_{y'}\boldsymbol{j}'$ を代入すれば，$\boldsymbol{i}'$ と $\boldsymbol{j}'$ の係数から次式を得る．

$$m(\ddot{x}' - 2\omega\dot{y}' - \omega^2 x') = F_{x'}, \qquad m(\ddot{y}' + 2\omega\dot{x}' - \omega^2 y') = F_{y'} \quad \cdots④$$

④の式が(11.12)（つまり，ニュートンの運動方程式の形）と厳密に対応する式である．

[11A.9]　(1)　a = 重力 $\boldsymbol{W}$，b = 摩擦力 $\boldsymbol{F}$，c = 垂直抗力 $\boldsymbol{N}$，d = 遠心力 $\boldsymbol{F}^{\mathrm{cf}}$

(2)　$W = Mg$，$F = \mu N = \mu Mg$，$N = Mg$，$F^{\mathrm{cf}} = mr\omega^2$

(3)　回転座標系で，この人に作用する力は，向心力である床の作用する摩擦力 $\boldsymbol{F}$，床の作用する垂直抗力 $\boldsymbol{N}$，遠心力 $\boldsymbol{F}^{\mathrm{cf}}$ および重力 $\boldsymbol{W}$ である．これらの力がつり合う条件は次の(イ)と(ロ)の2つである．

(イ)　摩擦係数が大きいので摩擦力と遠心力がつり合うこと．

(ロ)　人の重心に作用する見かけの重力（重力と遠心力の合力）の作用線が靴と床の接触面を通ること．

[11B.1]　列車の加速度 $\boldsymbol{a}$ は進行方向と逆向きで，大きさは $a = 0.05g$ だから，振り子のおもり（質量 m）にはたらく「見かけの力」は，進行方向を向き $F = ma = 0.05mg$ の大きさをもっている．また，おもりには鉛直下向きに重力 mg がはたらいている．そのためブレーキのかかっている間，$F/mg = \tan\theta$ …①の関係が成り立つ．①より $\theta = \tan^{-1}(F/mg) = \tan^{-1}0.05 = 0.05\,\mathrm{rad} = 2.86°$．したがって，おもりには鉛直と $\theta = 2.86°$ の傾きをなした方向に $\sqrt{(mg)^2 + F^2} = mg\sqrt{1 + 0.05^2} =$

$1.001mg = m(1.001g) = mg'$ の大きさの力がはたらいているようにみえる．振り子は，この方向を中心にして周期 $T = 2\pi\sqrt{l/g'} = 2\pi\sqrt{l/1.001g} = 2\pi\sqrt{l/g} \times 0.995$．したがって，$T/T_0 = 0.995$．

［11B.2］ 気球の質量は $M = W/g$，砂袋の質量は $m = w/g$ である．砂袋にはたらく下向きの見かけの力 $m\alpha = (w/g)\alpha$ を考えに入れると，バネ秤の示す目盛りは $w' = w(g + \alpha)/g$．気球にはたらく浮力 F と加速度 α との間には，砂袋を捨てる前には

$$(M + m)\alpha = \frac{W + w}{g}\alpha = F - (W + w) \quad \cdots ①$$

の運動方程式が成り立つ．そして，砂袋を捨てた後

$$M\beta = \frac{W}{g}\beta = F - W \quad \cdots ②$$

の運動方程式が成り立つ．①と②から $(W + w)\alpha + wg = W\beta$ となるから，

$$\beta = \alpha + \frac{w}{W}(g + \alpha)$$

を得る．

［11B.3］ (1) 手がバケツに作用する力 $\boldsymbol{F}$ と重力 $\boldsymbol{W}$ を用いると，水の入っているバケツの運動方程式は $m\boldsymbol{a} = \boldsymbol{F} + \boldsymbol{W}$．これから $\boldsymbol{F} = m\boldsymbol{a} - \boldsymbol{W}$ $\cdots$①．重力 $\boldsymbol{W}$ は，常に地球の中心を向いているから，向きも大きさも一定である．一方，向心加速度 $\boldsymbol{a}$ は大きさは一定だが，向きが変化する．したがって，F は一定ではない．F が最大になるのは，①からわかるように $m\boldsymbol{a}$ と $-\boldsymbol{W}$ が同じ向きになる「下」の位置で，このとき $F' = mv^2/r + mg$ である．

(2) バケツが真上にきたとき，水がこぼれない条件は「遠心力 F が重力 W よりも大きい」ことである．遠心力は $F = mr\omega^2 = mr(2\pi f)^2$，重力は $W = mg$ だから，$F \geq W$ より $f = (1/2\pi)\sqrt{g/r} = (1/2\pi)\sqrt{(9.8\,\mathrm{m/s^2})/(1.0\,\mathrm{m})} = 0.50\,\mathrm{s^{-1}}$ を得る．

［11B.4］ コリオリの力は，地球の南半球では，北半球とは逆向きに作用するので，運動している物体の進路を左の方にそらすようにはたらく．したがって，台風の渦は時計回りである．

［11B.5］ 遠心力 $F_c = mv^2/r$ と重力 $W = mg$ との合力がレールの面に直角であるように面を傾ける．このとき，レール面と水平面との間の角を θ とすると，外側のレールは内側のレールよりも $h = 2d\sin\theta$ $\cdots$①だけ高くすればよい．角 θ は $\tan\theta = F_c/W = v^2/rg$ $\cdots$②で決まる．②に数値を代入すれば $\tan\theta = 0.168$．このとき，$\sin\theta = \tan\theta/\sqrt{1 + \tan^2\theta} = 0.166$ なので，①より $h = 2d\sin\theta = 1\,\mathrm{m} \times 0.166 = 16.6\,\mathrm{cm}$ を得る．

［11B.6］ 転覆しないためには遠心力 $F_c = mv^2/r$ と重力 $W = mg$ との合力がレールの内側を通ればよいから，重心の高さ H とレールの幅 $2d$ から $\tan\theta < d/H$ $\cdots$①を満たせばよい．これに $\tan\theta = F_c/W = v^2/rg$（問題［11B.5］の②）を使えば，$H < dr\,g/v^2$ を得る．したがって，$h' = dr\,g/v^2$ $\cdots$②．②に数値（$2d = 1\,\mathrm{m}$，$v = 100\,\mathrm{km/h} = 27.8100\,\mathrm{m/s}$）を代入すれば $h' = 1.902\,\mathrm{m}$ となる．したがって，H は $1.9\,\mathrm{m}$ 以下であればよい．

［11B.7］ 向心力の大きさ $F = m\omega^2 r$ は，ひもの張力の原点方向の成分 $S\sin\theta$ と一致するから $m\omega^2 r = S\sin\theta$ $\cdots$①．ここで $S\cos\theta = mg$ を使って，①から S を消去すれば，$m\omega^2 r = mg\tan\theta$．これを $r = l\sin\theta$ で書き換えると $\omega^2 = g/(l\cos\theta)$ となるので，周期 $T = 2\pi/\omega$ は(11.25)となる．

さらに勉強するために

本書は力学の基礎的な内容を扱っているので，さらに広く深く力学を学ぶために役立つと思われるものを少し挙げておく．なお，本書の執筆においても，下記の書物からいろいろと学び，参考にさせて頂いたことを付記しておく．

（1） 原島 鮮 著：「力学（三訂版）」（裳華房）
（2） 小出 昭一郎 著：「力学 物理学［分冊版］」（裳華房）
（3） 戸田盛和 著：「力学」（岩波書店）
（4） 江沢 洋 著：「力学」（日本評論社）

いずれも，丁寧な記述で標準的な本である．

（5） サーウェイ 著，松村博之 訳：「物理学 Ia，Ib」（学術図書出版社）
（6） シップマン 著，勝守 寛 監訳：「新物理学（増補改訂版）」（学術図書出版社）
（7） ハリディ・レスニック・ウォーカー 共著，野﨑光昭 共訳：「物理学の基礎［1］力学」（培風館）

いずれも，多岐にわたる身近な現象や題材を，主要な数式とカラフルなイラストをうまく活用して，直観的でわかりやすい解説を目指した本である．

（8） 後藤憲一・山本邦夫・神吉 健 共著：「詳解 力学演習」（共立出版）
（9） 原 康夫・右近修治 共著：「物理学演習問題集 力学編」（学術図書出版社）
(10) ファインマン・レイトン・サンズ 共著，河辺哲次 訳：「ファインマン物理学 問題集1」（岩波書店）

いずれの本も，基本的な物理法則を様々な力学の問題に適用するスキルと，身近な現象のカラクリや仕組みを物理的に考える力をバランスよく鍛えてくれる．なお，身体や骨格の運動に関するいくつかの問題は，次の書物を参考にさせて頂いた．

(11) 佐藤幸一・藤城敏幸 共著：「医療系のための物理（第2版）」（東京教学社）
(12) 平田雅子 著：「物理学」（メディカルフレンド社）

索　　引

マ

ミ

ム

メ

ヤ

ユ

ラ

リ

レ

著者略歴

河辺哲次（かわべ てつじ）

1949年　福岡県出身
1972年　東北大学工学部原子核工学科卒
1977年　九州大学大学院理学研究科(物理学)博士課程修了(理学博士)

その後，高エネルギー物理学研究所（現：高エネルギー加速器研究機構 KEK）助手，九州芸術工科大学助教授，同教授，九州大学大学院教授を経て，現在，九州大学名誉教授.

その間，文部省在外研究員としてコペンハーゲン大学のニールス・ボーア研究所（デンマーク国）に留学．専門は素粒子論，場の理論におけるカオス現象.

著書：「スタンダード 力学」（裳華房）
「ベーシック 電磁気学」（裳華房）
「工科系のための 解析力学」（裳華房）
「大学初年級でマスターしたい 物理と工学の ベーシック数学」（裳華房）

訳書：「マクスウェル方程式」（岩波書店）
「物理のためのベクトルとテンソル」（岩波書店）
「算数でわかる天文学」（岩波書店）
「波動」（岩波書店）
「ファインマン物理学 問題集 1, 2」（岩波書店）
「量子論の果てなき境界」（共立出版）

ファーストステップ　力学
── 物理的な見方・考え方を身に付ける ──

2017年 11月20日　第1版1刷発行

検印省略

定価はカバーに表示してあります.

著作者　河　辺　哲　次
発行者　吉　野　和　浩
発行所　東京都千代田区四番町 8-1
電　話　03-3262-9166（代）
郵便番号　102-0081
株式会社　裳　華　房
印刷所　中央印刷株式会社
製本所　牧製本印刷株式会社

社団法人
自然科学書協会会員

JCOPY 〈㈳出版者著作権管理機構 委託出版物〉
本書の無断複写は著作権法上での例外を除き禁じられています．複写される場合は，そのつど事前に，㈳出版者著作権管理機構（電話03-3513-6969，FAX03-3513-6979，e-mail: info@jcopy.or.jp）の許諾を得てください.

ISBN 978-4-7853-2257-1

© 河辺哲次，2017　　Printed in Japan

河辺哲次先生ご執筆の書籍

大学初年級でマスターしたい 物理と工学の ベーシック数学

河辺哲次 著　A５判／284頁／定価（本体2700円＋税）

大学の理工系学部で主に物理と工学分野の学習に必要な基礎数学の中で，特に1，2年生のうちに，ぜひマスターしておいてほしいものを扱った．そのため，学生がなるべく手を動かして修得できるように，具体的な計算に取り組む問題を豊富に盛り込んだ．

【主要目次】1．高等学校で学んだ数学の復習 －活用できるツールは何でも使おう－　2．ベクトル －現象をデッサンするツール－　3．微分 －ローカルな変化を見る顕微鏡－　4．積分 －グローバルな情報を見る望遠鏡－　5．微分方程式 －数学モデルをつくるツール－　6．2階常微分方程式 －振動現象を表現するツール－　7．偏微分方程式 －時空現象を表現するツール－　8．行列 －情報を整理・分析するツール－　9．ベクトル解析 －ベクトル場の現象を解析するツール－　10．フーリエ級数・フーリエ積分・フーリエ変換 －周期的な現象を分析するツール－

工科系のための 解析力学

河辺哲次 著　A５判／216頁／定価（本体2400円＋税）

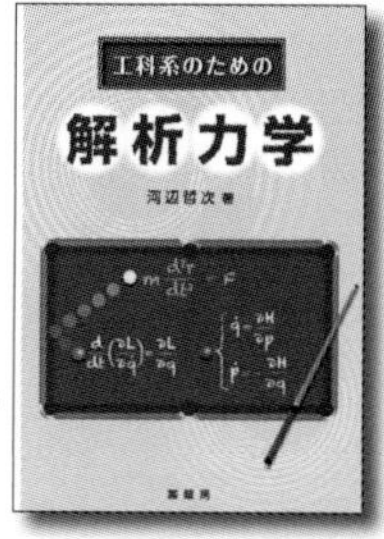

従来の「解析力学」の本は，量子力学との繋がりを意識して書かれることが多い．しかし，工学部の解析力学では，量子力学への繋がりも大切であるが，解析力学を道具として使いこなし，如何に工学的な問題にアプローチするかということの方がより重視される．そこで本書は，１～３章を解析力学の基礎知識の解説，４～５章を具体的かつ基本的な工学的問題へのアプローチとしての演習とした．

【主要目次】1．ニュートン力学と解析力学　2．ラグランジュ形式の基礎　3．ハミルトン形式の基礎　4．力学問題へのアプローチ　5．振動問題へのアプローチ

ベーシック 電磁気学

河辺哲次 著　A５判／232頁／定価（本体2200円＋税）

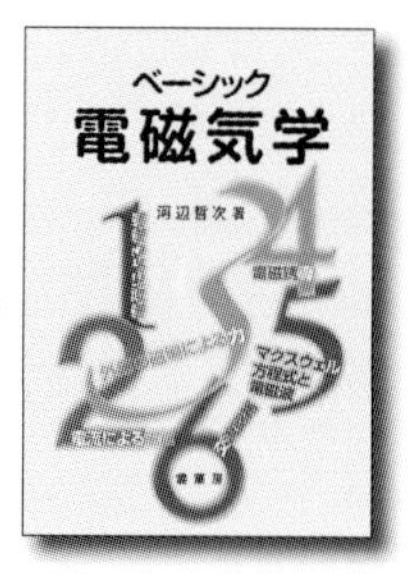

高校数学の知識を出発点に，豊富な図と例題・演習を盛り込んだ教科書．高校物理の電磁気学をきちんと学んでこなかった人たちにとっても電磁気学の全体像が見通しやすい，真空（自由空間）中の現象だけを扱いながら，基礎的な法則を図と数式を用いて丁寧に解説した．数式には微分積分を用いたが，計算の方法や手順を丁寧に解説しているため，初学者でも自分の力で読み進められる．

【主要目次】1．電荷による電場　2．電流による磁場　3．外部の磁場による力　4．電磁誘導　5．マクスウェル方程式と電磁波　6．交流回路

本質から理解する 数学的手法

荒木　修・齋藤智彦 共著　A５判／210頁／定価（本体2300円＋税）

大学理工系の初学年で学ぶ基礎数学について，「学ぶことにどんな意味があるのか」「何が重要か」「本質は何か」「何の役に立つのか」という問題意識を常に持って考えるためのヒントや解答を記した．話の流れを重視した「読み物」風のスタイルで，直感に訴えるような図や絵を多用した．

【主要目次】1．基本の「き」　2．テイラー展開　3．多変数・ベクトル関数の微分　4．線積分・面積分・体積積分　5．ベクトル場の発散と回転　6．フーリエ級数・変換とラプラス変換　7．微分方程式　8．行列と線形代数　9．群論の初歩

力学・電磁気学・熱力学のための 基礎数学

松下　貢 著　A５判／242頁／定価（本体2400円＋税）

「力学」「電磁気学」「熱力学」に共通する道具としての数学を一冊にまとめ，豊富な問題と共に，直観的な理解を目指して懇切丁寧に解説．取り上げた題材には，通常の「物理数学」の書籍では省かれることの多い「微分」と「積分」，「行列と行列式」も含めた．

裳華房ホームページ　https://www.shokabo.co.jp/